高等职业教育扩招系列教材

牛羊生产与疾病防治

刘洪杰　主编

中国农业大学出版社
·北京·

内容简介

本书按照畜牧兽医专业的人才培养方向，根据草食家畜的共同特点，总结牛羊生产的共性内容，重点介绍了牛羊的品种、外貌及特性，牛羊的生物学特性等，并以此为基础，以生产环节和实践技能为主线，介绍了奶牛、肉牛、毛用羊、山羊的生产技术，牛羊的繁殖技术、牛羊营养需求及日粮的配制技术；同时，本书也对牛羊场建设以及牛羊常见疾病的防治与保健技术等做了较为详尽的介绍。书后列出了实训实习的实践指导项目。

本书主要面向高等职业院校畜牧兽医类专业的学生，也可作为广大牛羊养殖一线工作者的参考用书。

图书在版编目(CIP)数据

牛羊生产与疾病防治/刘洪杰主编. —北京：中国农业大学出版社，2020.12

ISBN 978-7-5655-2499-8

Ⅰ.①牛… Ⅱ.①刘… Ⅲ.①养牛学-教材②羊-饲养管理-教材③牛病-防治-教材④羊病-防治-教材 Ⅳ.①S823②S826③S858.2

中国版本图书馆CIP数据核字(2020)第271843号

书　名 牛羊生产与疾病防治
作　者 刘洪杰 主编

策划编辑 康昊婷 张 玉　　**责任编辑** 康昊婷 刘彦龙
封面设计 郑 川
出版发行 中国农业大学出版社
社　址 北京市海淀区圆明园西路2号　　**邮政编码** 100193
电　话 发行部 010-62733489,1190　　读者服务部 010-62732336
编辑部 010-62732617,2618　　出　版　部 010-62733440
网　址 http://www.caupress.cn　　**E-mail** cbsszs@cau.edu.cn
经　销 新华书店
印　刷 北京鑫丰华彩印有限公司
版　次 2021年2月第1版　2021年2月第1次印刷
规　格 787×1 092　16开本　13印张　320千字
定　价 39.00元

图书如有质量问题本社发行部负责调换

系列教材编审委员会

编审人员

主　编　刘洪杰（黑龙江农业职业技术学院）

副主编　陈腾山（黑龙江农业职业技术学院）
孙凡花（黑龙江农业职业技术学院）
岳增华（黑龙江农业职业技术学院）

参　编　倪士明（黑龙江农业职业技术学院）
王　浩（黑龙江农业职业技术学院）
解志峰（黑龙江农业职业技术学院）
李凤刚（黑龙江农业职业技术学院）
刘　云（黑龙江农业职业技术学院）
刘　红（黑龙江农业职业技术学院）
陆江宁（黑龙江农业职业技术学院）
车友权（黑龙江农业职业技术学院）
鲁兆宁（黑龙江农业职业技术学院）
高月林（黑龙江农业职业技术学院）
杨名赫（黑龙江农业职业技术学院）
葛婧昕（黑龙江农业职业技术学院）
张佳韧（黑龙江农业职业技术学院）
王瑛琦（黑龙江农业职业技术学院）

审　稿　于　波（黑龙江农业职业技术学院）

总序

黑龙江是农业大省。黑龙江农业职业技术学院是三江平原上唯一一所农业类高职院校，也是与区域社会经济发展联系非常紧密的农业类高职院校，具有服务国家“乡村振兴”战略的地缘优势。在过去70多年的办学历史中，涉农专业办学历史悠久，培养了大批工作在农业战线上的优秀人才。在长期培养实用人才、服务区域经济的实践中，学院形成了“大力发展农业职业教育不动摇、根植三江沃土不动摇和为‘三农’服务不动摇”的办学理念。20世纪90年代初，学院在农业职业教育领域率先实施模块式教学，在全国农业职业教育教学改革中走在前列。学院不断深化改革，努力服务经济社会发展；不断创新办学模式，努力提升人才培养质量。近年来学院先后晋升为省级骨干院校、省级现代学徒制试点院校，在服务区域经济社会方面成效显著。

学院涉农专业是省级重点专业；有国家财政重点支持的实训基地；有黑龙江三江农牧职教集团，校企合作办学成效显著；有实践经验丰富的“双师”队伍；有省级领军人才梯队，师资力量雄厚。

2019年，学院深入贯彻落实教育部等六部门印发的《高职扩招专项工作实施方案》、教育部办公厅《关于做好扩招后高职教育教学管理工作的指导意见》和国务院印发的《国家职业教育改革实施方案》等文件精神，创新性地完成高职扩招任务，招生人数位居全省首位。学院针对扩招学生的实际情况和特点，实施弹性学制，采用灵活多样的教学模式，积极推进“三教”改革。依靠农学分院和动物科技分院的专业优势，根据区域经济发展的特点，针对高职扩招生源的特点，出版了种植类和畜牧类高职扩招系列特色教材。

种植类专业核心课程系列教材包括《植物生长与环境》《配方施肥技术》《作物生产与管理》《经济作物生产与管理》《作物病虫草害防治》《作物病害防治》《农业害虫防治》《农田杂草及防除》共计8种，教材在内容方面，本着深浅适宜、实用够用的原则，突出科学性、实践性和针对性；在内容组织形式方面，以图文并茂为基础，附加实物照片等相应的信息化教学资源，突出教材的直观性、真实性、多样性和时代性，以激发学生的学习兴趣。

畜牧类专业教材包括《动物病理》《动物药理》《动物微生物与免疫》《畜禽环境控制技术》《畜牧场经营与管理》《动物营养与饲料》《动物繁育技术》《动物临床诊疗技术》《畜禽疾病防治技术》《养禽与禽病防治》《养猪与猪病防治》《牛羊生产与疾病防治》《中兽医》《宠物内科》《宠物传染病与公共卫生》《宠物外科与产科》共计16种。教材注重还原畜禽生产实际，坚持以够用、实用及适用为原则，着力反映现代畜禽生产及疾病防控前沿的新技术和新技能，突出解决寒地畜禽生产中的关键问题。

本系列教材内容紧贴企业生产实际，紧跟行业变化，理论联系实际，突出实用性、前沿性。教材语言阐述通俗易懂，理论适度由浅入深，技能训练注重实用，教材均由具有丰富实践经验的教师和企业一线工作人员编写。

本系列教材将素质教育、技能培养和创新实践有机地融为一体。希望通过它的出版不仅能很好地满足我院及兄弟院校相关专业的高职扩招教学需要，而且能对北方种植业和畜牧业生产，以及专业建设、课程建设与改革，提高教学质量等起到积极推动作用。

院长：

前　言

牛羊养殖已经成为我国畜牧业新的经济增长点。黑龙江省是农业大省，是国家重要的商品粮基地，也是全国十大牧区之一。该省位于世界优质奶牛带，全省奶牛存栏量位居全国第二，造就了大批知名乳品企业；同时，该省地处东北肉牛带上，肉牛产业发展迅猛，肉牛出栏率和平均胴体重居于全国较高水平；养羊生产规模化、集约化发展势头良好。大量牛羊养殖企业急需大批高端技能型人才。

在国家高等职业教育百万扩招的总体规划中，我们承担着对来自社会各界的农民、下岗工人、转业军人等各个层次的扩招学员的培训。针对学员的特点及实际生产的需要，编者坚持适用原则，力求通俗明了地讲述实用技术，特编撰这本供畜牧兽医专业扩招学员使用的教材。

本教材基于北方牛羊生产过程，以生产关键环节核心能力培养为主线，设立了牛羊的生物学特性、牛羊常用饲料、牛羊繁育技术、奶牛生产、肉牛生产、羊生产、牛羊场的规划设计与经营、牛羊安全生产技术及实训练习等模块，在各个模块下设置了不同的项目。本教材将知识和技能有机地融合到各项目中，生产与教学有机结合，体现了“项目驱动，边讲边练、讲练结合”的特色。教材内容实用，重点突出，特色鲜明，贴近生产，让学生掌握牛羊生产所必需的基本理论知识和专业技能，以及解决生产技术问题的能力。本教材适合高职高专畜牧兽医相关专业的学生使用。

教材编写人员具体分工如下：刘洪杰编写绪论、模块一、模块八中项目二、三、四、五；陈腾山编写模块三及模块七中项目二；岳增华编写模块二、模块四；倪士明编写模块七中项目一；张佳韧编写模块五中的项目一；王浩编写模块五中项目二；车友权编写模块五中项目三；杨名赫编写模块五中项目四；陆江宁编写模块五中项目五；解志峰编写模块九；葛婧昕编写模块六中项目一；孙凡花编写模块六中项目七；刘红编写模块六中项目二；鲁兆宁编写模块六中项目三；高月林编写模块六中项目四；刘云编写模块六中项目五；李凤刚编写模块六中项目六；王瑛琦编写模块八中项目一。

教材编写过程中得到了各位同仁和社会各界专业人士的大力支持和帮助。由于时间仓促及编者水平限制，书中难免存在诸多问题和不足，恳请业内同行及读者给予批评指正，以便今后修订改进。

编　者

2020 年 8 月

目 录

绪 论

一、牛羊生产在国民经济中的重要地位

(一)牛羊生产与节粮养殖

我国人口众多,耕地逐年减少,粮食生产不足,饲料短缺的基本国情,决定了发展畜牧业必须走节粮养殖的道路。在畜牧生产上,要充分发挥草食家畜的生产潜力。

牛羊属反刍动物,具有特殊结构的消化系统和生理机能。它们的胃属复胃,由瘤胃、网胃、瓣胃和皱胃4部分组成。瘤胃容积大,其中生存着大量的纤毛虫和细菌(1头重300 kg的牛,瘤胃内容物约40 L,约含有4×10^{10}个原虫和4×10^{4}个细菌),它们起到发酵作用,可以分解粗饲料中的纤维素和半纤维素,产生各种化合物而被牛羊消化吸收。瘤胃能消化饲料中70%~80%的营养物质以及50%以上的粗纤维。因此,牛羊能够有效地利用粗饲料,将农作物的秸秆、藤蔓和各种杂草、牧草以及其他农副产品,转化为人类所需的奶、肉、毛、皮、骨等畜产品。在喂优质青干草、青绿多汁饲料,或在优质草地放牧的情况下,甚至可以不喂精料。因此,发展节粮养殖,牛羊是主体,必须先行。

(二)牛羊生产与农业产业结构调整

农业产业结构调整的核心问题是发展畜牧业,提高畜牧业产值在农业总产值中的比重(发达国家50%以上,我国仅为30%);而畜牧业产业结构调整的核心则是大力发展草食家畜,提高草食家畜产出在整个畜牧业中的比例。我国的畜牧业结构历来是以耗粮型生猪为主的。1998年全国肉类中耗粮型猪肉占67.0%,以草食家畜为主的牛羊肉占11.8%,禽肉占20.1%,这种畜牧业结构极不合理,既耗粮又对人们的营养保健无益。如果按每头生猪一年需精料350 kg计算,我国则需要0.2亿hm^2的土地为生猪生产饲料粮,这对人多地少的我国来说无疑是一个很大的负担。为此,我国必须大力发展牛羊产业,开发利用农作物秸秆和草山草坡,结合退耕还林,种草养牛、羊,合理优化畜牧业结构,逐步建立起适合我国国情的农业产业结构。

(三)牛羊生产与国民素质

牛羊生产为人类提供乳品和肉品,其产品富含各种营养成分且易被人体消化吸收。国民身体素质是其他素质的前提和保障,没有良好的身体素质,其他素质再高也等于零。而身体素

质除遗传因素外，主要取决于营养供应。中国人以素食为主的膳食结构，是在长期的动物性食品供应不足和省吃俭用的传统下形成的，对人们的身体素质影响很大。在当今社会经济飞速发展的历史条件下，人们的膳食结构发生了很大的变化，身体素质(体高、体重、体力、运动机能等)明显提高。日本实施学生奶计划后，中学生的平均身高超过了中国。我国也将实施学生奶计划。在奶牛业发达的大、中城市或小城镇，有条件的在校学生每人每天供应 0.5 kg 鲜牛奶，以保证蛋白质、钙、能量等营养物质的供应。在广大农村、山区等条件差的地区，奶山羊将发挥独特的作用。可见，发展牛羊生产对提高国民身体素质意义重大。

(四)牛羊生产与加工工业

传统小农经济条件下饲养牛羊的目的主要是自给自足，而现代牛羊生产的产品 90%以上当商品出售，这就为加工工业提供了丰富的原料。乳品加工业生产出鲜奶、干酪、奶油、酸奶、冰激凌、奶露等；毛纺工业生产出毛呢、毛线、毛衣、毛毯、地毯等；皮革工业生产出皮衣、皮鞋、皮沙发、皮箱等；肉品加工业生产出香肠、火腿、熏鸡、罐头等，其副产品可以加工生产出骨胶、骨粉、血清、红蛋白、胆红素、肠衣等。牛羊生产的迅速发展将促进加工工业的发展，而加工工业的发展又带动牛羊生产，实现生产、加工、销售一条龙的产业化格局。

(五)牛羊生产与扶贫攻坚

我国的贫困地区大多为老、少、边、远地区，其特点是交通不便，环境恶劣，山高坡陡，土地贫瘠，粮食产量低，经济落后。但这些地区土地面积大，荒山、荒坡多，饲草资源丰富，劳动力充足，环境污染少。在这些地区，结合荒山治理、退耕还林，种草养牛羊，发展绿色食品产业，无疑是一条脱贫致富之路。这些地区的人民素来就有饲养牛羊的习惯，如果在原有的基础上一人多养 1～2 头羊，一户多养 1～2 头牛，对加快致富的步伐意义重大。

(六)牛羊生产与山川秀美

要实现山川秀美，核心在退耕还林(草)。传统的牛羊生产，放牧饲养对退耕还林(草)造成很大威胁。设施养牛、设施养羊技术的推广应用，以及退耕还林(草)、荒山荒坡治理责任的落实，使牛羊生产与退耕还林(草)、荒山荒坡治理有机地结合起来。退耕还林、林间种草、荒山荒坡栽种林草，为牛羊业的发展提供饲料来源。设施养牛羊，既能为农户带来丰厚的收入，又能提供大量优质肥料，为在较少的土地上发展高效种植业奠定基础，从而实现林草—牛羊—高效种植的良性循环，进而实现农村经济的可持续发展。随着西部大开发的实施以及草食家畜的发展，一个山川秀美、牛肥羊壮、经济繁荣、社会稳定的景象将在 21 世纪的中华大地上出现。

二、世界牛羊发展现状

(一)目前世界牛羊的存栏量和产量

目前，世界共有牛约 13 亿头，羊约 17.6 亿只，其中绵羊约 10.6 亿只，山羊约 7.0 亿只，分布于全世界。

从牛的绝对数量来看，印度有 2.1 亿多头，巴西有 1.6 亿头，美国有 1.0 亿头，中国有近 1 亿头。按人口计算，以新西兰和乌拉圭最多，人均约 3 头，全世界平均每 4 个人有 1 头牛，中国平均每12个人有1头牛。从羊的绝对数量来看,中国有2.6亿只(绵羊1.2亿只,山羊1.4亿只),印度有1.7亿只(山羊1.2亿只,绵羊0.5亿只),澳大利亚有1.3亿只(多为绵羊)。绵羊数量前三名的国家是澳大利亚、中国、新西兰,山羊数量前三名的国家是中国、印度、巴基斯坦。

世界牛肉年总产量约5 300万t,美国约1 100万t,巴西523万t,俄罗斯320多万t。世界人均占有牛肉量为10 kg,新西兰为159 kg,澳大利亚为102 kg,加拿大为40 kg,中国只有4.05 kg。

世界牛奶年总产量约46 000万t,平均单产2 000多kg,美国年产7 000多万t,俄罗斯3 000多万t,德国近3 000万t,法国2 000多万t,英国1 000多万t,荷兰1 000多万t,其次是澳大利亚、加拿大、日本、丹麦。单产方面:以色列8 615 kg,美国7 767 kg,沙特阿拉伯7 627 kg,瑞典7 376 kg,荷兰6 896 kg。人均占有量:新西兰2 700多kg,丹麦890 kg,荷兰710 kg,澳大利亚490 kg,法国450 kg,德国350 kg,中国只有4.74 kg。

世界羊肉年总产量为1 000多万t,中国219万t,巴基斯坦83万t,印度68万t,澳大利亚62多万t,新西兰54万t。人均占有羊肉方面:新西兰40 kg,澳大利亚20 kg,希腊14 kg,中国只有1.8 kg。新西兰和澳大利亚是世界羊肉出口大国。

世界羊毛年总产量244万t,澳大利亚为68万t,中国为28万t,新西兰为25万t。世界羊毛产量在20世纪90年代初达到高峰,以后迅速下降,尤其是发达国家下降更快。

世界羊奶产量呈稳定增长趋势,其中发达国家基本保持稳定,发展中国家增长较快。目前,世界羊奶年产量达1 800多万t,其中绵羊奶800多万t,山羊奶1 000多万t。在欧洲绵羊奶占一定优势,占羊奶总产量的62.8%,其他地区则以山羊奶为主。羊奶年产量较多的国家依次是印度3.0万t,孟加拉国13万t,苏丹11万t。

(二)目前世界牛羊生产主要有以下特点

1.乳用品种单一化,单产提高

世界著名的奶牛品种有荷斯坦牛、爱尔夏牛、娟姗牛、更赛牛、短角牛等。由于荷斯坦牛产奶量高,生长发育快,饲料费用相对低,瘦肉率高,在奶牛中的比例不断增加,而其他奶牛品种日趋减少,从而使奶牛品种结构愈来愈单一化、大型化。从育种角度来看,以昔日单纯重视乳脂率转为同时重视乳蛋白率和干物质含量。品种的单一化和不断地选育使奶牛单产不断提高。以色列、美国的荷斯坦牛平均单产在7 000 kg以上,加拿大、丹麦、日本、荷兰等国平均单产在6 000 kg以上。

奶羊品种也比较多,有莎能奶山羊、吐根堡奶山羊及乳用绵羊,以莎能奶山羊及其杂交改良后代为主,产奶量高,适应性强,分布广,在羊奶生产中占很大比例。

2.肉用牛品种良种化,产肉性能增强,肥育方式发生变化

科技进步促进世界肉牛业的迅猛发展。体小、早熟、易肥的海福特、安格斯及短角牛等中、小型品种随着人们消费习惯的变化而逐渐减少,取而代之以欧洲大陆的夏洛来、利木赞、契安尼娜、皮埃蒙特等大型品种。这些品种体型大,初生重大,增重快,瘦肉多,脂肪少,优质肉块的比重大,饲料报酬率高。西方国家多采用开放型育种使大型良种很快推广,而东方各国,如中国、韩国、日本多采用导入杂交,比较重视保持本国特色的牛品种。

由于大型良种的推广,肉用牛产肉性能不断提高,每头牛平均产肉量20世纪90年代比80年代增加53 kg,平均日增重已达1.5～2.0 kg,每千克增重所需饲料从7.8 kg降至

3.5 kg。主要良种羊普遍受到重视，如无角道赛特、萨福克、布尔山羊等肉用羊品种在各国的推广，在杂交改良当地的绵山羊品种上起了重要作用，使得产肉性能不断提高。如我国引进布尔山羊与崂山奶山羊、关中奶山羊等杂交的试验表明，杂交一代的羔羊日增重提高了26%，高代杂交个体在优良的饲养条件下，生产性能接近纯种布尔山羊。

肥育方式发生变化主要表现在：设施肥育成为肉牛、肉羊生产的主要方式；充分利用草原和农副产品，结合饲料的加工生产，通过对秸秆等粗饲料加工处理，搭配一定的矿物质和维生素，以保证肉牛、肉羊生长的需要；建造良好的设施条件，以提高肥育的经济效益。

3.兼用品种受到重视

荷斯坦牛以体型大、产奶量高而著称。然而，人们发现对荷斯坦牛的公犊进行肥育时，公犊增重快，体内不易贮积脂肪，牛肉质量高。在目前国际牛肉市场看好的形势下，利用奶牛公犊生产牛肉无疑是一条提高效益的有效办法。英国市场上10%的牛肉是来自奶牛公犊肥育生产的奶牛肉。将荷斯坦牛公犊早期断奶后，用大麦催肥至1周岁屠宰获得的优质牛肉称"大麦牛肉"。丹麦、荷兰特别重视乳肉兼用牛，将犊牛的大部分用于牛肉生产，主要生产"小白牛肉"，提供了国内35%的牛肉。

化纤工业的发展使世界羊毛过剩，价格下降，产量降低，而羊肉市场看好，使得世界绵羊生产由毛肉兼用品种向肉毛兼用方向转移。欧洲各国的绵羊以肉用为主，羊肉生产收入占养羊收入的90%；大洋洲素以羊毛生产著称，但目前调整速度较快，主要利用细毛羊与肉用品种的公羊，如萨福克等进行杂交生产羔羊肉，成为世界主要羊肉生产和出口地区。

4.生产规模扩大，向集约化、专业化、自动化方向发展

为了降低生产成本，追求利润，各国的牛场、羊场规模日益扩大，美国工厂化企业生产的牛奶，约占商品奶的95%，饲养规模不断扩大，牛场数量从20多年前的330多万家减少到了200多万家。

集约化牛羊生产的特征主要表现在品种良种化、草地改良化、生产机械化、饲养标准化，并广泛采用了先进的管理技术。世界各国规模化牛羊生产的企业都具有上述特征，能够在一定的草场、土地、建筑面积上，集中投入较多的生产资料，采用先进的科学技术进行牛羊生产，取得了较高的经济效益。

专业化是产业发展到一定程度后所形成的。世界牛羊生产的专业化程度在不断提高。奶牛场专门生产牛奶，所产的公犊由专门牛场集中肥育；肉牛生产中有专门繁育场和专门肥育场；羊肉生产中以牧区繁育为主，多采用一年两胎或两年三胎制的繁育体系，成批生产断奶羔羊；农区集中舍饲肥育，生产标准胴体的羔羊肉供应市场。

牛羊生产在实现规模化、集约化、专业化的同时，同样离不开先进的技术和设备装备。计算机、电子控制仪器在牛羊生产管理、检测、监控等方面的应用，使得自动化程度提高。如荷兰的自动化奶牛场，利用机器人及电子控制仪器监控饲喂和挤奶，实行程序化作业，效益高，平均产奶量提高14%。美国科罗拉多州的芒弗尔特肉牛公司是世界上最大规模的肉牛公司之一。该公司利用计算机，进行饲料配置，大大提高了生产效率。

三、我国牛羊生产存在的问题及对策

(一)观念落后

牧区以游牧为主，逐水草而居的靠天养羊、养牛历经数千年的演变，一直延续到20世纪

70 年代。这种观念在人们的思想中根深蒂固，是发展我国科学养牛、养羊的无形阻力，严重制约现代科学理论及新技术、新成果在牛、羊生产中的推广与应用。如牛羊的营养与饲养标准，目前在我国的黄牛、肉牛及绵山羊生产中仅仅是一种理论，饲养黄牛很少有人按黄牛饲养标准饲喂，放牧饲养的绵山羊几乎没有人按饲养标准去执行。目前，很多人仍然认为，牛羊的饲料是草，补给精料或配合饲料是浪费，致使牛羊的营养水平长期低下，这是造成我国牛羊出栏率低、商品率低、资源产出率低、单位增重成本高的根本原因。解决这一问题仍然是一项长期而艰巨的任务，必须依靠加大科技推广和科普宣传，逐步提高认识，转变养殖观念。

(二)牧区草畜矛盾日益尖锐

我国北方约 3 亿 km^2 的广大牧区，从 20 世纪 50 年代末开始出现较大范围的草原退化、沙化现象，随后愈演愈烈，至今未能得到有效遏制。造成草原退化的原因主要是 20 世纪 50 年代的大面积垦荒和长期超载过牧。以内蒙古大草原为例，1950 年，每个羊单位大约有草场 4 km^2，1955 年有 1.86 km^2，1990 年只有 1 km^2。1960 年以后各大牧区普遍超载过牧，最终形成牛羊增加—草场退化—牛羊继续增加—草场加剧退化的恶性循环。目前，退化面积已达 600 万 km^2。解决草畜矛盾的根本出路在于变游牧为定牧，草地有偿承包，谁用谁管谁建设。一方面增加投入，种植高产优质牧草，提高单位面积产草量；另一方面调整畜群结构，改变饲养方式，增加一定的设施，投入一定的精料，加快畜群周转，减少畜群对草场的压力，使草原逐步得到恢复，走可持续发展之路。

(三)群体品质差，良种覆盖面低

中国荷斯坦牛，主要是利用荷兰的荷斯坦牛与我国当地牛杂交改良而成的，选育程度赶不上发达国家，主要表现在平均产奶量低(美国平均 7 000 kg，而我国仅有 2 000 kg)。近年来，我国从美国、加拿大引进牛的胚胎、冻精、良种牛，改良中国的荷斯坦牛，提高其优良基因的频率，优良种牛场的产量提高很快，平均产乳量超过了 6 000 kg，个别产量超过了 10 000 kg。但农户饲养的奶牛改进很慢，有待进一步提高。中国的肉牛生产仍然依靠黄牛肥育和淘汰乳牛，与国际肉牛生产水平相差甚远。黄牛的肉改以吸收杂交为主，强调保持黄牛原有的特性，而不是按国际市场需要去改良。在我国，黄牛肉改中多采用世界著名的中小型肉牛，如海福特、安格斯、短角牛等。而这些品种在世界肉牛良种大型化的趋势下将会被逐渐淘汰，那么所改良的肉牛如何与世界肉牛生产接轨？所以在肉牛生产良种化方面问题不少。要解决这一问题，肉牛育种就必须像中国黑白花奶牛育种一样，引进世界著名的大型肉牛品种与当地黄牛级进杂交，精心选育，形成中国自己的大型肉牛良种和与世界接轨的肉牛生产体系。

肉羊生产也是主要依靠普通绵山羊及淘汰的细毛羊、奶山羊等，专用型肉羊品种的占有率很低，影响肉羊生产的经济效益。近年来，随着世界养羊业结构的变化，我国也先后引进了优良的肉用绵山羊品种，对我国的绵山羊进行改良，如利用德国肉用美利奴对我国的细毛羊改良，使之由毛肉兼用向肉毛兼用方向发展；利用萨福克、道赛特、夏洛来等羊对我国的粗毛羊改良，使其产肉性能提高很快；用布尔山羊对我国的普通山羊、奶山羊进行改良，改良后代生长速度明显加快，产肉性能显著提高。经过科技工作者的不断努力，以及肉牛肉羊的产业化开发、繁育体系、肥育体系的建立，我国肉牛肉羊生产良种的比例在不断提高。封山育林，退耕还林，荒山荒坡绿化与牛羊生产的矛盾加重。在山区、丘陵地区，牛羊以放牧为主对植被造成破坏，这在北方很多地方是相当严重的。荒山荒坡的治理要求必须禁牧，牛羊生产的方式必须发生根本改变的难度较大。一是所养牛羊适应长期放牧的生产方式，对舍饲饲养有一个适应过程；二是群众不习惯舍饲养牛羊，技术还不掌握。解决这一问题，必须在进行说服教育的同时，搞好科技宣传，科技示范，加强舍饲牛羊的推广工作，使群众能从舍饲牛羊中尝到甜头，得到益处，看到好处，这一矛盾就可以迎刃而解。

（四）农区牛羊生产有待进一步发展

我国农区面积大，气候温和，雨量充沛，土壤肥沃，植物生长期长。粮、棉、油、果生产和加工过程中的副产品量大、质好、来源充足，为牛羊生产提供了物质基础。我国的高产、稳产、专业化、集约化程度高的畜群主要分布在农区。因此，今后牛羊产业化开发，高产品种的选育，集约化经营，农区具有广阔的发展前景。

总之，一个立志从事牛羊生产和开发的畜牧工作者，必须充分认识牛羊生产在国民经济中的重要地位，时刻把握国内外牛羊生产的动态，厘清我国牛羊生产中存在的问题，掌握解决这些问题的途径和方法，认真学好该门课程，为择业上岗打好基础。

模块一

牛、羊的生物学特性

项目一　牛、羊的行为习性

1. 合群性

牛羊的合群性很强，利用其合群性，可以大群放牧，节省劳力。牛羊的这种本能与其模仿行为有关。当群体中有一头领头的牛羊做某一动作时，其他个体往往也跟着做同样的动作。大多数牛羊群中存在着良好的群居等级，出牧、过河、过桥、饮水、换草地等，只要有“领头牛羊”先行，其他个体就尾随而来，管理起来十分方便。但是这个特性也有不利的一面，如少数个体混了群，其他个体也会跟着而来；少数个体受到惊吓，其他个体也会跟着狂奔。

2. 性情

牛羊群中公畜往往比母畜好斗，但有时候母畜也喜欢角斗，去势的公畜性情温驯。肉用牛羊比其他用途的牛羊性情温驯。高产的奶牛、奶羊也较温和，即使密切靠近也不致相互抵斗。绵羊比山羊更温驯。此外，牛羊的性情与人施加给它们的一切友善或粗暴行为有关。正确的调教和训练，能使牛羊与人建立良好的关系；打骂等粗暴的行为容易使牛羊产生踢人、顶人的恶癖。尤其是种用公羊，恶癖一旦养成，很难纠正。

3. 采食性能

放牧的牛羊喜欢采食含蛋白质多、粗纤维少的豆科牧草，它们能够依据牧草的外表和气味，识别不同的植物；如果牧草青嫩，则采食时间长而反刍时间短；如果粗纤维含量高或采食青干草，则采食时间短而反刍时间长。在牛羊混放的草场上，牛善于利用较大较高的牧草，而羊则可以利用牛所不能利用的小草。在半荒漠地区牧场上的各种植物，牛不能很好利用或完全不能利用的植物占 66%，而绵羊和山羊仅为 38%。牛羊除白天采食外，夜间还需一定的采食量。因此，不管是舍饲还是放牧的羊，晚上必须加夜草，这对于高产羊及正在肥育中的羊尤为重要。

4. 喜欢干燥清凉，耐寒冷，怕湿热

绵羊最怕湿热，这就限制了绵羊在南方山区的分布，山羊次之，牛再次之。抗寒性方面，绵羊最强，能在高原−40℃下扒雪寻食。

5. 爱清洁

羊喜爱清洁，对有异味的草料及受粪尿污染的水源拒食饮，尤其是山羊表现得更为明显。所以，不管是放牧还是舍饲，都要搞好舍内外卫生。

6. 适应性和抗病力强

牛羊的适应性很强，它们能够很好地利用农牧区各类型自然条件下提供的草料。牛羊的抗病力也很强，特别是一些古老的牛羊品种，在一些潮湿多寄生虫的地方，牛及山羊也能很好地生存，但也正是由于抗病力强，往往在发病初期不易被发现，没有经验的饲养员一旦发现病畜，多半病情已很严重。因此，必须时刻细致观察，尽早发现病情，及时采取治疗措施。

项目二　牛、羊的消化生理结构

牛羊的消化道起始于口腔，经咽、食管、胃（瘤胃、网胃、瓣胃和皱胃）、小肠（包括十二指肠、空肠和回肠）、大肠（包括盲肠、结肠和直肠），止于肛门。附属的消化腺体有唾液腺、胃腺、胰腺和肠腺。

牛羊的胃为复胃，包括瘤胃、网胃、瓣胃和皱胃四个胃室。前三个胃室是食管膨胀发育的结果，没有实际的消化腺体。皱胃又称作真胃，内部分布有消化腺，其机能与单胃相同。四个胃室的容积随着牛羊的年龄差异有很大的不同。初生牛羊的皱胃占整个胃室的80%以上，其他的胃室容积很小，而且在结构上还很不完善，没有形成生物群落，不具有相应的消化生理功能。随着日龄的增长，幼龄动物开始采食粗饲料，于是瘤胃和网胃的容积开始显著地增长。成年牛羊的胃室发育健全以后，形成了较为完善的微生物区系。

1. 瘤胃

瘤胃虽然不能够分泌消化液，但胃壁有强大的环肌，能够产生强大的收缩力，可进行有节律的收缩运动。胃黏膜表面有大量密集的角质化的胃乳头，有利于增加食糜和营养物质与胃壁的接触。瘤胃中存在着大量的微生物，对食物和营养物质的合成起到重要的作用。瘤胃中的微生物是由60余种细菌和30余种纤毛原虫组成的，具体成分十分复杂。此外，瘤胃的微生物组成结构还要随地理位置、饲料种类、饲养条件、奶牛年龄等因素而变化。1 mL的瘤胃内容物当中，含有细菌200亿个左右，原虫的数量可以达到150万个左右，微生物的体积可以占到瘤胃液的3.6%。

瘤胃中细菌的作用能力较强，能够分解纤维素、蛋白质、脂肪等营养物质。同时，由于产氨菌、产甲烷菌的存在，使牛的嗳气中存在氨气和甲烷气体。而蛋白质合成菌、维生素合成菌可以利用饲料发酵，合成菌体蛋白和牛体必需的大部分水溶性维生素。

瘤胃中的原虫，均为厌氧微生物。瘤胃的纤毛虫分为全毛和寡毛两大类，均能发酵糖类，产生乙酸、丁酸、乳酸、二氧化碳和少量的丙酸。全毛虫主要分解淀粉等糖类物质产生乳酸和少量挥发性脂肪酸。寡毛类原虫可以分为两类，一类以分解淀粉为主，另一类发酵果胶、半纤维素和纤维素。纤毛虫还具有水解脂类、氢化不饱和脂肪酸、降解蛋白质和吞噬瘤胃细菌的能力，因此瘤胃中的各类纤毛虫又被称为“微型的反刍动物”。

纤毛虫的成分组成和具体的数量受瘤胃pH的影响，同时也和饲料的成分有很大关系。纤毛虫的消化率要高于细菌的消化率，并且含有丰富的必需氨基酸，其营养品质也明显地高于细菌的蛋白。部分纤毛虫和细菌随食糜进入皱胃和小肠，这些菌体蛋白在皱胃和小肠的有效消化为奶牛提供了重要的营养来源。

瘤胃的内环境一般较为稳定，干物质的含量为10%～15%，水分的含量为85%～90%。瘤胃的正常温度变化范围为39～41℃，其温度还要受到采食饲料、饮水因素的影响。采食易发酵的饲料，可以使瘤胃的温度升高到41℃。饮较低温度的水，会使瘤胃的温度下降到很低的程度，经过一段时间之后，瘤胃的温度还会恢复正常。当瘤胃的温度较低的时候，不利于瘤胃的发酵进行，因此经常地饮用低温水源，不利于奶牛对饲料的消化利用。因此，保证饮水水温是提高奶牛消化能力和生产性能的重要途径。瘤胃的pH的变化范围是5.0～7.5，但若瘤胃的pH低于6.5则不利于微生物对纤维素类饲料的利用。瘤胃的pH受到日粮性质、环境温度等条件的影响。饲喂低质量的草料时，瘤胃的pH较高；饲喂精饲料的时候，瘤胃的pH会下降到较低的水平，即具有较强的酸性。因此，在饲喂精饲料的同时，要添加一定量的碳酸氢钠，以便中和由于食用大量精饲料而导致的瘤胃pH过低，而不利于发酵的现象。

2. 网胃

网胃由网—瘤胃褶与瘤胃分开，而网胃的内容物与瘤胃的内容物相混杂。网胃壁上有像蜂巢一样的结构，因此又称为蜂巢胃。在网胃的右侧有一开口通往瓣胃，网胃中在食道与瓣胃之间有一条沟，称为食管沟。幼龄动物采食母乳时把奶汁由食管沟直接送到皱胃，避免了奶汁在瘤胃中直接发酵，避免引起不良的后果。食管沟的这一种功能随着幼畜年龄的增长而逐渐地丧失，到幼畜成年的时候，食管沟只剩下一点点痕迹。如果在食管沟闭合不全的情况下，母乳直接进入瘤胃，会产生不良的消化系统疾病。网胃的功能和筛子一样，可以将饲料中掺杂的重物隔离出来，这也是导致牛创伤性网胃心包炎的一个重要的原因。

3. 瓣胃

内容物在瘤胃、网胃中经过发酵之后，进入瓣胃。瓣胃的黏膜形成有100多片的瓣叶，其作用是压挤水分和磨碎食糜，使食糜得到进一步研磨，同时吸收掉大量的有机酸和水分，使得进入皱胃的食糜更加细密，有利于其被进一步消化。

4. 皱胃

皱胃是牛羊的真胃。其前端粗大，成为胃底，与瓣胃相连；后端狭窄，成为幽门部，与十二指肠相接。围绕瓣皱口的黏膜区为贲门腺区，近十二指肠黏膜区为幽门腺区，中部为胃底腺区。皱胃分泌的胃液含有蛋白酶和胃酸，其功能与单胃动物相同，消化来自前胃中的食糜。

5. 肠道

牛羊的小肠特别发达，其中牛的肠道长度和体长比大约为27∶1。食糜进入小肠后，在消化液的作用下，大部分的可消化营养物质都得到了充分的消化和吸收。牛羊等反刍动物同时存在着两大发酵系统。据报道，牛的盲肠和结肠也可以进行较为强大的消化作用，能够消化饲料中粗纤维成分的15%～20%。纤维素经过微生物的发酵作用，产生大量的挥发性脂肪酸而被机体吸收利用。牛的复胃和肠道的生理结构，使食物在牛消化道中的驻留时间很长，一般需要7～8 d，甚至达到十多天的时间，才能将食物的残渣排尽。因此，反刍动物对食物的消化吸收利用率比较充分。

模块二

牛、羊常用饲料

项目一　牛、羊常用饲料的分类

一、精饲料

精饲料主要有两大类，即禾本科籽实与豆科籽实。其共同特点是：可消化营养物质含量高，体积小，粗纤维含量少，是饲喂牛羊的主要能量和蛋白质饲料。

1.玉米

它是禾本科籽实中淀粉含量较高的饲料，70%为无氮浸出物，几乎全是淀粉，粗纤维含量极少，故易被消化。其有机物质消化率达90%。玉米的蛋白质含量较低，而且主要由生物学价值较低的玉米蛋白和谷蛋白构成。胡萝卜素含量也低。

2.大麦

它的蛋白质含量略高于玉米，品质也较玉米好，粗纤维含量为5.2%，但脂肪含量较低，所以总营养价值较玉米低。大麦含较多的粗纤维，质地疏松，用以喂奶牛，能得到品质优良的牛奶和黄油。

3.高粱

它的营养价值稍低于玉米，无氮浸出物为68%，其中主要是淀粉；蛋白质含量稍高于玉米，但品质较差；粗纤维和脂肪含量比玉米低，具有与玉米相似的缺陷。高粱含有鞣酸，所以适口性不如玉米，且易引起牛便秘。

4.大豆

大豆富含蛋白质（约36.2%）和脂肪（16%），无氮浸出物含量也较高，所以含能量较高，每千克含可消化能1 673.6 kJ以上。大豆因含有丰富的具有完全价值的蛋白质，所以是牛生长发育和泌乳的最好的蛋白质饲料。大豆蛋白质中含蛋氨酸、色氨酸、胱氨酸较少，最好与禾本科籽实混合饲喂。

大豆熟喂效果最好，能增加适口性和提高蛋白质的消化利用率。

二、粗饲料

粗饲料是粗纤维含量高（平均超过20%）、体积大、营养价值较低的一类饲料。这类饲料来源极广，包括干草和秸秆秕壳两大类。

1. 秸秆

秸秆粗纤维含量高，无氮浸出物难消化。粗纤维含量，豆科秸秆秕壳为36%，稻草为48%，花生壳为12%；蛋白质含量低，禾本科秸秆、秕壳为3%～5%。粗纤维很难消化，如大豆秸消化率为21%，稻草消化率为16%。粗纤维含钙量高，含磷量低，干甘薯蔓含钙量达2%以上，豆科秸秆秕壳含钙量1.5%左右，禾本科秸秆含钙量为0.2%～0.4%；含磷量各种秸秆多为0.1%以下。粗饲料含钾量较高，属碱性饲料，适合喂牛羊。

2. 青干草

青干草是指经收割、干燥和贮存，含85%～90%干物质的禾本科、豆科牧草及谷类作物。优质干草呈绿色，多叶、柔韧、适口性好，含粗蛋白质、胡萝卜素、维生素D、维生素E及矿物质较丰富。豆科青干草粗蛋白质含量高达14%～21%，禾本科为8%～11%。各类干草的淀粉含量为31.0%～42.6%，消化能约9 623 kJ/kg。

青干草对牛有着重要的营养功能。犊牛早期喂干草能促进瘤胃发育并防止贫血；高产奶牛缺喂干草时，醋酮症与真胃变位的发病率增加，同时乳脂率下降。在不同时期，青干草营养价值有明显差异。初夏时蛋白质的生物学价值为70%～80%，秋季为60%～65%；青草期营养价值比枯草期高3～6倍。不同阶段刈割的青草消化率也有很大差异，孕穗到籽实成熟期所含各种营养物质的消化率都逐渐下降。

三、青绿饲料

青绿饲料粗蛋白质含量丰富，消化率高，品质优良，生物学价值高；粗蛋白质含量一般占干物质的10%～20%，其特点是叶片中含量比茎秆中多，豆科比禾本科多。粗蛋白质消化率高，如苜蓿的粗蛋白质消化率高达76%，小麦秸秆仅为8%。青绿饲料的粗蛋白质品质较好，所含必需氨基酸较全面；赖氨酸、组氨酸含量较高，而蛋氨酸含量较低，对牛羊生长、生殖和泌乳都有良好的作用。因青绿饲料中所含氨基酸较全面，所以蛋白质的生物学价值较高，可达80%，而一般籽实饲料只有50%～60%。

维生素含量丰富：青绿饲料中含有大量的胡萝卜素，每千克约为50～80 mg，高于任何其他饲料，豆科青草中的胡萝卜素、B族维生素等的含量高于禾本科草，秋草的维生素含量不如春草高。此外，青绿饲料还含有丰富的硫胺素、核黄素、烟酸等B族维生素，以及较多的维生素C、维生素E、维生素K等。

各种青绿饲料的钙、磷含量差异较大：豆科植物的钙含量特别高，按干物质计，青饲料的钙含量约占0.2%～2.0%，磷含量约占0.2%～0.5%。青饲料中钙磷多集中在叶片内，它们占干物质的百分比随着植物的成熟程度而下降。

青绿饲料中无氮浸出物含量较高，粗纤维较少，所以青饲料易被牛羊消化吸收。青草中的粗纤维含量约占干物质的30%，无氮浸出物含量约为40%～50%。良好的牧草中有机物消化率为75%～85%。

青绿饲料适口性好，有刺激消化腺分泌的作用，因而消化率高。青绿饲料可视为奶牛的保健饲料。

四、多汁饲料

多汁饲料水分含量高，在自然状态下，水分含量一般为75%～95%，故称为多汁饲料。它具有轻泻与调养的作用，对泌乳母牛、母羊还起到催乳作用。

五、饲料添加剂

饲料添加剂是指在配合饲料中加入的各种微量成分，其作用是完善饲料的营养特性，提高饲料的营养效果，促进牛的生产性能和对疾病的预防和抵抗能力，改善产品质量。饲料添加剂主要包括：

1. 氨基酸添加剂

对于高产奶牛来讲，瘤胃合成的赖氨酸和蛋氨酸的量不足，为了提高奶牛的生产性能，采用瘤胃氨基酸的添加，可以明显地解决这一问题。

2. 微量元素添加剂

微量元素是指动物体内含量在0.01%以下的元素。属于这一类的元素有铁、铜、钴、锌、锰、硒、钼和氟等。微量元素是牛羊生长、繁殖、泌乳和健康不可缺少的营养物质。

3. 瘤胃缓冲剂

常用的瘤胃缓冲剂包括：碳酸氢钠，一般的添加量占饲料中精饲料干重的0.5%～1.5%；氧化镁，一般的用量占饲料中精饲料干重的0.3%～0.5%。另外，还有醋酸钠等，也可以很好地起到瘤胃缓冲的作用。

4. 益生素类添加剂

根据制剂的作用不同可以分为微生物生长促进剂和微生态治疗剂。目前较为常用的益生素微生物制剂有乳酸菌制剂、芽孢杆菌制剂、真菌制剂和活酵母制剂。

5. 酶制剂

酶是活细胞产生的具有特殊催化能力的蛋白质，是促进生物化学反应的高效物质。现代工业生产的酶制剂，可以作用于牛的生理生化反应，提高牛对蛋白质、脂肪、淀粉和纤维素的分解与代谢，促进饲料的消化吸收，提高饲料的利用率和生产性能。

项目二 牛、羊饲料的加工与调制

牛羊的饲料虽然种类较多，来源较广，但在未被加工前普遍存在利用率不高和适口性差的问题。以干草和秸秆为代表的粗饲料来源丰富，是养牛养羊的主要饲料，特别是在目前我国大力发展节粮型畜牧业的情况下，通过加工处理饲料资源，以增强饲草的适口性和提高其利用率，具有重要的实际意义。

一、秸秆青贮技术

青贮是保证常年均衡供应青绿多汁饲料的有效措施。青贮饲料气味酸香，柔软多汁，颜色黄绿，适口性好，是牛羊四季特别是冬春季节的优良饲料。农区青贮玉米秸秆对于提高牛羊生产的经济效益具有重要意义。

1. 青贮原理

青贮是利用微生物的乳酸发酵作用，达到长期保存青绿多汁饲料营养特性的一种方法。青贮过程的实质是将新鲜植物紧实地堆积在不透气的容器中，通过微生物（主要是乳酸菌）的厌氧发酵，使原料中所含的糖分转化为有机酸——主要是乳酸。当乳酸在青贮原料中积累到一定浓度时,就能抑制其他微生物的活动,并制止原料中养分被微生物分解破坏,从而将原料中的养分很好地保存下来。乳酸发酵过程中产生大量热能,当青贮原料温度上升到50℃时,乳酸菌也就停止了活动,发酵结束。由于青贮原料是在密闭并停止微生物活动的条件下贮存的,因此可以长期保存而不变质。

2.青贮技术要点

①排除空气。乳酸菌是厌氧菌,只有在没有空气的条件下才能进行繁殖。如不排除空气,不仅乳酸菌不能存活,而且好气的霉菌、腐败菌会乘机滋生,导致青贮失败。因此,在青贮过程中,原料切得越短,踩得越实,密封越严越好。

②创造适宜的温度。原料温度在25～35℃时,乳酸菌会大量繁殖,并且很快占主导地位,致使其他一切杂菌都无法活动和繁殖。若原料温度在50℃以上时,丁酸菌就会生长繁殖,使青贮饲料出现臭味,以致腐败。因此要尽量踩实,排除空气,并缩短铡草装料的过程。

③掌握好水分。适于乳酸菌繁殖的含水量为70%左右,过干不易踩实,温度易升;过湿酸度大,牲畜不爱吃。70%的含水量,相当于玉米植株下边有3～5片干叶。如果全棵青绿,砍后可以晾半天达到青黄叶比例各半,只要设法踏实,不加水同样可获青贮成功。

④选择合适的原料。乳酸菌发酵需要一定的糖分。青贮原料中含糖量不宜少于1.0%,否则影响乳酸菌的正常繁殖,青贮饲料的品质难以保证。原料含糖多的易贮存,如玉米秸、瓜秧、青草等;含糖少的难贮存,如花生秧、大豆秸等。对于含糖少的原料,可以和含糖多的原料混合青贮,也可添加3%～5%的玉米面或麦麸单独青贮。

⑤确定适宜的时间。利用农作物秸秆青贮,要掌握好时机。玉米蜡熟时全株青贮效果最佳。将收获果穗后的青玉米秸切成2 cm长,加水10%～15%,然后按比例掺入尿素,可调制成品质良好的玉米秸青贮料。

3.青贮方法

①青贮的准备。制作青贮饲料需要有一定的容器,如青贮窖(坑)、青贮塔、青贮缸和青贮饲料袋等,这些都要提前选择、购置或建造。根据青贮原料的品种和数量确定容器的容量。青贮窖(坑)最好是用砖砌、水泥抹面,并选择地势高、干燥、地下水位低和土质坚硬、向阳的地方,以防渗水、倒塌。挖好窖后,应晾晒1～2 d,以减少窖壁水分,增加窖壁硬度。窖的四周应有排水沟,以防雨水流入窖内。

②青贮的步骤及要求。首先将青贮原料切短,长度在2～5 cm;然后装窖,每次填入窖内约20 cm厚,用人力或机械充分压紧踏实,以后每填一次压紧一遍,直至装到超过窖口0.5 m以上;最后封顶,先盖一层切短的秸秆或软草(厚20～30 cm),或铺盖塑料薄膜,再覆盖厚约0.5 m的泥土。北方寒冷地区可覆盖1 m厚的泥土,并将顶做成半圆形,以利排水。以后经常检查有无裂缝,随时加土覆盖,以防空气进入或雨水渗入。

③青贮时添加剂的使用。为了使青贮饲料营养更加完善,或使营养物质在动物消化道内更好地被利用,或使不容易青贮的原料更好地被贮存起来,在青贮过程中添加一些特定的物质是必要的。

在青贮时添加的物质种类很多,如甲醛、甲酸、丙酸等都能抑制微生物的活动,达到保存的目的。如果原料中含蛋白质并不高,装窖时可向原料中均匀地撒上尿素或0.3%～0.5%的硫酸铵混合物。青贮后,每千克青贮料中可使蛋白质增加8～10 g。玉米青贮料加0.2%～0.3%的硫酸钠,可使含硫氨基酸增加2倍;添加0.5%～0.7%的尿素,可提高青贮料中粗蛋白质含量。这是由于添加物通过青贮微生物的利用形成菌体蛋白质所致。

青贮饲料装窖密封，经45 d后，乳酸菌的发酵过程完成，青贮饲料也就制作成了，便可以开窖饲喂。

4. 青贮饲料的利用

①喂青贮饲料之前应检查其质量——色、香、味和质地。优质青贮饲料应为：颜色黄绿，柔软多汁，气味酸香，适口性好。青贮玉米秸秆带有很浓的酒香味。

②饲喂时，青贮窖只能打开一头，要分段开窖，分层取，取后要盖好，防止日晒、雨淋和二次发酵，避免养分流失、质量下降或发霉变质。发霉、发黏、发黑、结块的青贮饲料不能用。

③开始饲喂青贮饲料时，要由少到多，逐渐增加；停止饲喂时，也应由多到少逐步减喂。这样可使牛羊有一个适应过程，可以防止暴食和食欲突然下降。

④青贮饲料的用量，应视牛羊的品种、年龄、用途和青贮饲料的质量而定。除高产奶牛外，一般情况下可以作为唯一的粗饲料使用。但应注意，鲜嫩的青草、菜叶青贮后仍然含有大量的轻泻物质，喂量过大往往造成拉稀，影响消化吸收。通常喂量为：奶牛20～30 kg，役牛10～15 kg，种公牛、肉用牛5～12 kg，羊1.5～2 kg。

二、氨化、碱化与盐化处理秸秆的原理和方法

秸秆类饲料的含氮量较低，但经过氨化处理之后，其有机成分就能与一部分的氨离子相结合，以提高其含氮量；同时氨化处理后可以有效地打开一部分木质素与纤维素，提高饲料的消化率；氨化处理还可以提高粗饲料的适口性。碱化和盐化处理也可以很好地水解一部分纤维素与木质素的糖苷键，提高秸秆类饲料的消化率，同时提高秸秆的质量，提高其适口性。在实际的生产过程当中，一般采用“三化”结合的方法，以克服氨化成本过高、碱化不宜久存、盐化效果不佳的缺点。表2-1介绍一例处理液配方，可以尝试推广使用。

表2-1　氨化、碱化与盐化处理秸秆的处理液配方

秸秆种类	秸秆量/kg	尿素用量/kg	生石灰用量/kg	食盐用量/kg	水用量/kg	贮料含水量/%
干稻草	100	2	3	1	45～55	35～40
玉米秸秆	100	2	3	1	40～50	35～40

处理时间为2～3个星期，然后通风晾干2～5 d后，待异味全部消失之后即可饲喂

三、干草的制作

干草一般指的是青干草。青干草是将牧草、饲料作物、野草和其他可饲用植物，在适时的时候刈割，经自然干燥或采用人工的方法进行干燥，使其脱水，达到能够长时间贮藏、不易变质的目的。

1. 自然干燥法

自然干燥的方法不需要设备，操作简单，但是劳动强度大、效率低，晒制出来的干草质量也较差。常用的方法有：①田间晒制法。即牧草刈割之后，在原地或附近地域摊开暴晒，每隔数小时加以翻晒，当水分含量降低到40%～50%的时候再集成草堆，保持通风，直到水分下降到17%以下的时候就可以贮藏起来了。②草架干燥法。草架可以做成三脚架形，可以明显地加快青草的干燥速度。具体的干燥方式也是将青草进行原地干燥，然后转至草架上进行进一步

的干燥，其营养的损失可以比普通干燥法降低 10%左右。

2.人工干燥法

常见的人工干燥法有鼓风干燥法、低温干燥法和高温干燥法。由于人工干燥法需要的设备较为复杂，投入较高，因此在推广使用上受到限制。但是，人工干燥法可以大幅度地加快干燥速度，而且加工出的青干草的品质也是非常好的。

如果干草的储备量不足，可以用干储的玉米秸秆来代替，但在使用的过程中一定要注意很好地粉碎和揉搓才有利于消化。

项目三　牛、羊的日粮配合

一、饲养标准

经过长期反复的试验和实践总结制定的每天应给予一头牛主要营养物质的数量及用多少饲料可以满足这些营养需要量，称为牛的饲养标准。它反映了牛生存和生产对饲料及营养物质的客观需求，是牛生产计划中组织全年饲料供给，设计饲料配方，生产平衡日粮和对牛进行标准化饲养的科学依据。牛的饲养标准包括两个主要部分：一是营养需要量或供给量或推荐量。二是常用饲料营养价值表。营养供给量或推荐量一般是最低营养需要量加上安全系数计算而来。

1.中国奶牛饲养标准

奶牛各饲养阶段和产奶的营养需要标准，具体内容参见《中华人民共和国农业行业标准NY/T 34—2004 奶牛饲养标准》

2.美国 NRC 奶牛营养需要

美国 NRC 奶牛营养需要分别提供了小体型和大体型两种奶牛不同泌乳期的营养需要量，对影响营养需要量的管理和环境等因素做了详细的描述，并从更广泛的角度探讨了不同生理阶段和生产水平的营养需要水平，反映了奶牛生产和奶业科学飞速发展的变化现状。具体内容参见美国《奶牛营养需要(第七次修订版)》。

二、日粮配合

(一)日粮配合的特点

以饲料营养价值评定的试验和研究为基础，按科学配方，把多种不同来源的饲料以一定比例均匀配合，并按规定的工艺流程生产的饲料称为配合饲料。配合饲料具有以下特点。

1.科学性

配合饲料是在大量的科学试验和实践经验的基础上，制定出科学的饲料配方，再按饲料配方的要求，通过先进的生产设备加工而成。它集中应用动物营养学、工艺学、原料学的研究成果，可以最大限度地发挥动物的生产性能。

2.高质量

配合饲料的生产实行工厂化生产，配方科学，管理严格，设备先进。为确保配合饲料的高质量，国家颁布了多种饲料法规，饲料管理条例和有关法律。同时，国家还制定了各种畜禽的饲料营养标准和饲料标准,甚至有些饲料加工企业还制定了高于国家标准的企业标准。

3. 全价性

配合饲料是按动物的不同品种、不同年龄及不同生产水平和生产目的配制而成,能够满足动物的各种营养需要,其营养价值远远高于单一饲料。

4. 使用方便

广大养殖场(户)可根据自己的规模及特点,选择适用于本厂实际情况的不同类型的配合饲料。无论哪一类型的饲料的使用都很方便,一般直接或稍加处理即可饲喂,而且运输和贮存也很方便。

5. 高效益

配合饲料能够满足动物的各种营养需要,可以最大限度地发挥动物的生产能力。配合饲料可以增强牛羊的抗病力,提高饲料报酬,降低饲养成本,减少饲料浪费,从而使养殖场(户)取得良好的经济效益。

(二)日粮配合的原则

日粮配合必须遵循以下原则。

1. 饲料配方的科学性

饲料配方包含动物营养、饲料、原料特性与分析、质量控制等。各项营养指标必须建立在科学的标准基础上,能够满足动物在不同生长期对各种成分的需要,指标之间应具备合理的比例关系,对相应生产的饲料又具有良好的适应性和利用率。科学性是饲料配方设计的基本原则。

2. 饲料的适口性

饲料的适口性直接影响动物的采食量。如菜籽饼的适口性较差,在日常饲喂中若单独使用,配比不能过高,否则降低动物的采食量。但若与豆饼合用,不但可以提高适口性,还能做到多种饲料合理搭配,发挥各种营养物质的互补作用,提高饲料的消化率和营养价值。所以,要根据畜禽的种类和生产阶段的生理要求,合理搭配饲料。

3. 饲料的经济性和市场性

在畜牧业生产开支中,饲料的费用占整体成本的70%～80%,所以在配合日粮时,要因地制宜,充分开发当地饲料资源,精打细算降低成本。饲料配方应从经济实用的原则出发,生产中是否采用高投入,高产出或低投入、低产出的饲养策略,主要取决于市场。对地方品种畜禽和散户可以设计较低档配方;对外来良种、优良品种和规模养殖场则应设计高、中档配方。当市场的饲料原料价格低廉,而产品售价较高时,则应设立高档次的饲料产品,从而追求较好的饲养效果和较优的饲料转化率;当市场的饲料价格坚挺而畜产品销售不畅,价格走低时,则可设计较低档次的饲料产品,实现低成本饲养,保持一般生产水平。

4. 饲料的安全性和合法性

配方设计必须遵循国家有关饲料生产的法律法规,如《饲料和饲料添加剂管理条例》《中华人民共和国兽药管理条例》《农产品安全质量无公害畜禽肉安全要求》等,严禁使用“瘦肉精”之类的激素药,控制使用高铜、高锌,尽量使用绿色饲料添加剂,如复合酶、益生素、中草药制剂等,提高饲料产品的内在质量,使之安全、无毒、无药残、无污染,符合营养指标、感官指标、卫生指标的要求。

(三)饲料配方的设计步骤

(1)目标明确。不同目标的配方要求有所区别。主要目标包括:使每头上市的动物收益最大,动物达到最佳的生产性能,整个集团收益最大,对环境污染最小或者生产厂家含某种特定品质的畜产品。

(2)确定动物的营养需求量(参照饲养标准确定)。

(3)因地制宜选择饲料原料。

(4)配方计算。将以上3个工作获取的信息加以综合处理,形成配方配制日粮。通过手工或计算机优化配方软件来配制饲料,制造出来后进行化验分析,检验营养指标。

模块三

牛繁育技术

项目一　牛的繁育技术

一、牛的选种选配

(一)常用的选种方法

1. 单一性状选择法

单一性状选择法是指一个性状、一个性状地进行选择,也叫逐一选择法。即当第一个性状得到改良后再选择第二个性状。这样逐一选择,至全部性状均得到改良为止。

2. 独立淘汰法

在一次选择时,同时考虑几个性状,对每个性状都规定一个单独标准,只要有一个性状不够标准即予以淘汰,而不管其他性状如何。

3. 综合选择指数法

在牛的育种中,常常需要同时选择一个以上的性状,如奶牛的产奶量、含脂率、乳蛋白率、肉牛的初生重、日增重等。把要选择的几个性状,应用数量遗传学的原理,根据性状的重要程度乘以一定的权系数,综合成一个使个体间可以互相比较的数值。这种根据多性状的选择指数进行选种的方法,叫作综合指数选择法。

(二)种用公母牛的选择

1. 种公牛选择

首先是考查其父母祖先系谱,其次是审查种公牛的外貌表现与生长发育情况,最后还要根据种公牛的后裔测定成绩,以判断该公牛的遗传性是否稳定,作为其利用价值评定的主要依据。对种母牛的选择则主要根据其本身的生产性能或与生产性能有关联的一些性状。此外,还要参考其祖先系谱和后裔及旁系的表现情况。因此,种公母牛利用价值的评定,包括系谱鉴定、本身生产性能测定、后裔测定、同胞或半同胞测定 4 个方面的选择。

(1)系谱鉴定　对未投产的幼龄母牛和尚未取得后裔测定结果的种公牛,首先是按照系谱记载的祖先情况估计来自祖先各方面的遗传性。系谱上一般要记载 3～4 代祖先的情况,最少也要 2 代的祖先。按系谱选择种牛要特别重视最近祖先，因为祖先越近对该牛的遗传影响越大，越远遗传影响越小。凡系谱记录不全的，不得选做种牛。

(2)本身生产性能测定　选择种公牛，一般是先看系谱，再看外貌，然后着重看他的后裔和旁系的表现。鉴别种公牛的外貌时，主要看其体形结构是否匀称，外貌及毛色是否符合品种要求，雄性特征是否明显，有无明显的外貌缺陷，如四肢不够健壮结实，肢势不正，背腰凹下或拱起，狭胸，垂腹，尖斜尻等。生殖器官发育良好，睾丸大小正常，有弹性，无单睾现象。凡是体型结构、局部外貌有明显缺陷或生殖器官畸形(如单睾、隐睾)，一律不得作为种用。通过评分鉴定评出外貌等级。种公牛的外貌等级不得低于一级，核心种公牛要求特级。除外貌外，还要测定种公牛的体尺、体重，按照品种标准分别评出等级。

(3)后裔测定　后裔测定是家系选择的一种方法，是当前判定个体公牛遗传性的最好方法。在选择种公牛时，除根据传统的系谱鉴定和个体外貌鉴定外，要特别重视种公牛的后裔测定。

①乳用种公牛的后裔测定。经过系谱审查及对生长发育、体型外貌等方面选择合格的后备公牛，年龄达 10～14(早熟品种)或 12～15(晚熟品种)月龄时采精。在 1～3 月内，随机交配一定数量的母牛，然后将其女儿集中饲养在后裔测定站内，以消除环境影响，然后采取母女比较法、同期同龄比较法等对其进行测定。

②肉用种公牛的后裔测定。肉用种公牛的后裔测定也采用同期同龄比较法。

(4)同胞或半同胞测定

同胞或半同胞测定(旁系选择)是指选择个体的兄弟、姐妹、堂表兄妹等，它们与该个体的关系越近，其材料选择价值就越大。利用旁系材料的主要目的是从侧面证明一些由个体本身无法查知的性能，如公牛的配种能力。此法与后裔测定的结果相比较，可以节省时间，同时，遗传力、育种值等遗传参数均可通过旁系材料进行计算。肉用种公牛的肉用性状，主要根据半同胞材料进行评定，应用半同胞材料，估计后备公牛育种值，优点是可以对后备公牛进行早期鉴定，比后裔测定时长缩短 4 年以上的时间。

2. 种母牛的选择

种母牛本身的表现主要包括体型外貌、体尺体重、生产性能。此外，还要考察其繁殖力、早熟性和长寿性。

(1)体型外貌的选择　母牛体型、外貌的好坏与其生产性能密切相关。一般情况下体质结实，外貌优良的奶牛，其产量也必然是较高的。

(2)体重与体型大小的选择　牛的体重与体型大小，与任何生产用途都有密切的关系。

(3)生产性能的选择

①产奶性能的选择，需注意以下性状。

A. 产奶量。产奶量的遗传率仅为 0.25～0.30，重复率为 0.50。遗传力不高，说明产量提高，主要依靠饲养管理条件，即环境因素。

B. 奶的品质。选择工作中对产奶量和乳脂率都要进行选择。

C. 饲料报酬率。饲料报酬率也是重要选择指标。

D. 排乳速度。排乳速度快的牛，有利于在挤奶厅集中挤奶，可提高劳动生产率。

除以上性状外，还应对乳房性状进行选择。

②产肉性状的选择。对于肉牛产肉性能的选择，也要求母牛有较好的产奶性能和繁殖力，以利犊牛的培育和分娩。因此，除按照外貌、产奶性能、繁殖力进行选择外，重点是生长发育和产肉性能两项指标。

A.生长发育。包括犊牛的初生重($h^2=0.25$)、断奶重($h^2=0.35$)、12及8月龄活重($h^2=0.50$)、平均日增重($h^2=0.40\sim0.45$)、每增重1 kg所需净能和总养分、各阶段体尺及外貌评分。

B.产肉性能。包括宰前重($h^2=0.70$)、胴体重($h^2=0.65\sim0.70$)、净肉率、屠宰率、净肉重($h^2=0.50$)、骨肉比、肉脂比、眼肌面积($h^2=0.60\sim0.70$)、皮下脂肪厚度($h^2=0.24\sim0.50$)等。

(4)繁殖力的选择　母牛繁殖力的选择，主要包括以下几个指标。

①60～90 d不返情率。

②产犊间隔，即本次产犊至下次产犊相隔的时间。

③产犊能力。选择种公牛的母亲时，应选年产一犊、顺产，难产率低的母牛。

3.母犊及育成母牛的选择

(1)母犊选择　根据育种标准要求，母犊应具有一定的初生重(中国荷斯坦牛要求在38 kg以上)，皮毛光亮，外貌良好，生长发育在一般水平以上，健康无病，同时参考祖代及姐妹的初生情况决定选留。

(2)育成母牛选择　在初生母犊选择的基础上，进一步考虑对育成母牛的选择。严格地说，对育成母牛应进行3次选择，即6月龄、12月龄、18月龄的选择。育成母牛应根据体重和体型发育决定选留。育成母牛正处于生长发育阶段，乳房发育和腹部容积均随年龄增大而增大。选择育成母牛时，虽不能过分强调乳房的大小和腹部容积，但要求乳房皮肤松软而多皱褶，乳头大小适中，分布均匀，腹部要求有一定的容积，同时要求胸部肋骨开张，尻部及背部平直。

(三)牛的选配

1.亲缘选配

根据公母牛之间的亲缘关系的远近来安排交配组合，有意识地进行近亲繁殖或非亲缘繁殖。亲缘关系选配，通常是用来避免不必要的近亲繁殖。有时为了巩固遗传性状，淘汰有害性状，可以有目的地进行近亲交配。

2.品质选配

根据家畜体形、外貌或生产性能上的特点来安排父、母牛的交配组合叫作品质选配，包括同质选配和异质选配两种方式。

3.同质选配

选择具有相似性状的公、母牛进行交配，叫同质选配。一般在以下两种情况下应该采用同质选配：①在杂交育种的后期，②固定和发展某些优良性状。

4.异质选配

体格类型或生产性能不相同的公、母牛进行交配，叫异质选配。多应用于下列两种情况：①父、母双方不同的优良性状；②以交配一方的优点纠正另一方的缺陷。

二、牛的杂交改良

(一)杂交方法

根据杂交后代生物学特性和经济利用价值，杂交方法分为品种间杂交和种间杂交两大类。

1.品种间杂交

肉牛生产中常用的杂交方式，主要是品种间杂交。此法常用来提高牛群的生产性能，改良外貌及体型上的缺陷和培育新的肉牛品种。

2.种间杂交

种间杂交属远缘杂交，这是不同种间公母牛的杂交。如黄牛与牦牛杂交、黄牛与野牛杂交均属于种间杂交。

(二)杂交方式

无论是品种间杂交还是种间杂交，养牛业中常用的杂交方式有以下几种。

1.级进杂交

用优良品种的公牛与本地低级产品种母牛交配，生下的杂种一代母牛长大后再与优良品种的其他公牛交配，产生杂种二代，再与同品种的其他公牛交配，产生三代杂种。这样一代一代地杂交下去，直到获得所要求的优良性状为止。以后即可在杂种公母牛间进行“自群繁育”，以巩固其遗传性。注意杂交代数不宜过高，以杂交至第3～4代，即含外血统75%～85%为宜。

2.育成杂交

一般是在级进杂交的基础上，当杂交后代表现的性状符合理想型时就可选择其中理想型杂种公母牛进行横交固定，其余杂种个体可继续级进杂交，然后就后代的表现情况进行横交固定，或淘汰处理。

3.导入杂交

在育种过程中，如发现育种牛群还存在个别缺点，用本品种选育方法不易纠正时，可利用另一品种的优点采用导入杂交的方法以纠正其缺点，使牛群趋于理想化。

4.经济杂交

经济杂交也叫生产性杂交，多应用于生产性牧场，特别是黄牛改肉牛、肉用牛的改良以及奶牛的肉用生产，以获得具有高度经济价值的第一代杂种，从而增加产品数量和降低成本来满足商品生产的需要。

项目二　牛的发情与配种

一、母牛的发情鉴定方法

母牛的发情鉴定有外部观察法、阴道检查法和直肠检查法等方法，可以单独鉴定，也可以采用多种合并使用的方法，以提高鉴定准确的程度。

1.外部观察法

外部观察法是通过观察奶牛是否表现出哞叫、爬跨、转圈、举尾、阴道有铅锤状黏液流出的方法来断定是否发情。其特点是较为方便，但是要注意经常地定时观察，以免漏过发情的个体。但同时该方法也存在着较大的误差率。

2. 阴道检查法

阴道检查法指使用阴道开张器或者用手插入阴道触摸的方法来进行鉴定。这两种方法都要求有严格的消毒措施。发情的母牛能够观察到阴道中有大量的黏液，随着发情过程的进行，黏液首先稀薄，越接近排卵的时候黏液变得越浓稠，颜色也由透明色变为乳白色。生殖道壁的颜色也会由平时的苍白色转变成红润的颜色。

3. 直肠检查法

这种方法是隔着直肠壁用手触摸卵巢上卵泡的发育成熟程度。在进行人工授精的时候，为了掌握准确的输精时间，一般均采用这种方法。这种方法的特点是时间确定准确，但是较难掌握，需要大量的实际工作经验的积累。

二、牛的人工授精

(一)采精

采精的目的是每次最大量地获得高质量的精子。正确掌握采精技术，合理安排采精频率是保证采得多量优质精液和种公牛健康的重要条件。现在普遍应用的采精方法是假阴道法。

1. 采精场的准备

采精要在一定的环境下进行，以便公牛建立起固定的条件反射，同时也可防止精液污染。采精场应设在公牛舍和精液检查处理室附近，要求宽敞、平坦、安静、卫生，温度适宜，内设采精架以保定台牛，或设立假台牛供公牛爬跨进行采精。

2. 器材和设备的准备

采精用的器材和设备主要有：牛用假阴道、集精杯、假台牛等；精液处理用的恒温水浴箱、离心机等；精液质量检查用的显微镜、比色仪等；精液分装用的细管、分装机等；保存用的冷藏箱、冷冻设备、液氮和液氮罐等。

3. 性刺激和性准备

在采精之前给待采公牛一定的性刺激(诱情)可增加每次射精中所含的精子数量。如让公牛靠近诱情母牛(假公牛)诱情，假爬跨或先假爬跨，然后进行几分钟诱情。为维持对公牛的强烈性刺激，可采取更换诱情母牛、改变诱情母牛的信号、提供两个诱情母牛、让诱情母牛或其他公牛爬跨待采公牛、采精场地再牵引入一头公牛、先采其他公牛，让待采公牛观看和避免分散公牛的注意力等方法。性刺激和采精前准备工作如果完成得好，采精率和精子浓度会增加 30%～50%。

4. 假阴道的准备

在生产中，多采用假阴道采精。假阴道由外壳、橡胶内胎、集精杯、气门等组成。假阴道外筒(外壳)的长度以及直径应与待采公牛相吻合。10～15 月龄的青年公牛，开采时应使用长 20～24 cm，直径 5.1 cm 的假阴道外筒。中等长度和直径的外筒应使用于 15 月龄至 3 岁大的种公牛。为了卫生，射精时公牛的阴茎头前端应充分伸入集精乳胶漏斗内。因此，假阴道的长度与阴茎的长度很好地对应，是很有必要的。

安装时，先将洗净并经干燥后的内胎的两端套在外壳上，使内胎保持适度松紧，两端用胶圈固定，再用70%的酒精均匀涂擦消毒，然后安装上经过消毒处理的集精杯，待酒精挥发后便可使用。采精前，向假阴道夹层内注入适量的温水(约相当夹层装水量的1/2)。假阴道内的温度，视个体而定，一般调整到38～41℃，并确保采精时维持这个温度，并据此确定调整填注到假阴道外筒和内胎间的水的温度。假阴道里水的温度还受环境温度，采精延长的时间长短，采精场地的温度等因素的影响，所以有必要每隔一段时间就用准确的温度计来测量假阴道内的温度。

采精时须维持集精漏斗和集精管的温度接近体温。在北方冬季采精时，应采用预热的假阴道保温外套，甚至有必要在集精管外再套上一个集精管保温套取得双重保护，以防止精液遭受低温影响。冬季所采精液品质下降的部分原因在于保温不当。

首先，在假阴道内腔前部1/2处涂上已消毒的润滑剂(凡士林加液状石蜡)，以保持润滑。涂抹润滑剂时应采用无菌玻璃棒，涂抹的多少要适当，如涂抹过多会污染精液，引起精子凝集。然后，再向假阴道夹层充入适量空气，使之保持一定压力。假阴道内的温度、润滑度、压力是否合适，是采精能否成功的关键。此外，采精前对台畜应很好地清洗，特别是后躯的尾根、外阴、肛门等处。一般先用温肥皂水或洗衣粉清洗，然后再用净水冲洗，最后用蒸煮消毒的抹布擦干。

假阴道的清洗和灭菌工作极其重要。每次使用完毕后，应完全拆卸下来并立即清洗。内胎和集精漏斗应翻转过来刷洗，再用自来水冲洗，然后用蒸馏水冲洗，最后在70%的酒精中浸泡5 min，取出后竖挂于无尘的柜子内使其干燥。

5. 采精与采精频率

饲养员将公牛牵至台牛后面，采精员站在台牛右臀侧，右手持已准备好的假阴道，当公牛跳上台牛而阴茎未触及台牛前，用左手将阴茎导入假阴道内，射精后，将集精杯一端放低，待公牛滑下时，取下假阴道。然后到室内取下集精杯，以备进行精液品质检查。

为了获得高质量的精液，采精时要注意做到：集精漏斗和集精管应采取足够的保护措施以避免低温影响；集精管应避免阳光照射；避免精液受尿液、水或润滑剂的污染；每次采精(包括射精失败)都应更换所准备的假阴道，以把精液的微生物污染减少到最小的程度；公牛阴茎包皮的毛应剪去并加以清洗以减少污染。

合理安排公牛采精频率是维持公牛健康和最大限度采集精液的重要条件。1 g睾丸组织每周大约生产5 000万个精子，而睾丸的发育和精子产量又与饲养管理有很大关系。在生产上，成年种公牛通常每周采2～3次，青年公牛精子产量较成年公牛少1/3～1/2，采精次数应酌减。精液品质检查时发现未成熟精子、精子尾部近头端有未脱落原生质滴、种公牛性欲下降等都说明采精过度，这时应立即减少或停止采精。

(二)精液品质鉴定

精液品质评定的目的是鉴定精液质量的优劣，以便决定取舍和确定制作输精剂量的头份，同时也检验公牛的饲养管理水平和生殖器官机能状态，反映技术操作质量，并依此作为检验精液稀释、保存和运输效果的依据。

1. 外观和精液量

牛正常精液为乳白色或乳黄色。精液具有均匀、不透明的外观，表明其精子浓度高。半透明状的精液含的精子数较少。精子运动翻滚如云，俗称“云雾状”，云雾状越显著，表明精子活力和密度越好。精液应不含毛发、杂质和其他污染物。有的公牛持续地产生黄色精液，是由于其中含有核黄素，这对精液品质没有影响。但此种情况应注意与含尿的精液相区别，因为后者有明显的尿味。

精液量因品种、个体、年龄和采精频率等而异。一般来说，青年公牛和较小的个体产生的精液较少。频繁采精导致平均射精量减少，连续射精2次时，第2次的精液量通常较少。通常每次的采精量为3～10 mL。

2.精子活率

精子活率是指精液中前进运动精子占全部精子的百分率，也称为活力。做前进运动的精子是指精子近似直线地从一点移动或前进到另一点。精子活率是精液品质评定的一个重要指标，因为受精率与所输精液包含的活动精子数高度相关。

评分法是用前进运动的精子数占总精子数的百分率，即活率来表示。测定方法是在38～40℃时，用400倍显微镜进行观察，直线前进运动的精子占总精数90%即0.9,80%即0.8,依此类推。牛新鲜精液活率在0.4以上，冷冻精液解冻后活率在0.3以上才能用以授精。

3.精子的密度

指单位容积(1 mL)的精液所含的精子数量。精子的浓度一般为8亿/mL以上。当精子浓度在正常范围内时，其与受精力的关系不大。但当精子浓度下降到低于正常值的50%时，则应谨慎使用这样的精液。

测定每毫升精液中的精子数量的方法是用血球计数板来计算精子数，通过计数和计算求出该计数是0.1 mm^3 精液中的精子数，再根据稀释倍数计算出每毫升精液中的精子数，计算公式为：

1 mL精液中的精子数(精子浓度)=0.1 mm^3 中的精子数×10×稀释倍数×1 000

利用血细胞计计算精子浓度时应预先对精液进行稀释。稀释的目的是为了在计数室使单个的精子清晰可数。牛精液一般稀释200倍，所用稀释液必须能杀死精子。常用的有3%氯化钠溶液，也可以使用2%的伊红水溶液，既具杀精作用又具染色作用，更便于精子计数。

另一种方法是利用光电比色计，根据精子浓度越大透光性越差的特点，与标准管进行比较，能迅速准确测出精子浓度。由于光电比色计测定精子浓度快捷、准确、方便，已被普遍用于冷冻精液生产单位。

4.精子形态检查

双尾、卷尾、断尾、双头、巨头等都属异常精子(畸形精子)。一般品质优良的牛精液，精子畸形率不得超过18%。如超过20%，可视为异常精液，应弃之不用。

除上述之外，牛精液品质评定还有其他一些指标。如精子存活时间(曾广泛用于液态精液的品质评定，评定时每日检查储存于5℃的精液精子活率)、精子对低温的耐受力检查、精子代谢活动的测定(精子耗氧量测定、美蓝褪色试验、刃天青褪色试验、pH的测定以及精液果糖分解测定)等。

制作冻精的种公牛新鲜精液，应符合下列标准：色泽呈乳白稍带黄色、直线前进运动精子60%以上、每毫升精子数6亿以上和精子畸形率15%以下。

(三)精液的冷冻保存

精液的冷冻保存就是利用液氮(－196℃)、干冰(－79℃)或其他制冷设备为冷源，将精液经过特殊处理，保存在超低温下，以达到长期保存的目的。冷冻精液的最大优点是可长期保存，精液的使用不受时间、地域以及种公牛寿命的限制，可充分提高优良种公牛的利用率。

1.精液稀释液的配制

一份射精量为 6 mL 的公牛精液，其中含有的活精子数足够给 200～300 头母牛输精，但不可能把 6mL 精液分成这么多头份。精液稀释是指在精液中加入适宜精子存活并保持受精能力的稀释液，其目的是扩大精液容量，提高一次射精量可配母牛头数，补充适量营养和保护物质，抑制精液中有害微生物活动，以延长精子的寿命，便于精液的保存和运输。

精液稀释液的主要成分为糖类(如果糖、葡萄糖、蔗糖等)、缓冲物质(如柠檬酸钠、酒石酸钾钠、磷酸二氢钾、三羟基甲基氨基甲烷等)、卵黄和奶类、抗菌剂(如青霉素、链霉素、卡那霉素、氯霉素、庆大霉素、泰乐霉素、林肯/壮观霉素等)和抗冻剂(甘油、二甲基亚砜等)。

常用的冻精稀释液配方如下：

(1)细管用　①第一液：蒸馏水 100 mL、二水柠檬酸钠 2.97 g、卵黄 10 mL、青霉素 500～1 000 IU/mL、链霉素 500～1 000 μg/mL；第二液：取第一液 41.75 mL，加入果糖 2.5 g、甘油 7 mL、青霉素 500～1 000 IU/mL、链霉素 500～1 000 μg/mL。②脱脂乳 83 mL、卵黄 20 mL、甘油 7 mL。

(2)颗粒用　①12%蔗糖 75 mL、卵黄 20 mL、甘油 5 mL、青霉素 500～1 000 IU/mL、链霉素 500～1 000 μg/mL。②12%乳糖液 7.5 mL、卵黄 20 mL、甘油 5 mL、青霉素 500～1 000 IU/mL、链霉素 500～1 000 μg/mL。③2.9%柠檬酸钠 73 mL、卵黄 20 mL、甘油 7 mL、青霉素 500～1 000 IU/mL、链霉素 500～1 000 μg/mL。以上 3 种颗粒精液稀释液不加甘油可作第一液用，加入甘油后即为第二液。

稀释液应现配现用，亦可配后置 4～5℃冰箱中备用，但不应超过 1 周。

2.精液的稀释、降温与平衡

精液应在镜检后(活率 0.6 以上，密度中等以上)尽快稀释。稀释前应将稀释液和被稀释的精液做等温处理(35℃左右)，然后将稀释液缓缓倒入精液杯中，稀释后还应取一滴精液再检查活力情况，以验证稀释液是否有问题。稀释的倍数应根据原精液的活率和密度等确定，要求细管每个输精剂量应包含的呈直线前进运动的精子数为 1 000 万个以上、颗粒 1 200 万个以上、安瓿 1 500 万个以上。

先用与精液同温(35℃)的第一液，按 1∶(1～2)倍作第 1 次稀释；然后将稀释过的精液，连同第二液放入装冰的广口保温瓶内，使之经 1～1.5 h 后降温至 4～5℃；再用 4～5℃的第二液按原精的 1∶(1～2)倍作第 2 次稀释。

将稀释后的精液，在 4℃冰箱静置 3～5 h，使甘油充分渗入精子内。

3.冷冻

精液在冷冻前，应充分混匀，并检查精子活力。

(1)细管型冷冻精液　采用一种聚氯乙烯塑料细管来容纳精液。塑料细管的容量为 0.25 mL(微型细管)和 0.5 mL(中型细管)两种。二者的长度都是 133 mm，外径分别是 2.0 mm 和 2.8 mm。细管的一端是开口的，另一端由塞柱结构封口。塞柱的总长度约 20 mm，由两截棉线塞中间夹封口粉(化学成分是聚乙烯醇)组成。塞柱遇到水(精液)之后封口粉立即凝固成凝胶状，使该端管腔堵塞，起到“封口”作用。细管型冻精的优点是标识、分装、冻结都可采用机械设备进行，且解冻后效果好于其他剂型，运输使用方便，易识别，不易污染。

目前生产上普遍采用细管精液分装机来分装。细管被等距离地水平排列在橡胶传送带上，传送到某一固定位置时，负责抽吸真空的一组针头(3 支)和通过乳胶管抽吸精液的另一组针头(3 支)分别同时插入 3 支细管的棉塞端和另一端(开口端)，使精液抽吸到这一组细管中，由于棉塞端内的封口粉凝固，此端即被封口。完成此动作后，这一组细管又被传送到下一位置，在该位置细管的开口端被封口仪的封口部件产生的超声波作瞬间封口并压扁。至此，细管两端全被封口。

细管精液的冷冻采用液氮蒸汽熏蒸法。这种方法是冷冻精液生产一直沿用的传统方法。根据冷冻时液氮蒸汽的状态又分为静止的液氮蒸气熏蒸法和流动的液氮蒸气熏蒸法两种。生产上采用熏蒸法冷冻细管精液的设备大致有 3 种：第一种是简易冷冻槽，第二种是大口径液氮罐，第三种是喷氮式冷冻仪。

(2)颗粒型冷冻精液　这种精液没有包装容器，是把处理后的精液直接滴冻成半球状颗粒，一个剂量一般为 0.1 mL。缺点是不易标识，易受污染，优点是制作时不需复杂设备，占用储存空间很小。目前颗粒型冻精仍在部分地区生产和使用，但最终会被细管型冻精替代。

颗粒精液的冷冻常采用滴冻法进行。操作时用滴管把平衡后的精液滴在一个已预冷的平面上(在装有液氮的容器上置一铜纱网或聚四氟乙烯板，距液氮面 1～3 cm)，滴完最后一滴，停 3～5 min 后，当精液颗粒颜色变白时，立即浸入液氮并将全部颗粒取下收集于储精瓶或纱布袋内，并做好标记，然后立即移入液氮罐中储存。低温容器可采用 5 L 的广口液氮罐、保温良好的金属小箱铝锅或铝饭盒等。

(3)冻精活率检查　检查颗粒型冷冻精液时，将预先配制好的 2.9%柠檬酸钠溶液 1 mL，放于干净小试管中，置于 40℃温水杯中，迅速取颗粒冷冻精液 1 粒放入试管，轻轻摇动至化冻时(约 20 s)，由水浴杯中取出，检查活率。对于细管冻精可以把细管直接放入 40℃温水中解冻，精液活率不低于 0.35 即认为合格。在带有保温箱或保温台(35～38℃)的显微镜下进行活力检查。精子解冻后活率达 0.35 以上，颗粒精液直线运动精子数在 1 200 万以上，细管精液直线运动精子数在 1 000 万以上方可输精。

(四)授精前的准备

1. 检精室

检精室要求保持干净，经常用清水冲洗降尘，地面保持干净。室内陈设力求简单整洁，不得存放有刺激性气味物品，禁止吸烟。除操作人员外，其他人一律禁止入内。室温应保持在 18～25℃。

2. 优质精液的采购

采购精液常用小型液氮罐(3 L)作为采购运输工具。外购肉牛精液要结合本场牛群育种改良计划有目的地选购。要选优秀高产且育种值高的种公牛，种公牛的外貌评分优秀，父母的表现优良，其精液的质量优良，解冻后活力镜检达 0.3 以上，即可作为选购目标。

3. 冷冻精液的保管

为了保证储存于液氮罐中的冷冻精液品质，不使精子活力下降，在储存及取用时应做到：

(1)按照液氮罐保温性能的要求，定期添加液氮，罐内盛装储精袋(内装细管或颗粒)的提斗不得暴露在液氮面外。注意随时检查液氮存量，当液氮容量剩 1/3 时，即添加。当发现液氮罐口有结霜现象，并且液氮的损耗量迅速增加时，即是液氮罐已经损坏的迹象，要及时更换新液氮罐。

(2)从液氮罐取出精液时,提斗不得提出液氮罐口外,可将提斗置于罐颈下部,用长柄镊夹取精液,越快越好。

(3)液氮罐应定期清洗,一般每年一次。要将储精提斗向另一超低温容器转移时,动作要快,储精提斗在空气中暴露的时间不得超过 5 s。

(五)准确掌握输精适期

发情鉴定是肉牛配种的基础,其关键在于如何准确掌握输精的适宜时间。生产上常规输精实行上午(早晨)发情下午输精,第二天早晨再输一次;下午(晚班)发情第二天早晨输精,然后下午(晚班)再输一次。为了准确把握输精适期,一般可掌握在母牛发情后期进行输精。此时母牛的发情表现已停止,性欲特征已消失,黏液量少,呈乳白色糊状,牵缕性差。通过直肠检查可感到卵巢上的卵泡胀大,表面紧张,有明显波动感,好像熟透的葡萄,呈一触即破状态。如感到卵巢上出现小坑,说明卵巢已排卵,可立即追配。总之,发情鉴定要综合判断,既要看外表发情特征,又要结合直肠检查,才能准确掌握输精适期,提高受胎率,达到多产犊多产奶的预期目的。

(六)人工授精的主要技术程序

目前的人工授精常用直肠把握输精法。

1.准备

人工授精用的器材有精液运输时保存精液的设备、输精管或输精枪等。首先要将输精器具和母牛后躯清洗消毒,输精器具消毒常用恒温(160～170℃)干燥箱。开膣器等金属用具可冲洗后浸入消毒液中消毒或使用前酒精火焰消毒。输精器每牛每次 1 支,不得重复使用。使用带塑料外套细管输精器输精时,塑料外套应保持清洁,不能被细菌污染,且仅限使用 1 次。母牛外阴部清洗消毒是先用清水洗,接着用 2%的来苏儿或 1‰的新洁尔灭消毒外阴部及周围,然后用生理盐水或凉开水冲洗,最后用消毒抹布擦干。另外可用酒精棉消毒阴门,待酒精挥发后再用卫生纸或毛巾擦干净。其次是解冻精液,并镜检精子活力。目前常用精液制剂有两种,一种为细管型,另一种为颗粒型。细管冻精则可直接把细管放入 40℃温水中进行解冻。而颗粒型精液解冻,通常把解冻用稀释液(1～1.5 mL 2.9%的二水柠檬酸钠)安瓿置入 40℃温水中,再放冻精颗粒于稀释液安瓿中;解冻后应镜检精子活力,确认合格后方可置于输精管(枪)备用。精液解冻后应立即使用,不可久置。

2.操作步骤

输精员清洗消毒手及手臂,涂上软皂,准备好输精器。将母牛拉进配种架,固定好头、尾,把母牛的外阴及尾根清洗干净、擦干。输精员一手五指合拢呈圆锥形,左右旋转,从肛门缓慢插入直肠,排净宿粪,寻找并把握住子宫颈口处,同时直肠内手臂稍向下压,阴门即可张开;另一手持输精器,把输精器尖端稍向上斜插入阴道 4～5 cm,再稍向下方缓慢推进,左右手互相配合把输精器插入子宫颈,当输精器尖端到达子宫体分叉处时,即可挤出精液。输精完毕,稍按压母牛腰部,防止精液外流。在输精过程中如遇到阻力,不可将输精器硬推,可稍后退并转动输精器再缓慢前进。如遇有母牛努责时,可注意做到两点:一是助手用手掐母牛腰部,二是输精员可握着子宫颈向前推,以使阴道肌肉松弛,利于输精器插入。青年母牛子宫颈细小,离阴门较近;老龄母牛子宫颈粗大,子宫往往沉入腹腔,输精员应手握宫颈口处,以配合输精器插入。

输精完毕,应将所用器械清洗消毒备用。输精量一般 1 次 1 剂,若用 2 次复配法,则用 2 剂。如果能确定排卵时间,则可用 1 次配种法。

(七)母牛最佳配种时间的选择

1.育成牛最佳初配年龄的选择

决定育成牛初配的年龄,主要根据牛的生长发育速度、饲养管理水平、气候和营养等因素综合考虑,但最重要的是根据牛的体重确定。一般情况下,育成母牛的体重要达到成年牛标准体重的 70%以上时(本地牛达到 300 kg、杂交牛 350 kg 以上),才能进行第 1 次配种。过早配种受孕,不仅会妨碍母牛身体的生长发育,造成母牛个体偏小,分娩时由于身体各器官发育不成熟而易于难产,而且还会使母腹中的胎儿由于得不到充足的营养而体质虚弱,发育不良,甚至娩出死胎。

2.母牛产后适宜配种时间的选择

产后母牛的情期受胎率随着产后时间而提高。一般情况下,母牛在产后 50 d 左右即可达到正常的情期受胎率。产后第一情期受胎率反映了母牛子宫的复旧状况,产后 40 d 以内,因母牛子宫复旧尚未完成,因此受胎率很低,当产后 40 d 以后,子宫复旧过程已完成,生理机能已完全恢复,因此情期受胎率逐渐上升。若母牛体质良好,产后子宫、卵巢机能很快康复,可掌握在 30～40 d 配种,但不应迟于 90 d。

三、牛的同期发情

同期发情是利用某些激素制剂人为地控制并调整一群母畜发情周期的进程,使之在预定时间内集中发情,并能排出正常的卵母细胞,以便达到同期配种、受精、妊娠、产犊的目的。

(一)同期发情的意义

1.有利于推广人工授精

人工授精往往由于牛群过于分散(农区)或交通不便(牧区)而受到限制。如果能在短时间内使母牛集中发情,就可以根据预定的日程巡回进行定期配种。

2.便于组织生产

控制母牛同期发情,可使母牛配种、妊娠、分娩及犊牛的培育在时间上相对集中,便于肉牛的成批生产,从而有效地进行饲养管理,节约劳动力和费用,对于工厂化养牛有很大的实用价值。

3.提高繁殖率

同期发情不但用于周期性发情的母牛,而且也能使处于乏情状态的母牛出现性周期活动。例如,卵巢静止的母牛经过孕激素处理后,很多可表现发情;因持久黄体存在而长期不发情的母牛,用前列腺素处理后,由于黄体消散,生殖机能随之恢复。因此,可以提高繁殖率。

(二)同期发情的机理

母牛的发情周期,从卵巢的机能和形态变化方面可分为卵泡期和黄体期两个阶段。卵巢期是在周期性黄体退化继而血液中黄体酮水平显著下降后，卵巢中卵泡迅速生长发育，最后成熟并导致排卵的时期，这一时期一般是从周期第 18 天至第 21 天。卵泡期之后，卵泡破裂并发育成黄体，随即进入黄体期，这一时期一般从周期第 1 天至第 17 天。黄体期内，在黄体分泌的孕激素的作用下，卵泡发育成熟而受到抑制，母牛不表现发情，在未受精的情况下，黄体维持 15～17 d，即行退化，随后进入另一个卵泡期。相对高的孕激素水平可抑制卵泡发育和发情，由此可见黄体期的结束是卵泡期到来的前提条件。因此，同期发情的关键就是控制黄体寿命，并同时终止黄体期。

现行的同期发情技术有两种方法：一种方法是向母牛群同时施用孕激素，抑制卵泡的发育和发情，经过一定时期同时停药，随之引起同期发情。这种方法，在施药期内，如黄体发生退化，外源孕激素代替了内源孕激素（黄体分泌的孕激素），造成了人为黄体期，推迟了发情期的到来。另一种方法是利用前列腺素 PGF2α，使黄体溶解，中断黄体期，从而提前进入卵泡期，使发情提前到来。

（三）母牛同期发情处理方法

用于母牛同期发情处理的药物种类很多，方法也有多种，但较适用的是孕激素埋植法、阴道栓塞法以及前列腺素法。

1. 孕激素埋植法

目前普遍采用的是将 3～6 mg 18-甲炔诺孕酮与硅橡胶混合后凝固成为直径 3～4 mm、长 15～20 mm 的棒状或 18-甲炔诺孕酮 20～40 mg 与等量或半量磺胺结晶粉混合，一道研磨成细微粉末，填入内径约 2.5 mm、长 20～25 mm 的壁上烫有小孔的塑料管中，称为药物埋植管。在上述埋植物处理时，用专用的埋植器或大号的牛瘤胃穿刺放气套管针进行埋植，埋植于耳背皮下，时间为 9～12 d。到期后在原埋植入口处，用刀片纵向划开一个小口，食指在耳背下面顶起，使埋植物一端突出皮肤，用镊子将埋植物取出。此处理前肌内注射 4～6 mg 苯甲酸雌二醇或戊酸雌二醇，可加速自然黄体的消退。

2. 孕激素阴道栓塞法

取 18-甲炔诺孕酮 50～100 mg，用色拉油（事先煮沸消毒）溶解，浸泡于海绵中。海绵呈圆柱形，直径和长度约 10 cm（大小根据母牛个体大小而定，太大易引起母牛努责，导致海绵栓被挤出，太小易滑脱），在一端拴一细绳。使用时利用开膣器，将阴道扩张，用特制的放置器将海绵栓送入母牛阴道中，让细绳暴露在阴门外。9～12 d 后，拉住细绳将海绵栓取出。为了提高发情率，最好在取出海绵后肌内注射 PMSG 或氯前列腺烯醇。该法的关键是要确保海绵栓中途不脱落，万一脱落，可每天肌内注射孕激素 5～10 mg。

除海绵栓外，还有阴道硅橡胶环孕激素释放装置。它们中间为硬塑料弹簧片，弹簧片外包被着发泡的硅橡胶，硅橡胶的微孔中有孕激素，栓的前端有一速溶胶囊，内含一些孕激素与雌激素的混合物，后端系有尼龙绳。与阴道海绵栓相比，这种装置使用时不易脱落，而且取出时也比较方便。

孕激素的处理有短期（9～12 d）和长期（16～18 d）两种。长期处理后，发情同期率较高，但受胎率较低；短期处理后，发情同期率较低，而受胎率接近或相当于正常水平。如在短期处理开始时，肌内注射 3～5 mg 雌二醇（可使黄体提前消退和抑制新黄体形成）及 50～250 mg

的黄体酮(阻止即将发生的排卵),这样就可提高发情同期化的程度。但由于使用了雌二醇,故投药后数日内母牛出现发情表现,但并非真正发情,故不要授精。使用硅橡胶环时,环内附有一胶囊,内装上述量的雌二醇和黄体酮,以代替注射。孕激素处理结束后,在第二、第三、第四天内大多数母牛有卵泡发育并排卵。

3. 前列腺素法

前列腺素肌内注射是最简便的同期发情方法。PGF2α 的用量为 20～30 mg(以 25 mg 最常用),PGc 为 700～800 μg,依牛的个体大小而定。处理后 3～5 d 大多数母牛可发情排卵。但 PG 对奶牛排卵后 5 d 以内的黄体无溶解作用,一次处理仅有 70%的母牛有反应,因此发展了间隔 11～12 d 2 次用药的方法,第 2 次用药的量与第 1 次的相同。间隔 11～12 d 2 次处理的方法有两种情况,一种是第 1 次处理后全部不输精,第 2 次处理后才定时输精;另一种情况是第 1 次处理后观察母牛的发情,发情者适时输精,不发情者于第 1 次处理后 11～12 d 再次用 PG 处理。第一种情况是省去了发情观察,但至少有 60%～70%的动物多用一次药,造成一定的浪费,且这些牛多损失 11～12 d 的饲养费用。第二种情况是由人观察、鉴定发情母牛,可节约药品和饲养费用。

4. PG 结合孕激素处理

目前采用的孕激素短期处理和 PG 一次处理,母牛的发情率均较低,因而又发展了将孕激素短期处理与前列腺素处理结合起来的处理方法,效果优于二者单独处理。该法是先用孕激素处理 7 d,结束处理时肌内注射 PG。该法的处理依据是:经过 7 d 的孕激素处理,处于排卵后 5 d 内的母牛其黄体已经发展至少 5 d,已对 PG 敏感,因而处理结束后有较高的发情率和配种后有较高的受胎率。同期发情处理结束时,给予 3～5 mg FSH、1 000～1 500 IU 的 PMSG 或 50～150 μg 的 LRH-A3,可提高处理后的发情率和受胎率。尤其是单独用 PG 处理,对那些本来卵巢静止的母牛,效果很差甚至无效。

四、牛的超数排卵

超数排卵简称超排,就是在肉牛发情周期的一定阶段,通过外源激素处理,提高血液中促性腺激素的浓度,降低发育卵泡的闭锁率,增加早期卵泡发育到成熟阶段卵泡的数量,使卵巢比自然状况下有更多的卵泡发育并排卵。超排可以诱发母牛产双胎,因为母牛一个发情期一般只有一个卵泡发育成熟并排卵,受精后只产一犊。进行超排处理,可诱发多个卵泡发育,增加受胎比例,提高繁殖率。目前,对供体母牛进行超排处理已成为胚胎移植的重要环节,只有能够得到足量的胚胎才能充分发挥胚胎移植的实际作用,提高应用效果。

(一)诱导母牛超数排卵的药物

诱导母牛超数排卵的药物主要有 FSH、PMSG、PG、孕激素等。FSH 由于半衰期短,一般每天给药两次,连续 3～4 d,操作烦琐,但药效均衡,超排效果比较稳定。PMSG 由于半衰期长,只需一次用药就可诱导超排,但 PMSG 易引起卵巢囊肿,降低可用胚胎数。为了克服 PMSG 因残余引起的胚胎死亡,新近研究发现在 PMSG 诱导发情后注射抗 PMSG 抗体以中和体内残余的 PMSG,可以提高超排效果。PG 和孕激素主要是控制母牛发情,以增强超排效果。

(二)母牛超数排卵处理方法

1. 用 FSH 超排

在发情周期(发情当天为 0 d)的第 9 天肌内注射 FSH,以递减剂量连续注射 4 d,每天 2 次(7:00—8:00 和 19:00—20:00)。总剂量国产品 400 IU 左右,若为纯化制剂 7～10 mg,在第 1 次注射 FSH 48 h 后同时肌内注射一次国产 PGF2α,剂量为 2～4 mL,间隔 12 h 再注射同样剂量。第 13 天、14 天发情配种,第 20 天采胚。

2. 用 PMSG 超排

在发情周期(发情当天为 0 d)的第 12 d,按 5 IU/kg 体重的剂量,一次肌内注射 PMSG。在注射 PMSG 后的 48 h 和 60 h(发情周期的第 14 天),再分别肌内注射 PGF2α,每次剂量为 2～4 mL,母牛出现发情后 12 h(发情周期的第 16 天)输第 1 次精液的同时肌内注射与 PMSG 相等剂量的抗 PMSG。第23 天采胚。

为了使排出的卵子有较多的受精机会,一般在发情后授精 2～3 次,每次间隔 8～12 h。

(三)影响超排效果的因素

影响超排效果的因素很多,但有许多目前仍不十分清楚。一般不同品种、不同个体用同样的方法处理,其效果差别很大。青年母牛超排效果优于经产母牛,母牛产后早期和泌乳高峰期超排效果较差。此外,使用促性腺激素的剂量,前次超排至本次发情的间隔时间、采卵时间等均可影响超排效果。如反复对母牛进行超排处理,需间隔一定时期。一般第 2 次超排应在首次超排后 60～80 d 进行,第 3 次超排应在第 2 次超排后 100 d 进行。增加用药剂量或更换激素制剂、药量过大、过于频繁地对母牛进行超排处理,则不仅超排效果差,还可能导致卵巢囊肿等病变。严寒、酷热、高温均对牛造成应激,这些极端刺激对生理的不良影响会作用于生殖内分泌轴,继而影响到发情和排卵,所以应减少和避开这些刺激,而应根据当地实际,在气候适宜的季节、月份进行超数排卵。适宜的日粮水平是保证肉牛正常生殖能力的前提,所以在进行超数排卵前后,一定要保证母牛日粮的全价和平衡,尤其是某些维生素和矿物质。

五、牛的胚胎移植

胚胎移植是将一头良种肉牛配种后的早期胚胎取出,或者由体外受精及其他方式获得的胚胎,移植到另一头同种的生理状态相同的母牛体内,使之继续发育成为新个体,所以也有人通俗地叫“借腹怀胎”。提供胚胎的个体称为供体,接受胚胎的个体称为受体。胚胎移植实际上是产生胚胎的供体和养育胚胎的受体分工合作共同繁殖后代的过程。

(一)胚胎移植的意义

1. 可充分发挥优良母牛的繁殖潜力,提高繁殖效率

作为供体的优良母牛,由于省去了很长的妊娠期,繁殖周期无形中缩短了,更重要的是通常都实行超数排卵处理,一次即可获得多枚胚胎,所以,不论在一次配种后或从一生来看,都能产生更多的后代,可比在自然情况下增加若干倍。一般情况下,1 头优良成年母牛 1 年只能繁殖 1 头犊牛,应用胚胎移植技术,一年可得到几头至几十头优良母牛的后代,大大加速了良种牛群的建立和扩大。

2. 可以缩短肉牛世代间隔，加快遗传进展

超数排卵和胚胎移植技术(MOET)可使供体牛繁殖的后代增加7～10倍。在肉牛育种工作中，应用MOET，可以加大选择强度，提高选择准确性，缩短世代间隔。这对于加快遗传进展尤为重要。

3. 胚胎移植还可以代替种畜的引进

胚胎的冷冻保存可以使胚胎的移植不受时间和地点的限制，可通过胚胎的运输代替种牛的进出口，大大节约购买和运输种畜的费用。

4. 保存品种资源

胚胎的长期保存，可使我国一些黄牛品种资源的胚胎储存起来，可以避免因盲目实行杂交改良，而使地方品种绝种。

5. 诱发肉牛产双胎

对发情的母牛配种后再移植一个胚胎到排卵对侧子宫角内，这样配种后未受孕的母牛可能因接受移植的胚胎而妊娠，而配种后受精母牛则由于增加了一个移植的胚胎而怀双胎。另外，也可对未配种的母牛在两侧子宫角各移植一个胚胎而怀双胎，从而提高生产效率。

(二)胚胎移植的基本原则

1. 胚胎移植前后所处环境的同一性

(1)供体和受体在分类学上具有相同属性　即二者属于一个物种，但这并不排除异种(在动物进化史上，血缘关系较近，生理和解剖特点相似)之间胚胎移植成功的可能性。

(2)生理上的一致性　即受体和供体在发情时间上的同期性，也就是说移植的胚胎与受体在生理上是同步的。在胚胎移植实践中，一般供、受体发情同步差要求在±24 h内，发情同步差越大，移植妊娠成功率越低，以至不能妊娠。

(3)解剖部位的一致性　即移植后的胚胎与移植前所处的空间部位的相似性。也就是说，如果胚胎采自供体的输卵管，那么把胚胎也要移植到受体的输卵管；如果胚胎采自供体的子宫角，那么胚胎也需移植到受体的子宫角。

2. 胚胎发育的期限

胚胎采集和移植的期限(胚胎的日龄)不能超过周期黄体的寿命，最迟要在受体周期黄体退化之前数日进行，当然更不能在胚胎开始附植之时进行。通常是在供体发情配种后3～8 d采集胚胎，受体也在相同时间接受胚胎移植。

3. 胚胎的质量

从供体采到的胚胎并不是每个都具有生命力，胚胎需经过严格的鉴定，确认发育正常者(可用胚胎)才能移植。此外，在全部操作过程中，胚胎不应受任何不良因素的影响而危及生命力。

4. 供体和受体的状况

供体和受体的状况包括以下两个方面。

(1)生产性能和经济价值　供体的生产性能要高于受体，供体的经济价值要大于受体，这样才能体现胚胎移植的优越性。

(2)全身及生殖器官的生理状态　供体、受体应健康，营养良好，体质健壮，特别是生殖器官要具有正常的生理机能，否则会影响胚胎移植的效果。

(三)胚胎移植技术程序

胚胎移植的主要技术程序包括:供体、受体选择,供体、受体同期发情处理,超数排卵、供体的配种,胚胎采集技术、胚胎鉴定与保存技术、胚胎的移植技术。

1.供体、受体的选择

(1)供体的选择　供体应具备遗传优势,在育种上有价值,应选择生产性能高、生长发育快、肉质好、经济价值高的肉牛作为供体。供体应具有良好的繁殖能力,如易配易孕、没有遗传缺陷、无难产或胎衣不下现象、生殖器官正常、无繁殖疾病、性周期正常、发情症状明显等。供体应营养良好,体质健壮,健康无病(图3-1)。

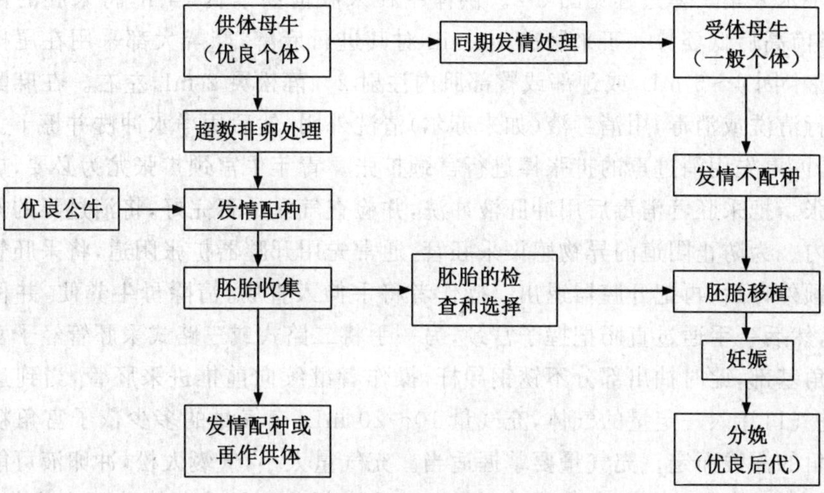

图3-1　供体选择示意图

(2)受体的选择　受体母牛可选用非优良品种的个体或黄牛,但也应具有良好的繁殖性能和健康状态,体型中上等。在拥有大数量母牛的情况下,可以选择自然发情与供体发情时间相同或相近的母牛,一般两者发情时间不宜超过±24 h。由于在一般情况下往往不易找到足够的合适的母牛作为受体,所以大都需要对供体和受体进行同期发情处理。用黄牛做受体是我国牛胚胎移植的特点。如何选择好受体黄牛十分重要。黄牛做受体,最大的问题,一是体小,易发生难产;二是营养差,影响移植效果。为解决好上述两个难题,在选择受体牛时除具有良好繁殖机能和健康体质外,还应满足以下标准:体高112 cm以上,体斜长140 cm以上,骨盆较宽大。因骨盆大小不能直接测定,可依十字部宽45 cm、坐骨结节宽13 cm、尻长45 cm以上作为间接判断的标准。营养状况(膘情)中上等,以保证黄牛常年正常发情。

2.受体的同期发情

见本项目任务三。

3.供体的超数排卵

见本项目任务四。

4.胚胎的采集

(1)采集时间的确定　胚胎的采集就是利用冲卵液将胚胎由生殖道(输卵管或子宫)中冲

出，并收集在器皿中。采卵时间要考虑到配种时间、发生排卵的大致时间、胚胎的运行速度和胚胎在生殖道的发育速度等因素，牛 4 d 的胚胎(16 细胞)处于输卵管中，3～4 d 后进入子宫，7～8 d 形成囊胚。通常在母牛发情配种后 7 d(一般 6～8 d)采用非手术法进行胚胎采集。

(2)冲胚液的配制　为了保证胚胎在离体条件下不受损伤，冲胚液必须符合一定的渗透压和 pH。冲胚液一般用杜氏磷酸盐缓冲液(PBS)，冲胚液使用的温度为 35～37℃。

(3)肉牛胚胎非手术采集方法主要适合 6～8 d 的胚胎。冲卵液的注入和导出的管道叫作冲卵管，二路式为同一管道，三路式则有进出两个管道。不论哪种冲卵管，其基本构造都是将冲卵液注入子宫角，再从中间的导管将冲卵液导出，这样位于子宫角前端的早期胚胎即可被冲洗出来，由特制的容器接取。

非外科手术采集具体过程见图 3-2。供体牛在采胚前要禁食 24 h，将采胚的供体牛牵入保定架内，呈前高后低姿势。于采胚前 10 min 对其进行麻醉，麻醉大都采用在尾椎硬膜外注入 2%的普鲁卡因 4～5 mL，或颈部或臀部肌内注射 2%静松灵 2 mL 左右。在麻醉的同时对其外阴部进行清洗或消毒，用消毒液(如来苏尔)清洗外阴，然后用净水冲洗并擦干。为利于采卵管的通过，可事先用消过毒的扩张棒进行宫颈扩张。青年牛宫颈扩张尤为必要，成年母牛也可不进行扩张。把采胚管消毒后用冲胚液冲洗，并检查气囊是否完好，将消过毒的不锈钢导杆插入采胚管内。为防止阴道的异物感染采胚管，通常先用开膣器扩张阴道，将采胚管通过开膣器插入子宫颈外口后，再把开膣器退出。操作者将手伸入直肠，清除母牛粪便，并检查两侧卵巢黄体数目，然后一手通过直肠把握子宫颈，另一手将二路式或三路式采胚管经子宫颈缓缓导入一侧子宫角基部，此时抽出部分不锈钢导杆，操作者继续向前推进采胚管，当到达子宫角大弯处时，由进气口注入一定量的气体，充气量 10～20 mL，充气量的多少依子宫角粗细以及导管插入子宫角的深浅而定。充气量要掌握适当。充气量太小，气囊太松，冲卵液可能沿子宫壁漏掉；充气量太大，容易造成子宫内膜破裂导致流血。操作者认为气囊位置和充气量合适时，抽出全部不锈钢导杆，然后开始向子宫角注入冲胚液(37℃)，前 2 次冲胚液对胚胎的回收很关键，一个子宫角不要充得太满，注入量一般在 30～50 mL，充满一个子宫角，再令其流至集卵器，以后液量逐渐增加，与此同时隔着直肠轻轻按摩子宫，最好用手在直肠内将子宫提起，这样多次重复冲洗，直至用完 400～500 mL 冲胚液。一侧冲洗结束后，将气囊气放掉。可将采胚管在子宫内换侧，也可用另一根采胚管插入对侧子宫角，按前述方法进行冲洗。

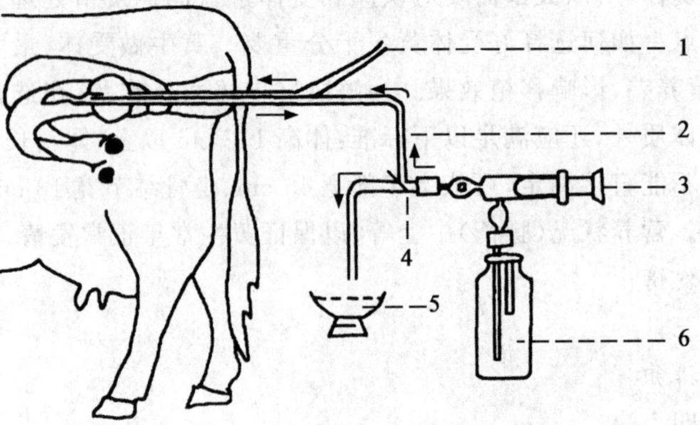

1.空气　2.三通管　3.连续注射器　4. 夹子　5.集卵器　6.冲洗液

图 3-2　非外科手术采卵过程示意图

冲洗结束后向子宫及生殖道内注入青霉素、链霉素各 1 支，以防子宫感染，同时肌内注射 PGFz 4 mL，溶解黄体，维持牛的正常性周期活动。

5.胚胎的检查与鉴定

(1)胚胎检查　胚胎检查应在无菌室内进行。将收集到的冲胚液移至 37℃温箱内，静置 20～30 min。胚胎沉入容器底部，移去上层液，将剩余的几十毫升冲胚液倒入培养皿内，在立体显微镜下放大 10～20 倍检查胚胎数量。检出的胚胎用吸胚器移入含有 20%犊牛血清的 PBS 培养液中进行鉴定。

(2)胚胎的鉴定　移植前正确鉴定胚胎的质量，是移植能否成功的关键之一。在生产实际中主要是根据形态来进行。一般是在 50～80 倍的立体显微镜下或 120～160 倍的生物显微镜下进行综合评定。评定的主要内容是：①卵子是否受精。未受精卵的特点是透明带内分布匀质的颗粒，无卵裂球(胚细胞)。②透明带的形状、厚度、有无破损等。③胚胎的色调和透明度。④卵裂球的致密程度，细胞大小是否有差异以及变性情况等。⑤卵黄间隙是否有游离细胞或细胞碎片。⑥胚胎本身的发育阶段与胚胎日龄是否一致、胚胎的可见结构如胚结(内细胞团)、滋养层细胞、囊胚腔是否明显可见。

胚胎一般分为 A、B、C、D 4 个等级。

A 级：胚胎发育阶段与胚龄一致，胚胎形态完整，轮廓清晰，呈球形，分裂球大小均匀，结构紧凑，色调和透明度适中，游离的细胞和液泡无或很少，变性细胞比例＜10%。

B 级：胚胎发育阶段与胚龄基本一致，轮廓清晰，分裂球大小基本一致，色调和透明度及细胞密度良好，可见到一些游离的细胞和液泡，变性细胞占 10%～30%。

C 级：胚胎发育阶段与胚龄不太一致，轮廓不清晰，色调变暗，结构较松散，游离的细胞或液泡较多，变性细胞达 30%～50%。

D 级：有碎片的卵、细胞无组织结构，变性细胞占胚胎大部分(75%)。

A、B、C 级胚胎为可用胚胎，D 级为不可用胚胎。

6.胚胎的保存

胚胎保存是指在体外条件下将胚胎储存起来而不使其失去活力，是胚胎移植的重要程序之一。

(1)常温保存　胚胎在常温(15～25℃)下保存，胚胎存活期为 10～20 h。在生产中，通常采用含 20%犊牛血清的 PBS 保存液，可保存胚胎 4～8 h。

(2)低温保存　指在 0～10℃的较低温度下保存胚胎的方法。在此温度下，胚胎细胞分裂暂停，新陈代谢速度显著减慢，所以较常温保存时间延长，但也只能维持有限的时间。其优点是操作简便，不需加入抗冻剂、冷冻和解冻处理，能保存数天。适用于胚胎移植的培养液均可用作保存液，生产中通常采用的保存液为改良的 PBS 液。牛胚胎低温保存的适宜温度为 0～6℃。

(3)冷冻保存　胚胎冷冻保存是指在干冰(－79℃)或液氮(－196℃)中保存胚胎。该项技术可以使胚胎移植不受时间、地域的限制，有利于胚胎移植技术的推广应用，同时为引种和品种资源保护开辟了新途径。胚胎冷冻保存可分为常规冷冻保存和玻璃化冷冻保存。

①常规冷冻法。将合格胚胎于含 20%犊牛血清的 PBS 液中冲洗两次，在室温下用 PBS 等生理性溶液配制成 1.0～2.0 mol/L 的抗冻液，将细胞置于此溶液中处理。采用的抗冻保护剂有 DMSO、丙三醇和 L-醇等。平衡时间需 10～20 min。然后将胚胎装入配置好抗冻液的

0.25 mL 塑料细管中，并在细管外标记供体牛号、编号、等级和冷冻日期，放于程序降温仪中降温。当降温至冰点或稍低于冰点温度时（−5～−4℃），用浸入液氮冷却后的镊子夹住细管的棉栓部，瞬间使抗冻液产生冰品，即人工植冰。然后以 0.3～0.5℃/min 的速度降温至−35～−30℃。最后投入液氮中冷冻保存。

解冻方法：在 1 min 左右的时间内，从液氮中取出装胚胎的细管直接放入 25～37℃水浴中使胚胎解冻。然后擦净细管，剪开。把解冻后的胚胎先放入 1.4 mol/L 甘油的 PBS 液中平衡 5 min，然后移入含 0.9 mol/L 甘油的 PBS 液中平衡 5 min，再移入含 0.45 mol/L 甘油的 PBS 液中平衡 5 min，最后将胚胎用不含抗冻剂的 20%血清 PBS 液冲洗 3～4 遍，即可装管移植。

②玻璃化冷冻法。玻璃化冷冻法是基于胚胎在 0℃以上的温度下，置于高浓度且急速降温时易形成玻璃化的溶液中平衡后，直接投入液氮中，使细胞内、外液皆形成玻璃化状态，胚胎不会发生死亡的构思建立起来的一种快速胚胎冷冻方法。这种方法不需要程序降温仪进行慢速降温过程。玻璃化冷冻法所采用的抗冻液，投入液氮中冷冻后细胞内、外液皆无冰晶生成，即称为玻璃化溶液。玻璃化冷冻法包括一步法和二步法两种方法。

一步法：该方法利用 L-醇为主体的抗冻保护剂，添加高分子聚合物和渗透压较高的蔗糖，配制成约 7.5 mol 浓度的玻璃化溶液（EFS40），在室温（20℃ ）条件下，将胚胎直接装入含有玻璃化溶液的塑料细管中，经 2 min 平衡后投入液氮。

二步法：采用 L-醇或丙三醇以及乙二醇和 DMSO 为主体的抗冻保护剂，配制成 EFS、GFS、EDT 玻璃化溶液，在室温（20～25℃）条件下，先将胚胎在 10%乙二醇（或丙三醇或 10% L-醇＋10%DMSO）溶液中预处理 5 min，然后再移入含有上述玻璃化溶液的细管中，平衡 30 s 后将细管封口，投入液氮中冷冻保存。

研究表明，一步法较适合于桑葚胚，而二步法更适合于囊胚。

③解冻与脱除抗冻剂。用镊子将盛有胚胎的塑料细管从液氮中取出后，平行置于 20℃水浴中轻轻摆动 10 s。待细管中蔗糖液由乳白色变为透明后，擦去细管表面水分，剪掉两端口，用吸有 0.5 mol/L 蔗糖的注射器将细管内容物冲入表面皿内，在实体显微镜下回收胚胎，然后将胚胎移入 0.5 mol/L 蔗糖液中平衡 5 min 去除乙二醇，再用培养液（PBS 液）洗涤胚胎 2 次，除去蔗糖后，对胚胎进行鉴定，可用者待移植。

7. 胚胎的移植

对于肉牛来讲，通常采用非手术法移植。

将鉴定为可用的胚胎吸入 0.25 mL 塑料管内，胚胎和培养液按图 3-3 所示吸入。然后，隔着细管在立体显微镜下检查以确定胚胎是否在培养液中。最后将细管（有海绵塞端向后）装入移植器中待移植。

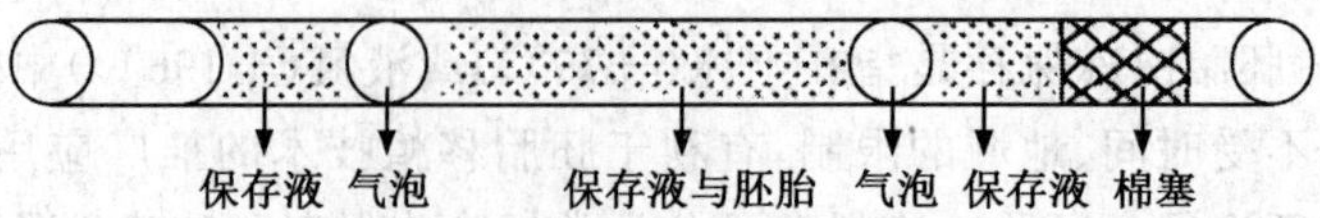

图 3-3 胚胎和培养液输入胚胎细管

受体保定、消毒和麻醉与供体相同。移植者先把受体直肠内的宿粪掏净，然后把手放入直肠内，检查确定黄体位于哪一侧并记录其发育状况，分开受体阴唇，移植者将移植器插入阴道。为防止阴道污染移植器，可在移植器外套上经消毒的塑料薄膜。当移植器前端进入子宫颈外口时，将塑料薄膜撤回，使移植器进入子宫颈，由于受体大都处于发情后 6～8 d，子宫颈口封闭较紧，尤其青年受体更是如此，因此，移植器通过子宫颈口比发情输精时困难，移植者须谨慎操作以免损伤子宫颈。当移植器通过子宫、子宫体到达子宫角时，将胚胎注入。

目前鲜胚移植成功率达 60％～70％，冻胚移植成功率达 45％～50％。影响胚胎移植妊娠效果的因素是多方面的，而且各种因素都相互制约。胚胎损失的原因很复杂，涉及生理、内分泌、遗传、免疫和环境等因素。胚胎方面的因素包括胚胎的质量、胚胎发育阶段、移植胚胎的数量、提供胚胎的供体、胚胎在体外停留的时间、鲜胚和冻胚等；母体因素包括供体受体发情同期化程度、受体的黄体酮水平、移植黄体同侧与对侧、移植部位、受体的营养、受体子宫、卵巢的生理状况等；其他因素包括发情的一致性、移植法、移植器械污染程度以及操作者的熟练程度等。

模块四

奶牛生产

项目一　奶牛品种

一、奶牛品种的识别

世界上奶牛品种近百个，其中最著名的有荷斯坦牛、娟姗牛、中国荷斯坦奶牛、更赛牛、爱尔夏牛等。

(一)荷斯坦牛

荷斯坦牛也称作荷兰牛、黑白花奶牛。荷斯坦牛原产于荷兰北部地区，故又称为荷兰牛。荷斯坦牛于 19 世纪 70 年代开始输出到世界各国，经过多年的培育，各国的荷斯坦牛出现了一定的差异，所以这些牛成为了荷斯坦牛家族的不同品系，被冠以不同的品系名称，如：美系荷斯坦、英系荷斯坦、加系荷斯坦、日系荷斯坦、澳系荷斯坦等。荷斯坦牛在世界上的分布极为广泛、数量众多，一般都已成为饲养地区的主力军。

荷斯坦牛(图 4-1)毛色为黑白花，花片分明，额部多有白斑，角尖而黑，腹底、四肢下部及尾梢为白色。体格高大，结构匀称，头清秀狭长，眼大而突出，颈部较长而多皱褶。前躯较狭窄，肋骨开张弯曲。背腰平直，腰角宽大，尻部长、平、宽，为细长。荷斯坦牛被毛细致、皮薄、弹性好。乳房较大、附着好、乳头大小适中、分布均匀，乳静脉粗大而弯曲，乳井大而深。肢势端正、蹄质坚实。成年公牛可达到 1 000 kg 以上，体高可达到 150 cm 以上；成年母牛体重可达到 600 kg，身高达到 130 cm；初生牛犊重在 35～45 kg。

荷斯坦牛的生产性能十分卓著，而且在生产过程中饲料利用率高，对于环境的适应能力也是较强的。其一般的年产奶量为 6 500～7 500 kg，乳脂率在 3.6%～3.7%的水平上。

(二)娟姗牛

娟姗牛(图 4-2)是著名的进口奶牛，原产于英吉利海峡的泽西岛(即旧译娟姗岛)而得名。其最大的优点就是乳质浓厚，乳脂、乳蛋白含量均明显高于普通奶牛，优质乳蛋白含量达 3.5% 以上。娟姗牛是主要乳用牛品种中最小的品种之一。体形小，头小而清秀，额部凹陷，两眼突出，乳房发育良好，毛色为深浅不同的褐色。成年公牛体高 123～130 cm，体重 500～

700 kg，母牛体高 111～120 cm，体重 350～450 kg。该品种与其他品种相比，耐热性强并以其采食性好，乳脂、乳蛋白率较高而著称。耐粗饲也是娟姗牛的一个重要特点。

图 4-1　荷斯坦牛

图 4-2　娟姗牛

(三)中国荷斯坦奶牛

中国荷斯坦牛(黑白花奶牛)的原名为“中国黑白花奶牛”，于 1992 年更名“中国荷斯坦奶牛”(图 4-3)。

该品种是利用引进国外各种类型的荷斯坦牛与中国的黄牛杂交，并经过了长期的选育而形成的一个品种，这也是中国唯一的奶牛品种。它具有明显的乳用型牛的外貌特征。其产奶量高，但乳脂率较低，不耐粗饲。在良好的饲料条件和饲养管理下，平均 305 d 产奶量可达到 6 500～7 500 kg，乳脂率 3.5%左右。黑龙江省饲养的黑白花奶牛基本上是中系荷斯坦。

中国荷斯坦奶牛因在培育过程中，各地引进的荷斯坦公牛和本地母牛的类型不一，以及饲养条件的差异，其体形分大、中、小 3 个类型。

大型：主要是用了从美国、加拿大引进的荷斯坦公牛与本地母牛长期杂交和横交培育而成。特点是体形高大，成年母牛体高可达 136 cm 以上。

图 4-3　中国荷斯坦牛

中型：主要是用了从日本、德国等引进的中等体形的荷斯坦公牛与本地母牛杂交和横交培育而成的，成年母牛体高在 133 cm 以上。

小型：主要用了从荷兰等欧洲国家引进的兼用型荷斯坦公牛与本地母牛杂交，或引用北美荷斯坦公牛与本地小型母牛杂交培育而成。成年母牛体高在 130 cm 左右。

自 20 世纪 70 年代初以来，由于冷冻精液人工授精技术的广泛推广，各省、市、自治区的优秀公牛精液相互交换，以及牛饲养管理条件的不断改善，以上 3 种类型的奶牛，其差异也在逐步缩小。

二、奶牛外貌特征

乳用牛的外貌特点是：全身清瘦，棱角突出，体格大而肉不多，活泼精神。后躯较前躯发达，中躯相对发达，皮下脂肪不发达，全身轮廓明显，前躯的头和颈较清秀，且相对较小。所以，从侧面观看，背线和腹线之间呈一三角形，从后望和从前望也是三角形。整个牛体像一个尖端在前，钝端在后的圆锥体。乳牛的头清秀而长，角细有光泽，颈细长且有清晰可见的皱纹。胸部深长，肋扁平，肋间宽。背腰强健平直。腹围大而不下垂。皮薄，有弹性，被毛细而有光泽。

乳房是乳牛的重要器官。发育良好的乳房大而深、底线平、前后伸展良好。整个乳房在两股之间附着良好。4 个乳头大小适中，间距较宽，有薄而细致的皮肤，短而稀的细毛，弯曲而明显的乳静脉。

(一)荷斯坦牛

毛色黑白花，界限分明，皮薄有弹性，各部均匀。母牛头清秀，公牛有雄相，头颈结合良好。体躯长、宽、深。肋骨间距宽，长而开张。母牛腹大而不下垂，公牛适中。胸深，宽。背线平直。尻部长、平、宽。四肢结实，蹄质坚实，蹄底呈圆形。乳房细致，乳静脉明显。乳房大而不下垂，前伸后延，附着良好。乳头大小适中，垂直呈柱形，间距均匀。

(二)娟姗牛

娟姗牛的毛色从浅灰色、深黄色到接近黑色。体形小，头小而清秀，额部凹陷，两眼突出，乳房发育良好。成年公牛体重为 650～750 kg；成年母牛体重为 340～450 kg，体高 111～120 cm，体长 133 cm，胸围 154 cm，管围 15 cm；犊牛初生重为 23～27 kg。

(三)中国荷斯坦牛

全身清瘦，棱角突出，体格大而肉不多，活泼精神。后躯较前躯发达，中躯相对发达，皮下脂肪不发达，全身轮廓明显，前躯的头和颈较清秀，相对较小，所以，从侧面观看，背线和腹线之间呈一三角形，从后望和从前望也是三角形。整个牛体像一个尖端在前，钝端在后的圆锥体。乳牛的头清秀而长，角细有光泽。颈细长且有清晰可见的皱纹。胸部深长，肋扁平，肋间宽。背腰强健平直。腹围大而不下垂。皮薄，有弹性，被毛细而有光泽。

三、高产奶牛的选择

高产奶牛是指一个泌乳期(305 d)产奶量达 6 000 kg 以上、乳脂率 3.4% 的牛群和个体奶牛。在不同年代和不同国家，高产奶牛的产奶水平是不同的。挑选高产奶牛的标准如下。

（一）高产奶牛选择标准

1.奶牛品种

当前全世界奶牛品种主要有荷斯坦牛、娟姗牛、更赛牛、爱尔夏牛及瑞士褐牛。我国饲养的奶牛品种中95％以上是中国荷斯坦牛。

荷斯坦牛是大型奶牛，产奶量高，年产量10 000 kg的牛群比较多见，我国高产奶牛群年产量已达8 773.2 kg。所以为了获得奶牛高产，首先应选择荷斯坦牛。在饲养条件较好的地区，也可以选择其他品种。

2.根据产奶成绩测定牛的产奶量和乳脂率两项指标挑选

奶牛在正常的情况下，一年产犊一次，产前停奶2个月，所以一个泌乳期产奶时间规定为305 d，高产奶牛也可为365 d。从遗传学角度讲，产奶量和乳脂率呈负相关。产奶量越高，乳脂率越低。所以挑选高产牛，除根据产奶量外，对乳脂率更应重视。对低乳脂率的公牛，决不能选做种牛。

3.根据体型外貌选择

（1）体重体尺　美国荷斯坦牛成年公牛体重为1 100 kg，体高160 cm，成年母牛分别为650 kg和140 cm。中国荷斯坦牛成年母牛一般体高130 cm以上，体长170 cm，体重500～700 kg。头、颈、胛及后腿等部位棱角分明，轮廓明显。皮肤薄而有弹性、毛细而有光泽。主色黑白花，界限明显。

（2）外貌特征　全身清秀，棱角分明，体大肉不多，后躯较前躯发达，中躯较长。整体呈一个三角形，即从前望，顺两侧肩部向下引两条直线，这两条直线越往下越宽，呈一个三角形。从侧面看，后躯深，前躯浅。背线和腹线向前伸延相交呈一个三角形。从上面向下看，前躯窄，后躯宽，两体侧线在前方相交也呈一个三角形。

（3）乳房　乳房作为最重要的功能性器官，基部应前伸后延，附着良好。4个乳区匀称，后乳区高而宽。乳头垂直呈柱形，间距匀称。高产奶牛拥有巨大的乳房，向前延伸到腹部，向后充满于股间而突出躯体后方。前后左右四乳区发育匀称，乳头粗细长短适中，呈圆柱形，相距较宽，乳房底部高于飞节。乳镜宽。一般高产奶牛的乳房在挤奶前异常膨大且富有弹性，挤奶后明显缩小且很柔软，形成许多皱褶。总的来讲，应首先选择挤奶前后乳房容积变化大的母牛，其次是乳静脉要粗大、弯曲，乳井要大而深，乳房皮肤薄而细致，被毛短而稀疏。

（4）肢蹄　尤其是后肢更为重要。母牛生殖器及乳房均在后躯，需要坚强的后肢。总之，凡是具备体型高大，乳用特征明显，消化、生殖、泌乳器官发达的奶牛，必然能吃、能喝、能产奶。

4.根据系谱选择

内容包括：奶牛品种、牛号、出生年月、出生体重、成年体尺、体重、外貌评分、等级、母牛各胎次产奶成绩，母牛的产奶量、乳脂率、等级。系谱中还应有父母代和祖父母代的体重、外貌评分、等级。另外，牛的疾病和防疫检疫、繁殖、健康状况应有详细记载。根据上述资料，挑选高产奶牛很重要，如购买奶牛，必须采取防疫措施，避免传入疾病，特别是结核病、传染性流产、钩端螺旋体病、滴虫病和乳房炎等。

5.根据年龄与胎次选择

年龄与胎次对产奶成绩的影响甚大。在一般情况下,初胎年龄为16～18个月,体重应达到成年牛的70%,初胎牛和2胎牛比3胎以上母牛产奶量少15%～20%。3到5胎母牛产奶量逐渐上升,6到7胎以后产奶量则逐胎下降。根据研究,乳脂率和乳蛋白率随着奶牛的年龄与胎次的增长略有下降,所以,为使奶牛或奶牛群高产,生产者必须注意年龄与胎次的选择。多数人认为一个高产牛群,如果平均胎次为4胎,其合理胎次结构为1～3胎占49%,4～6胎占33%,7胎以上占18%。

6.根据饲料报酬评定选择

饲料报酬是一项挑选高产牛的指标,也是评定牛奶成本的依据。为此,生产者应收集每头产奶牛精、粗饲料采食量,并计算出饲料报酬和全泌乳期总产奶量。高产奶牛最大采食量至少应达到体重4%的干物质。每产2 kg牛奶,至少应吃干物质1 kg,低于这个标准可以导致体重下降或引起代谢疾病。

7.根据排乳速度选择

测定排乳速度是挑选高产奶牛的一项重要指标。据测定,美国荷斯坦牛每分钟排乳3.61 kg,上海黑白花奶牛为2.28 kg。选择高产奶牛应挑选排乳速度快的牛。

(二)年龄和胎次的确定

1.奶牛年龄的确定

奶牛年龄鉴定最准确的方法是根据档案记录,在缺乏档案资料时,购买奶牛时尤其需要看牛的牙齿和角轮来判断年龄。

(1)通过牙齿鉴别年龄

a.牙齿的种类、数目和齿式

牛的牙齿随着初生的先后分为乳齿和永久齿(恒齿)。乳齿小而洁白,齿有间隙,表面平坦,齿薄而细致,有明显的齿颈。牛长到一定年龄乳齿就脱换为永久齿。乳齿一共10对20枚,无后臼齿,其齿式:ZX(门齿0/4,犬齿0/0,前臼齿3/3,后臼齿0/0)－20。永久齿门齿的外形比较大而粗壮,齿冠长而排列整齐,齿间无间隙,齿龈呈棕黄色,齿冠色白带微黄,远不如乳齿洁白与细致,容易辨认。永久齿一共16对32枚。其齿式:ZX(门齿0/4,犬齿0/0,前臼齿3/3,后臼齿3/3)－32。牛上颌无门齿。鉴别年龄时主要看下颌的4对门齿。中间1对门齿称为钳齿,其两侧的1对称内中间齿,再次1对称外中间齿,最边上的1对称为隅齿。

b.鉴别的依据和方法

牙龄鉴定年龄主要根据门齿的发生、脱换和磨蚀形状等规律性的变化。一般牛出生时已经有1～2对乳门齿,3～4月龄乳门齿发育完全,4～5月龄乳门齿面逐渐磨损,磨损到一定程度乳门齿开始脱落换成永久齿。更换的顺序是从钳齿开始,最后是隅齿。当门齿换齐时,又逐渐磨损。所以,由门齿的更换和磨损可以较准确地判断奶牛的年龄。牛门齿从中间到两侧,其脱换时间相差一年,故外侧1对牙齿的形状变化比中间牙齿晚一年,但规律一致。

门齿更换齐全称为“齐口”。奶牛齐口的年龄是5岁。齐口以前,牛的年龄鉴定方法概括为“1岁半,一对牙;2岁半,两对牙;3岁半,三对牙;4岁半,四对牙”。即钳齿1.5岁开始脱换,呈现1对永久齿。一般长齐需半年,即2岁长齐。

齐口以后的牛年龄主要是根据齿面磨蚀的情况来判定。齿面形状的变化规律是:初为长方形或横椭圆形，随着磨蚀程度加深，逐步由长方形，先后向三角形、四边形或不等边形和圆形过渡，每一个形状变化需要一年时间，即钳齿 6 岁，正常方形，7 岁呈三角形，8 岁是四边形或不等变形，9 岁呈现圆形。其余各对门齿分别比中间一对晚一年呈现上述规律性变化。10 岁以后，牛的钳齿齿髓腔暴露，即出现齿星。内中间齿、外中间齿、隅齿分别在 11 岁、12 岁、13 岁出现齿星。再往后，齿面圆形纵径加大，终成卵圆形。年龄在 13 岁以上统称老牛，不再鉴定。为便于记忆，可概括为口诀：2、3、4、5 看牙换，6、7、8、9 看磨面，10、11、12、13 看珠点。

鉴定时，鉴定人员站立于被鉴定牛只头部左侧附近，用徒手或鼻钳捉住牛鼻，左手握住牛鼻中隔最薄处（鼻软骨前缘），顺手抬举牛头，使其呈水平状态，随后，迅速用手插入牛的左侧口角，通过无齿区，将牛舌抓住，顺手一扭，用拇指指尖顶住上腭，其余四指握住牛舌，并拉向左口角外，然后检查牛门齿变化情况，按判定标准衡量牛的年龄。

（2）通过角轮鉴别年龄　按照奶牛的生产规律，正常情况下，每年只有一个胎次，出现一个泌乳高峰期，即明显的角轮数只有一个。奶牛初配时间一般在 18 月龄，故第一个泌乳高峰，在 3 岁左右，在 3 岁出现第一个角轮。因此，奶牛的年龄与角轮之间的换算关系是：奶牛的年龄＝角轮数＋2。由于形成角轮的原因比较复杂，常使角轮分辨不清，确实是难以计算，故此方法判断牛年龄的准确率不高。

2. 胎次的确定

判断胎次主要看牛的年龄。尽量选择初产到 7 岁左右的牛。7 岁以前属于生产高峰期。

（三）奶牛健康鉴定

健康鉴定主要是看食欲、看粪尿、测体温、观神态、看鼻镜、记录产奶量、看系谱、了解传染病等。

（四）奶牛体况评分鉴定

体况评分是衡量奶牛体组织储存状况及监控奶牛能量平衡的一种方法，采用 5 分制，1 分代表过度消瘦，5 分表示过度肥胖。

其他还有眼观、手摸法，奶牛不同生理时期或泌乳阶段理想体况比较法，奶牛体型外貌线性评定法等。

项目二　奶牛饲养管理

一、犊牛的饲养管理

1. 哺乳期犊牛的饲养原则

在这一时期要加强对犊牛消化机能的锻炼，以适应成年后采食和消化大量饲料的要求。在 3～5 d 的初乳期之后，即可以开始采食常乳或混合初乳。从 10～15 日龄开始，逐渐由母乳改为混合乳；条件允许的情况下可以使用代乳料，代乳料的使用可以加快犊牛消化机能的完善，并且可以在一定程度上降低犊牛的饲养成本。犊牛在 2 周龄的时候可以开始采食少量的嫩草，这样 3 周龄的时候就可以开始反刍的生理活动了。因此，在犊牛的饲养过程中，2 周龄的时候就可以添加少量的优质、柔软的青草和营养价值较高的优质精饲料。之后逐渐加大饲草和精料的使用量，一般不到2个月龄，犊牛就可以很好地利用植物性饲料了。

犊牛期的总哺乳量一般以300～400 kg为宜，哺乳期为3～4个月，每日哺乳3～6 kg，这样有利于犊牛的生长发育。犊牛在两个月龄内的平均日增重应在500 g左右，6月龄使其日增重应该达到600 g。

2. 犊牛哺乳计划的制订

要根据预计用奶量和哺乳持续时间来制订计划，这里提供几个计划，供广大养殖户参考（表4-1）。

表4-1 几种不同总哺乳量下不同日龄犊牛的哺乳量参考值

300 kg计划		350 kg计划		400 kg计划		500 kg计划	
日龄	日哺乳量/kg	日龄	日哺乳量/kg	日龄	日哺乳量/kg	日龄	日哺乳量/kg
1～5	3.5	1～5	6.0	1～5	3.5	1～10	5.0
6～10	4.5	6～10	6.0	6～10	4.5	11～20	5.0
11～20	6.0	11～20	6.0	11～20	6.0	21～30	5.0
21～30	7.0	21～30	6.0	21～30	7.0	31～40	5.0
31～45	5.0	31～40	6.0	31～45	6.0	41～60	5.0
46～55	4.0	41～50	6.0	46～60	5.0	61～90	4.0
56～60	3.0	51～60	6.0	61～75	3.0	91～110	4.0

3. 犊牛的管理要点

(1)单栏培育　为使犊牛的成活率提高，可以采用单栏培育的方法。每个单栏面积大概为5 m^2。犊牛栏设有一个出入口、一个饮水口和一个补料槽。每日对犊牛栏进行清扫，保证牛栏的干燥卫生。犊牛一般在犊牛栏中饲养2～3个月，然后转入犊牛舍进行定位饲养、整群运动。

(2)哺喂牛乳时要注意定质、定量、定时、定温的原则　定质是指给犊牛哺喂健康牛的奶，并防止牛奶变质；定量是指按照哺乳的计划，严格控制哺乳量，饲喂过多不仅造成浪费，还会引起消化不良；定时是指要固定喂奶的时间；定温是奶的温度要稳定在35℃左右。

(3)要经常地观察犊牛的精神、食欲、粪便和外界的天气环境　当犊牛的身体状况不佳时，犊牛就不喜欢活动、精神萎靡不振、眼神无光、鼻镜干燥。发生疾病的犊牛，对饲料反应冷淡、食欲不振、站立不动、不喜欢运动。健康犊牛的粪便通常呈黄褐色，在能够采食饲草以后，粪便的形状呈盘状，当发生消化不良的时候粪便的颜色呈灰白色，饲料采食过多的时候粪便气味恶臭，受凉的时候粪便带有气泡，患肠炎的时候粪便带有黏液。另外还要经常留心观察外界天气，外界气温在17℃左右的时候犊牛感觉较为舒适，当温度低于10℃或高于20℃的时候，要尽量采取各种方法，避免不利气温和各种恶劣天气对犊牛产生不利影响。

(4)加强犊牛的运动　适量的运动能够增强犊牛的体质，对健康十分有利。天气晴朗的时候可以让初生10 d以后的犊牛在运动场上每天自由运动半小时左右；1月龄的犊牛每天要运动1 h；以后随着日龄的增长，要逐渐加大犊牛的运动量。但在酷热的天气里应避免过量的运动，以免中暑。

(5)预防疾病 必要的时候犊牛每日要饲喂抗生素，还要保证维生素A、维生素D和维生素E的摄入量。可以每天饲喂260 mg水平的金霉素，连续饲喂一周。这一方法可以预防犊牛的消化道疾病和呼吸道疾病以及营养不良，减少肺炎和下痢的发生。

(6)犊牛的刷拭 对犊牛的全身性刷拭可以促进犊牛皮肤的血液循环，保证其体表的卫生清洁，有利于减少体外寄生虫疾病。

(7)适时去角 去角可以避免以后因打斗而受伤现象的发生，还可以增加饲养棚舍的有效使用面积，同时达到便于管理的目的。针对犊牛去角的方法主要有：碱腐蚀法和电烙法。前者不需要复杂的去角工具，但是去角过程不容易控制，还容易造成对眼睛的损伤；后者操作便捷，不容易发生感染，去角效果也较好。

(8)适时断奶 犊牛长到3个月的时候即可以断奶。断奶之后犊牛的饲料营养利用水平会得到改善，所以适时的断奶关系到奶牛的培育前途和日后的生产水平。断奶的前半个月，要逐渐地增加精饲料的饲喂量，减少牛奶的饲喂量。当犊牛能够每日采食0.5 kg以上的犊牛料的时候即可以断奶，但同时也要控制犊牛料的用量不能过大。

4.犊牛3～6月龄的日粮组成

犊牛3～6月龄的日粮组成见表4-2；几种常用的犊牛饲料配方见表4-3。

表4-2 犊牛3～6月龄的日粮组成

日龄	犊牛料/kg	干草/kg
91～120	1.5	1.5～2.0
121～150	1.8	1.8～2.2
151～180	2.0	2.0～2.5

表4-3 几种常用的犊牛饲料配方

%

饲料原料	配方1	配方2	配方3	配方4	配方5
玉米	51.5	64.7	37	35	43
燕麦	20	10	20	—	—
麸皮	—	—	10	27	14
豆饼	19.5	20.3	20	35	40
糖蜜	7.1	3.0	10	—	—
石粉	1	1.5	—	0.5	0.5
磷酸钙	0.15	—	—	1	0.5
食盐	0.25	0.5	1	0.5	1
添加剂	0.5	—	—	1	1

3月龄以上的犊牛每日额外添加维生素A 8 000 IU、维生素D 600 IU、维生素E 60 IU；另外添加日粮干物质重0.5%的碳酸氢钠。

二、育成奶牛的饲养管理

1. 育成奶牛的生长特点

奶牛的育成期是指7月龄到初配的这一阶段。7月龄以后的育成牛在骨骼和体形上向宽、深的方向发展，体重的增加较快。7～12月龄是育成牛生长速度最快的时期，饲养过程中必须注意这一要点。如果这之前的饲养过程中，犊牛的营养受到了限制，没有很好地发育，那么在这一阶段加强饲养，能够得到一定程度的补偿，这就是补偿饲养的原理。

13～14月龄的时候，育成牛进入体成熟时期，生殖器官和卵巢的内分泌功能开始健全，发育正常的牛此时的体重达到成年牛的70%～75%。一般在15～16月龄，体重达到350 kg的时候可以进行第一次配种，如果体重达不到要求，则不能配种。这一阶段要保持适当的营养，不能缺乏营养也不能营养过剩，否则会使体重过大，影响繁殖性能。

2. 育成奶牛的饲养原则

7～18月龄的育成牛的日粮组成可以参考表4-4。日粮中必须经常地提供食盐和各种矿物质饲料，可以混入精料(精料配方见表4-5)中饲喂，也可以利用舔砖的方式使用。钙磷的比例以(1.5∶1)～(2∶1)为宜。另外，这一阶段育成牛的平均日增重要达到650 g以上。

表4-4　育成牛阶段的日粮组成表

月龄	精料/kg	玉米青贮/kg	干草(括号内为无青贮时的干草用量)/kg
7～8	2.2	10.0	0.5～0.6(2.2～2.8)
9～10	2.4	11.0	1.3～1.4(2.5～3.0)
11～12	2.5	11.0	1.8～2.0(2.8～3.2)
13～14	2.5	13.0	2.4～2.5(3.0～3.5)
15～16	2.5	13.0	3.1～3.2(3.5～4.0)
17～18	2.5	13.0	3.5～3.6(4.0～4.5)

表4-5　育成牛阶段精饲料配方

月龄	玉米/%	豆饼/%	麸皮/%	碳酸钙(石粉)/%	磷酸氢钙/%	食盐/%	多维多矿及缓冲剂
7～12	54	30	12	1	1	1	适量
13～18	45	21	25	1	1	1	适量

3. 育成奶牛的管理要点

(1)分群饲养　一般按照7～12月龄为一组，13～18月龄为一组。其原因是这两组的营养需求不同，要避免实际采食养分不均衡而引起的发育不整齐。

(2)运动的要求　育成牛的运动场面积应达到平均每头牛15 m^2，运动场设置补饲槽和饮水槽。拴系牛的饲养每日应该保证运动2 h以上。

(3)注意发情鉴定　对于15月龄以上的育成牛，其体重已经达到了350 kg以上，就要仔细观察发情的表现，发现有发情者，要及时配种。

(4)注意调教与驯养　育成牛阶段要注意牛的调教与驯养,使其温驯而无恶癖,以便在以后的生产过程中便于管理。

(5)注意牛体的刷拭与肢蹄保健。

三、成年母牛的饲养管理

(一)干奶期母牛的饲养管理

干奶是母牛饲养管理过程中的一个重要环节。干奶方法的好坏、干奶期的长短及干奶期饲养管理对胎儿的发育、母子的健康及下一个泌乳期的产量有直接关系。

1.奶牛干奶的意义

通常在产犊2个月前应该使泌乳牛停止泌乳,也就是干奶期。干奶的意义十分重要:首先,干奶能够使奶牛在妊娠后期得到充分的休息,这可促进胎儿的正常生长发育。其次,干奶期可以使奶牛的能量储备得到恢复,为下个生产周期做好准备。最后,干奶期可使奶牛的体质和乳腺细胞得到恢复。

干奶期的长短可以根据饲养管理的条件、牛的体质状况、生产性能等方面来确定。一般牛的干奶期在60 d左右,而生产性能较好的奶牛,其干奶期不仅不能缩短,反而应该适当延长,以利其能够更好地等到身心的恢复。

2.干奶的方法

(1)逐渐干奶法　逐渐干奶法一般需要10～15 d的时间,在这一期间采取抑制措施,使乳腺泌乳活动逐渐停止下来。首先降低日粮营养,逐渐减少精料的饲喂量,停止饲喂多汁饲料和糟渣饲料,多饲喂干草,同时控制饮水量,加强运动;其次,打乱奶牛的泌乳规律,变更挤奶的时间,逐渐减少挤奶的次数,挤奶的时候也不再进行乳房的按摩。挤奶的次数由一日3次改为2次,再由2次改为1次,最后隔一日挤奶1次,等到最后一次挤2～3 kg奶的时候就可以停止挤奶了。这种方法对高产奶牛和患有乳房炎病史的奶牛是一种很安全的方法。

(2)骤然干奶法　在奶牛预定的干奶日突然停止挤奶,乳房内的乳汁经过5～10 d可以完全地被吸收。对于产奶量较高的奶牛,可以在停止挤奶后7 d左右再挤奶1次,但不要进行乳房的按摩,同时注入金霉素眼药膏或专门配制的干乳膏,以预防乳房炎的发生,以后便不再挤奶。

3.干奶期母牛饲养

产奶量高的母牛干奶期一般为50～60 d,肉乳兼用牛和肉用牛产奶量不高,可采用快速干奶法。即从进入干奶之日起,在4～7 d内将奶干完。方法是,从干奶期的第一天开始,适当减少精料,停喂青绿多汁饲料,控制饮水,加强运动,减少挤奶次数。母牛在生活规律突然发生巨大变化时,产奶量显著下降,一般经过5～7 d,就可停止挤奶。最后挤奶时要完全挤净,用杀菌液将乳头消毒后注入青霉素软膏,以后再对乳头表面进行消毒。母牛在干奶10 d后,乳房乳汁已被组织吸收,乳房已萎缩。这时可增加精料和多汁饲料,5～7 d后达到妊娠母牛的饲养标准。

4.干奶期母牛管理

干奶期管理应注意不喂劣质的粗饲料和多汁饲料。冬季不饮冰冻的水和饲喂冰冻的块根饲料及青贮料,少喂菜籽饼和棉籽饼,以免引起难产、流产及胎衣滞留等疾患,并注意补充钙、磷和微量元素及维生素，注意观察乳房停奶后的变化，保证乳房的健康。要保证牛有适当的运动以减少蹄病和难产的发生。有条件的地方，应将干奶牛集中单圈、单群饲养，防止相互拥挤。此外，牛舍应保持干燥、清洁。

(二)泌乳期母牛的饲养管理

1. 成年泌乳奶牛的生产周期阶段划分

成年泌乳奶牛每一个生产周期分为：泌乳早期、泌乳中期、泌乳末期和干奶期 4 个阶段(图 4-4)，其中干奶期的 15 d 到泌乳早期的这段时间称为围产期。奶牛泌乳能力较强的阶段在泌乳早期，又称为泌乳盛期。其长短依照奶牛的质量而定，优秀的奶牛可以持续 100 d 以上，而劣质奶牛甚至只有三十几天。

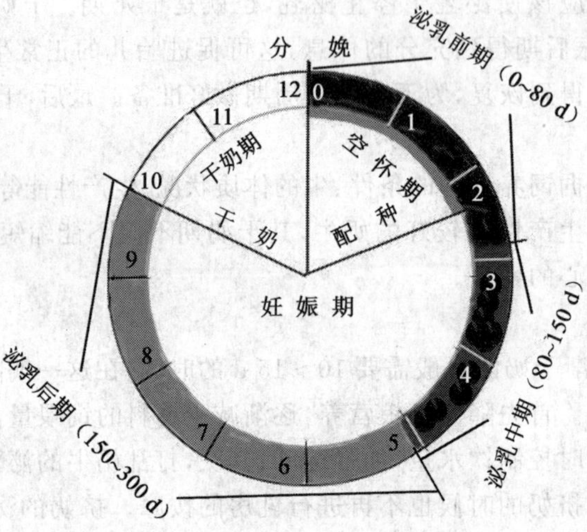

图 4-4 成年奶牛生产周期阶段划分

2. 泌乳早期的饲养原则

在这一时期，奶牛的泌乳量占整个泌乳量的近一半。在这一时期应根据奶牛的产奶量及体重的变化来调节精料的给予量。只要产奶量在上升，就可以不断地增加精料的饲喂量，直到产奶量不再上升为止。此阶段要求日粮的适口性好、体积小、种类齐全。

干物质量应该占体重的 2.5%～3.0%，每千克干物质包含的能量在 2.5～3.0 NND 的水平即可，粗蛋白占 16%～18%，钙含量占 0.7%，磷占 0.45%，粗饲料与精饲料的比例逐渐由 40∶60 过渡到 50∶50，粗纤维含量不少于 15%。

奶牛产后 2～3 d，食欲开始逐渐恢复正常，精料的饲喂量可以逐渐增加，对生产潜力大的牛可以尽快地增加精料量，但对生产性能较差的牛则要少量地添加。一般等到乳房水肿现象消失之后，再增加精料的饲喂量。

3. 几种饲喂方法的介绍

(1)引导饲养法　这种方法是从母牛的干奶期的最后 2 周开始，直到产犊后泌乳达到最高峰时，喂给高水平的能量饲料，以减少酮病的发病率，有助于维持体重和提高产奶量。具体的饲喂方法是从产犊前 2 周开始，除喂以足量的高能饲料外，每日喂 0.5～2.5 kg 精饲料，以后每日增加 0.3～0.45 kg 的精饲料，一直到母牛每 100 kg 体重采食 1.0～1.5 kg 饲料为止。在奶牛产犊之后，按照每日增加0.3～0.45 kg的精饲料用量，直到达到产奶的高峰。当奶牛的产奶量达到一定的水平之后，采食量会自动地维持在一定的水平。产奶高峰依据不同奶牛的身体状况会有不同的表现，性能优良的奶牛可以持续几周，而生产性能较差的奶牛只能维持一周左右。在整个的饲养过程中还需要提供大量的优质饲草，以供其自由采食，还要保证其自由饮水，只有这样才能够保证其发挥最大的生产性能。

(2)交替饲养法　这种饲养方式又称为节律饲养法，主要特点是能够改善奶牛在泌乳早期的厌食现象，可以一定程度地挖掘奶牛的生产潜力。这种方法采用每隔一定时间改变日粮的组成。具体的方法为：从产后20 d开始，每日给予干草8 kg、青贮饲料10 kg、甜菜12 kg、精饲料7 kg，以这种方法饲喂一周的时间；然后精饲料的给予量降至3 kg，干草的给予量增加到11 kg，多汁饲料增加到30 kg，维持一周的时间；在下一周的时间里再把精饲料量增加到10 kg，干草的给予量也相应增加；下一个周期精饲料给予量降至4 kg，多汁饲料增至40 kg，以此规律进行日粮组成变化的交替饲养。这种饲养方式必须结合大量的多汁饲料进行，所以应结合当地的饲料原料情况采用。

(3)传统饲养方法　我国的传统饲养方法，是在母牛产犊之后，让其自由采食优质干草，尽量避免饲喂过多的青贮玉米，以利于产后的恢复。饲喂精料后要观察当日的进食情况，若精料有剩余，且进食大量的青草后反刍正常，就可以每日增加精饲料喂量0.5～1 kg；如果有剩料，而且粗饲料采食量较少、食欲不佳，就不能增加精饲料的给予量。每日的精饲料分3次投喂，每次的喂料量不超过3 kg，建议与粗饲料混合均匀后再饲喂。其精料的投喂严格限制在每产3 kg奶给予1 kg精饲料的水平。每3 d要测一次产奶量，以利于指导生产。

4.泌乳早期的管理要点

(1)饲喂掌握定时定量、少喂勤添的原则　奶牛每日应该有6～8 h的采食，才能够满足采食量的需要，所以应该尽量地满足采食时间。定时、定量地饲喂能够保证奶牛正常发挥其消化机能，尤其是在群喂的时候更应该掌握好定量的原则，而粗饲料应该掌握自由采食的原则。一次投喂过多的饲料会让奶牛养成挑拣饲料的不良习惯，尤其会造成粗饲料的浪费，因此要坚持少喂、勤添的原则。

(2)保持饲料种类的相对稳定　在饲养过程中，更换饲料应掌握循序渐进的原则，奶牛瘤胃的微生物环境是很容易受到破坏的，一旦平衡遭到破坏，在短时间里是很难恢复的，从而会对生产造成一定影响，所以前面介绍过的交替饲养法在这一方面来讲是有很大风险的。在必须更换饲料的情况下，一定要逐渐进行，以保持瘤胃内微生物的稳定，更换饲料应该有7～10 d的过渡时间，以免产生消化机能紊乱。

(3)饲喂次数和饲喂顺序　在奶牛饲喂次数的问题上，国内一般采用每天3次饲喂、3次挤奶的方式；而国外的先进管理方式一般都采用2次的挤奶方式，但是饲喂次数却是相当大的，这与其发达的机械化程度是有关系的，这种饲养制度能够获得很好的生产效益。在实际的生产中，针对低产的奶牛可以采用每日2次饲喂、2次挤奶的饲养方法。在奶牛饲料的饲喂顺序上，一般采用先粗后精、先干后湿、最后饮水的顺序。

(4)保证充足的饮水　日产量在50 kg以上的牛需要每天饮水100～150 kg，目前我省的生产水平还达不到这个标准，但一般产量以上的奶牛每日仍需要饮水60 kg。因此，必须保证奶牛每日充足的饮水，而且建议采用自由饮水的方法。牛场的水槽要经常地冲洗、消毒，避免不清洁的水和水温过低。

(5)防止饲料中的异物　奶牛对饲料的采食过程是匆忙的，往往不能够分辨出饲料中的异物。因此在饲喂饲料之前必须对其进行磁性筛选，以清除饲料当中掺有的铁丝、铁针等尖锐的异物，避免造成创伤性网胃心包炎。

(6)注意适度的运动　这一阶段适度的运动不仅能够维持牛体的健康水平、提高生产性能，而且对繁殖性能和预防难产、避免产后胎衣不下都有相当重要的作用。每日应保证2～3 h的户外运动。在冬季，应选择天气较好的时间里加强奶牛的运动。

(7)注意观察发情，及时配种　一般生产性能的牛在产后60～70 d配种为宜。为使高产奶牛在这一阶段得以充分地恢复，配种时间可以延后10 d左右。高产奶牛的发情不明显，应该仔细地观察，避免错过发情期。

(8)注意奶牛乳房的按摩　在挤奶之前，应先对乳房进行清洗，之后进行按摩。一般在挤奶前、挤奶过程中和挤奶之后要进行3次的乳房按摩，时间在5 min左右。若采用机械挤奶的方式，由于榨乳机具有按摩的功能，因此只需在开始和结束的时候对乳房进行按摩。

(9)注意肢蹄的保健　肢蹄保健是非常重要的，一旦发现问题，一定要及时地解决，否则会造成严重的后果。要经常地对牛的肢蹄进行检查、进行修蹄。平时要注意牛舍的卫生状况，注意营养的协调。每年可以进行2次修蹄工作，另外还要经常地进行蹄浴。

(10)夏季要注意奶牛的防暑问题　奶牛具有耐寒怕热的特性，夏季的高温环境会对奶牛生理机能产生一系列的不利影响，因此在高温的时候，应该避免阳光的直接照射，当气温升高到34℃的时候应该采用喷雾降温的方式以避免奶牛中暑。

5.泌乳中期的饲养原则

泌乳中期是指产后80～150 d，这一时期的泌乳量逐渐下降，同时牛开始进入妊娠期，但总的来看，需要的营养总量是减少的。在此阶段，奶牛的泌乳高峰期已经过去了，但干物质的采食量进入高峰期，奶牛的营养状况处于正平衡，体重开始进入恢复时期。产奶量平稳的奶牛此时的产奶水平每月下降5%左右，产奶量不稳定的奶牛下降幅度可以达到10%以上。

饲粮干物质量应该占体重的3.0%，每千克干物质包含的能量在2.13 NND的水平即可，粗蛋白占13%，钙含量占0.45%，磷占0.4%，粗饲料与精饲料的比例逐渐由50∶50过渡到40∶60，粗纤维含量不少于17%。对泌乳中期的奶牛，应该根据实际的产奶量，按照上一节介绍的饲喂方法进行饲养，粗饲料采用自由采食的方法。但随着产奶量的下降，应逐渐减少精饲料的添加量，多供给青绿多汁饲料。

6.泌乳中期的管理要点

(1)此阶段可以按维持量和产奶量的需要进行日粮配合，可以不考虑体重的变化。

(2)高产奶牛在此阶段对干物质的采食量很大，可以达到每100 kg体重3.5～4.5 kg，这一采食量是很大的，而且食欲旺盛，因此要保证奶牛的采食量供给。

(3)饲喂过量的精饲料，容易造成奶牛身体过于肥胖，严重地影响到奶牛的繁殖机能。因此，要严格控制这一阶段的增重，日增重量应保持在500 g左右，不宜过高。

(4)加强运动，复查妊娠，做好保胎的工作。

7.泌乳后期的饲养原则和管理要点

产后150 d到干奶前的这一段时间称为泌乳后期，是奶牛增重和恢复的主要时期。这时奶牛的产奶量已经大幅度下降了，每个月减少8%左右。正常的母牛在这段时间正处于妊娠中期，体内的胎儿生长发育速度开始增快。奶牛此时的增重速度要明显高于泌乳中期，日增重量 500～750 g。泌乳早期大量损失的体重要在泌乳的中期和后期恢复，但仍然要注意不能让奶牛身体过肥。

在泌乳后期，奶牛对营养的需要量包括维持需要、泌乳需要、恢复需要和妊娠需要。此时的营养水平一般为：干物质量应该占体重的 3.0%～3.2%，每千克干物质包含的能量在 2 NND 的水平即可，粗蛋白占 12%，钙含量占 0.45%，磷占 0.35%，粗饲料与精饲料的比例为 30∶70，粗纤维含量不少于 20%。

泌乳中后期的奶牛应以豆科饲草为主要的粗饲料，因为粗饲料本身即含有一定的粗蛋白，因此精饲料的粗蛋白含量在 12%就可以了。若以禾本科为主的粗饲料，那么精饲料中的粗蛋白含量应该保持在 18%以上。

在日常的管理中，应预防母牛相互拥挤、滑倒、击打和相互打斗，冬季不饮用冰水，夏季预防高温中暑，做好保胎工作，防止母牛流产、早产。在预计停奶以前必须再进行一次直肠检查以最后确定是否妊娠，以便及时停奶。

模块五

肉牛生产

项目一　肉牛的品种

一、肉牛的品种识别

1.夏洛莱牛

夏洛莱牛(图5-1)是现代的大型肉用牛品种,原产于法国中部的夏洛莱地区,自18世纪开始选育,1887年成立品种协会,1920年被认定为专门的肉牛品种。夏洛莱牛体躯高大强壮,属于大型肉牛品种,背腰宽厚、臀部丰满、肌肉十分的发达,常出现“双肌形”的特征,整个躯体呈圆桶状,后腿部肌肉尤其丰满,角小,四肢粗壮结实。毛色为乳白色或浅乳黄色。

夏洛莱牛有两大特点:一是生长速度快。在我国的饲养条件下,公牛初生重为48.2 kg,母牛为46 kg,在良好的饲养条件下,6月龄公犊体重可达234 kg,母犊可达210 kg,平均日增重1.4 kg,12月龄公犊体重535 kg,母犊360 kg,18月龄分别达到658 kg和648 kg。屠宰率65%～70%,胴体瘦肉率80%～85%。二是适应环境的能力强,尤其是抗高温的能力。

我国用夏洛莱牛来改良本地牛效果良好,表现为杂交后代体格明显加大,生长速度加快,杂种优势明显,杂交一代具有父系品种特征,毛色多为乳白色或草黄色,体格略大,四肢坚实,骨骼粗壮,胸宽尻平,肌肉丰满,性情温顺,耐粗饲,易于管理,生长快,初生重大,公犊为29.7 kg,母犊为27.5 kg。在较好的饲养条件下,24月龄体重达494 kg,当选配的母牛是其他品种改良牛时,尤其是西门塔尔改良母牛,效果更明显。

2.利木赞牛

利木赞牛因在法国的利木赞高原育成而得名,最初是大型役用牛,1850年开始选育,1924年正式育成专门化肉牛品种。利木赞牛的体形小于夏洛莱牛,骨骼较夏洛莱牛细致,体躯长,肌肉充实,胸部肌肉特别发达,肋弓开张,背腰壮实,四肢较细。角为白色,蹄为红褐色。毛色以红色为主,口、鼻、眼圈周围、腹下、四肢内侧、会阴部呈肉色或浅白色。

利木赞牛的特点是比较耐粗饲、生长快、饲料的利用率高;胴体优质、产肉比例高;母牛难产少、容易受胎。

成年牛平均体重:公牛1 000～1 100 kg,母牛600 kg,体高分别为140 cm和130 cm。生

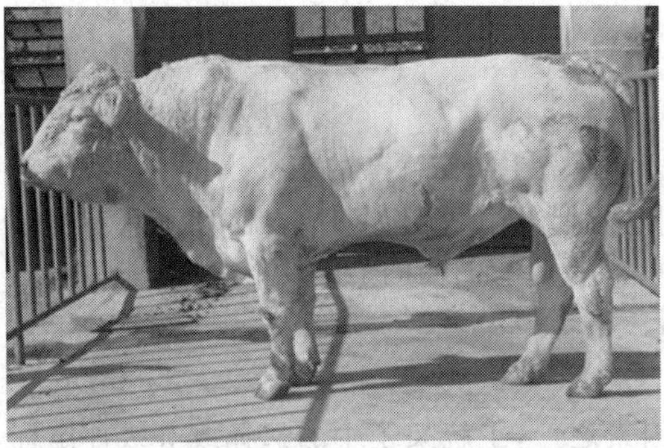

图 5-1　夏洛莱牛

图 5-2　利木赞牛

长强度大，比较早熟，如果早期的生长不能得到足够的营养，后期的补偿生长能力较差。我国分别于 1974 和 1993 年数次引入，该品种在河南、山东、内蒙古、东三省等地饲养较多。用利木赞牛与本地牛杂交，牛体形得到改善，肉用特征明显，生长快，杂交优势明显。山东用其改良鲁西牛，杂交一代的公牛初生重 34 kg、6 月龄 167 kg、18 月龄 347 kg、24 月龄 446 kg；而本地公牛分别为 27.7 kg、146 kg、268 kg、348 kg。

3.西门塔尔牛

西门塔尔牛(图 5-3)是兼用型品种，原产于瑞士、西欧及苏联等国家。产奶量不如纯种奶牛，但在兼用品种中，它的产奶量及乳脂率、乳密度都是较高的。西门塔尔牛具有适应性强、耐高寒、耐粗饲、寿命长，产乳产肉性能好的特点。西门塔尔牛多为黄(红)白花，头尾与四肢为白色，皮肤粉红色。西门塔尔牛体躯强壮，肌肉发达，头较大，颈较短、粗，自背部到尻部平直、宽厚，四肢肌肉明显，胸较深。乳房发育中等，静脉弯曲较少且细，乳头较粗大。在不同国家，体形和生产性能有差异。该品种在我国已分布于 21 个省份。西门塔尔牛在当前的饲养条件下，纯种成年公牛的体重超过了 1 000 kg；成年母牛的体重可以达到 600 kg 以上。西门塔尔牛及其杂交品种在各种气候条件下均可以饲养，是一个具有发展前途的乳肉兼用型品种。

图 5-3　西门塔尔牛

二、肉牛的选择

1. 育肥肉牛的选择

目前国内肉牛主要是国外优良肉牛品种与我国本地黄牛杂交生产的杂交改良牛和我国几个地方良种黄牛品种。这些牛通过科学饲养，特别是后期集中3～5个月催肥，使其具有良好的肉用性能，18～27月龄体重达450 kg以上，生产高档牛肉的优质肉牛体重要求达到500～600 kg。

2. 架子牛的选择

架子牛品质是影响商品肉牛育肥性能的重要因素之一，了解架子牛的选择或等级评定标准，可促进我国优质肉牛生产及产业化进程。

(1)美国架子牛的分级　为了准确地判断架子牛的特性，美国农业部(USDA)修订了架子牛的等级标准。新的等级评定标准的目的是为了能够正确判断架子牛的特性，对肉牛业提供如下好处：可作为买卖双方市场议价的基础；便于架子牛的分群；便于架子牛市场的统计。新的标准把架子牛的大小或肌肉厚度作为评定等级的两个决定因素。

架子牛共分为3种(图5-4)10个等级。

大架子牛：1级、2级、3级。中架子牛：1级、2级、3级。小架子牛：1级、2级、3级和等外。

大架子牛：要求有稍大的架子，体高且长，健壮。

中架子牛：要求有稍大的架子，体较高且体长，健壮。

小架子牛：骨架较小，健壮。

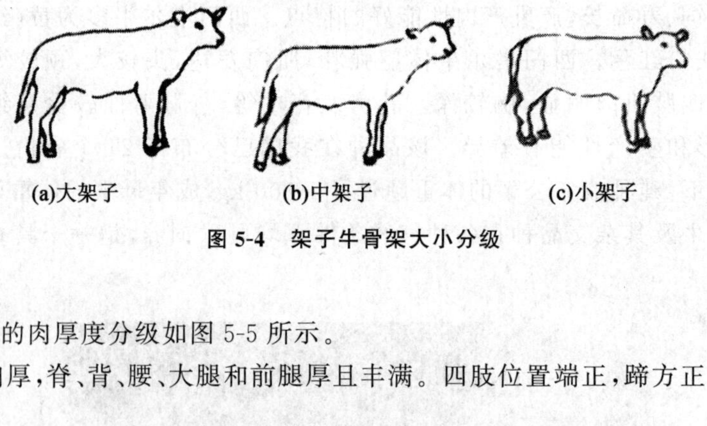

(a)大架子　(b)中架子　(c)小架子

图5-4　架子牛骨架大小分级

各种架子牛的肉厚度分级如图5-5所示。

1级：全身肉厚，脊、背、腰、大腿和前腿厚且丰满。四肢位置端正，蹄方正，腿间宽，优质肉部位比例高。

2级：整个身体较窄，胸、背、脊、腰、前后腿较窄，四肢靠近。

3级：全身及各部位厚度均比2级要差。

等外：因饲养管理较差或发生疾病造成的不健壮牛属于此类。

(2)架子牛选择的原则　在我国的肉牛业生产中，架子牛通常是指未经育肥或不够屠宰体况的牛，这些牛常需从农场或农户选购至育肥牛场进行育肥。

选择架子牛时要注意选择健壮、早熟、早肥、不挑食、饲料报酬高的牛。具体操作时要考虑品种、年龄、体重、性别和体质外貌等。

①品种。最好选择夏洛莱牛、利木赞牛、皮埃蒙特牛、西门塔尔牛等肉用或乳肉兼用公牛与本地黄牛母牛杂交的后代，也可利用我国地方黄牛良种，如晋南黄牛、秦川牛、南阳黄牛、鲁

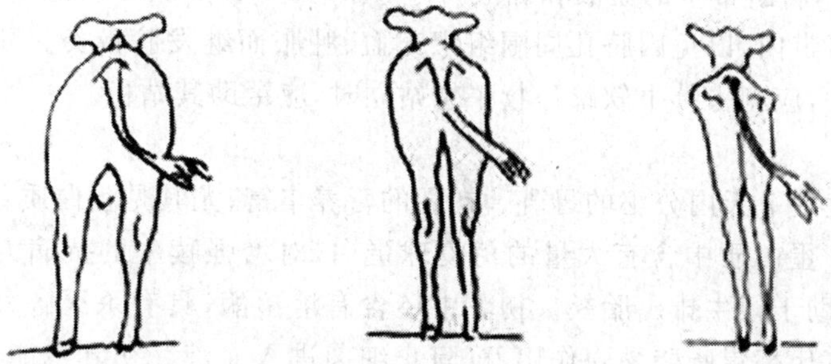

(a)大架子　　(b)中架子　　(c)小架子

图 5-5　架子牛肉厚度的分级

西黄牛等。年龄最好选择 1.5～2 岁或 15～21 月龄。

②性别。如果选择已经去势的架子牛，越早去势越好。

3～6 月龄去势的牛可以减少应激，加速头、颈、四肢骨骼的雌化，提高出肉率和肉的品质，但公牛的生长速度和饲料报酬转化率优于阉割，且胴体瘦肉多、脂肪少。但不宜选购年龄过大(超过 2.0～2.5 岁)的架子公牛。

③体质外貌。选择架子牛，早去势体重应该在 300 kg 以上，体高和胸围最好大于其同月龄发育牛的平均值。另有一些不能用尺度衡量，但也很重要的指标，如毛色、角的状态、蹄、背和腰的强弱、肋骨的开张程度、肩胛骨等。一般架子牛有如下规律：

四肢与躯体较长的架子牛有生长发育潜力，牛体形若已经趋于匀称，则将来发育不一定好；十字部高于体高，后肢飞节高的牛发育能力强；皮肤松弛柔软、被毛柔软致密的牛肉质量良好；发育虽好，但性情暴躁、神经质的牛不能认为是健康牛，因为这样的牛难于管理。

项目二　肉用犊牛的饲养管理

犊牛是指从初生至断奶阶段的小牛。这个阶段饲养管理的主要任务是提高犊牛成活率，给育成期生长发育打下良好基础。犊牛阶段可分为初生期(出生至 7 日龄)和哺乳期(8 日龄至断奶)两个阶段。

一、初生期犊牛饲养管理

初生期是犊牛由母体内寄生生活方式变为独立生活方式的过渡时期。初生犊牛消化器官尚未发育健全，瘤网胃只有雏形而无功能，真胃及肠壁虽初具消化功能，但缺乏黏液，消化道黏膜易受细菌入侵。犊牛的抗病力、对外界不良环境的抵抗力、适应性和调节体温的能力均较差。因此，新生犊牛容易受各种病菌的侵袭而引起疾病，甚至死亡。

1. 消除黏液

初生犊牛的鼻和身上沾有许多黏液。若是正常分娩，母牛会舔去犊牛身上的黏液，此举有助于刺激犊牛呼吸和加强血液循环。若母牛不能舔掉黏液，则要用清洁毛巾擦干，避免其受凉，尤其要注意擦掉初生犊口鼻中的黏液，防止呼吸受阻，若已造成呼吸困难，应将其倒挂，并拍打其胸部，使黏液流出。通常情况下，犊牛的脐带自然扯断，未扯断时，用消毒剪刀在距腹部

6～8 cm 处剪断脐带，将脐带中的血液和黏液挤净，用5%～10%碘酊浸泡2～3 min 即可，切记不要将药液灌入脐带内，以免因脐孔周围组织充血、肿胀而继发脐带炎。断脐不要结扎，以自然脱落为好。另外，应剥去犊牛软蹄。犊牛想站立时，应帮助其站稳。

2. 哺喂初乳

初乳即母牛分娩后7天内分泌的母乳。初乳的营养丰富，尤其是蛋白质、矿物质和维生素A的含量比常乳高。蛋白质中含有大量的免疫球蛋白，对增强犊牛的抗病力具有重要作用。初乳中镁盐较多，有助于犊牛排出胎粪。初乳中还含有溶菌酶，具有杀灭各种病菌的功能，同时初乳进入胃肠具有代替胃肠壁黏膜作用，可阻止细菌进入血液。初乳也能促进胃肠机能的早期活动，分泌大量的消化酶。从犊牛本身来讲，初生犊牛胃肠道对母体原型抗体的通透性在出生后很快开始下降，约在18 h就几乎丧失殆尽。在此期间如不能吃到足够的初乳，对犊牛的健康就会造成严重的威胁。犊牛出生后应尽量在0.5～2 h内让其吃上初乳，方法是在犊牛能够自行站立时，让其接近母牛后躯，采食母乳。对个别体弱的可人工辅助，挤几滴母乳于洁净手指上，让犊牛吸吮，而后引导其到母牛乳头助其吮奶。为保证犊牛哺乳充分，应给予母牛充分的营养。

3. 日常管理

在管理上还应做到"三勤"，即勤打扫、勤换垫草、勤观察。保持牛舍干燥卫生。随时观察犊牛的精神状况、粪便状态以及脐带变化，发现异常应及时治疗。要防止舐癖发生（互相吸吮），因为吸吮嘴巴易传染疾病，吸吮耳朵在寒冷情况下易造成冻疮，吸吮脐带易发生脐带炎，吸吮乳头易造成成年后瞎乳头，吸吮毛易在瘤胃中形成圆形毛球，堵塞食道沟或幽门而致命。对犊牛各种恶习应予以重视和防止。初生犊牛应采取单栏饲养，犊牛每次喂奶完毕，应将犊牛口鼻部残奶擦净。

二、哺乳期犊牛的饲养管理

这一阶段是犊牛体尺体重增长及胃肠道发育最快的时期，尤以瘤网胃的发育最为迅速。此阶段犊牛的可塑性很大，直接影响成年牛的生产性能。

为了增进犊牛体质，促进胃肠发育，应尽早补饲草料并加强运动，保证饲料、饮水、食具及环境的干净卫生。

1. 哺乳

自然哺乳即犊牛随母吮乳，肉用牛较普通。一般是在母牛分娩后，犊牛直接哺食母乳，同时进行必要的补饲。一般在出生后至犊牛3个月以前，母牛的泌乳量可满足犊牛生长发育的营养需要，3个月以后母牛的泌乳量逐渐下降，而犊牛的营养需要却逐渐增加，如犊牛在这个年龄的生长受阻则很难补偿。自然哺乳时应注意观察犊牛哺乳时的表现，当犊牛哺乳时频繁地顶撞母牛乳房，而吞咽次数不多，说明母牛奶量低，犊牛不够吃，应加大补饲量；反之，当犊牛吸吮一段时间后，犊牛口角已出现白色泡沫时，说明犊牛已经吃饱，应将犊牛拉开，否则容易造成犊牛哺乳过量而引起消化不良。一般而言，大型肉牛平均日增重700～800 g，小型肉牛平均日增重600～700 g，若增重达不到上述水平，应增加母牛的补饲量，或对犊牛直接增加补料量。哺乳期以5～6月龄为宜。不留作后备牛的牛犊，可实行4月龄断奶或早期断奶，但必须加强营养。

对于产奶量高的兼用牛，如西门塔尔牛，通常用于产奶，因此犊牛采取人工哺乳。人工哺乳包括用桶喂和带乳头的哺乳壶喂饲两种。用桶喂时应将桶固定好，防止撞翻，通常采用一手持桶，另一手中指及食指浸入乳中使犊牛吸吮。当犊牛吸吮指头时，慢慢将桶提高使犊牛口紧贴牛乳面吮饮，习惯后则可将指头从犊牛口中拔出，并放于犊牛鼻镜上，如此反复几次，犊牛便会自行吮饮初乳。用奶壶喂时要求奶嘴光滑牢固，以防犊牛将其拉下或撕破。在奶嘴顶部用剪子剪一个“十”字，这样会使犊牛用力吮吸，避免强灌。喂奶方案多采用“前高后低”，即前期喂足奶量，后期少喂奶，多喂精粗饲料。下面介绍两种哺乳方案。

方案一：510 kg 全乳，90 d 哺乳期。1～10 日龄，5 kg/d；11～20 日龄，7 kg/d；21～40 日龄，8 kg/d；41～50 日龄，7 kg/d；51～60 日龄，5 kg/d，61～80 日龄，4 kg/d；81～90 日龄，3 kg/d。

方案二：200～250 kg 全乳，45～60 d 哺乳期。1～20 日龄，6 kg/d；21～30 日龄，4～5 kg/d；31～45 日龄，3～4 kg/d；46～60 日龄，0～2 kg/d。

2. 补饲

犊牛的消化与成年牛显著不同，初生时只有皱胃中的凝乳酶参与消化过程，胃蛋白酶作用很弱，也无微生物存在。到 3～4 月龄时，瘤胃内纤毛虫区系完全建立。大约 2 月龄时开始反刍。如果早期喂给优质干草和精料，促进瘤胃微生物的繁殖，可促使瘤胃的迅速发育。因此，犊牛的提早补饲至关重要。1 周龄时开始训练饮用温水。为促进犊牛瘤胃的发育和补充犊牛所需的养分，可提早喂给一些青、精饲料。

犊牛在 20 日龄时开始补喂青绿多汁饲料如胡萝卜、甜菜等，以促进其消化器官的发育。每天先喂 20 g，到 2 月龄时可增加到 1～1.5 kg，3 月龄为 2～3 kg。

从 1 周龄开始，在牛栏的草架内添入优质干草（如豆科青干草等）训练犊牛自由采食，以促进瘤网胃发育。

青贮料可在 2 月龄开始饲喂，每天 100～150 g，3 月龄时 1.5～2 kg，4～6 月龄时 4～5 kg。应保证青贮料品质优良，防止用酸败、变质及冰冻青贮料喂犊牛，以免下痢。

生后 10～15 天开始训练犊牛采食精料。初喂时可将少许牛奶洒在精料上，或与调味品一起做成粥状，或制成糖化料，涂擦犊牛口鼻，诱其舐食。开始时喂干粉料 10～20 g，到 1 月龄时，每大可采食 150～300 g；2 月龄时可采食到 500～700 g，3 月龄时可采食到 750～1 000 g。犊牛料的营养成分对犊牛生长发育非常重要，可结合本地条件，确定配方和喂量。常用的犊牛料配方举例如下：

配方一：玉米 30%，燕麦 20%，小麦麸 10%，豆饼 20%，亚麻子饼 10%，酵母粉 10%，适量维生素矿物质。

配方二：玉米 50%，豆饼 20%，小麦麸 12%，酵母粉 3%，碳酸钙 1%，食盐 1%，磷酸氢钙 1%。（对于 0～90 日龄的犊牛每吨料内加 50g 多种维生素）。

配方三：玉米 50%，小麦麸 15%，豆饼 15%，棉粕 13%，酵母粉 3%，磷酸氢钙 2%，食盐 1%，微量元素、维生素、氨基酸复合添加剂 1%。

3. 管理

①犊牛的管理首先要做到勤打扫，勤换垫草，勤观察，并注意“喂奶时观察食欲、运动时观察精神、扫地时观察粪便”。健康犊牛一般表现为机灵、眼睛明亮，耳朵竖立、被毛闪光，否则就有可能是生病的。特别是患肠炎的犊牛常常表现为眼睛下陷、耳朵垂下，皮肤包紧、腹部蜷缩、后躯粪便污染；患肺炎的犊牛常表现为耳朵垂下、伸颈张口、眼中有异样分泌物。

其次注意观察粪便的颜色和黏稠度及肛门周围和后躯有无脱毛现象，脱毛可能是营养失调而导致的腹泻。另外还应观察脐带，如果脐带发热肿胀，可能患有急性脐带感染，还可能引起败血症。

②犊牛的管理还应做到“饲料净、畜体净和工具净”。饲料净是指牛饲料不能有发霉变质和冻结冰块现象，不能含有铁丝、铁钉、牛毛、粪便等杂质。商品配合料超过保存期禁用，自制混合料要现喂现配。夏天气温高时，饲料拌水后放置时间不宜过长。畜体净就是保证犊牛不被污泥浊水和粪便污染，可减少疾病发生。坚持每天1～2次刷拭牛体，促进牛体健康和皮肤发育，减少体内外寄生虫病。刷拭时可用软毛刷，必要时辅以硬质刷子，但用劲宜轻，以免损伤皮肤。冬天牛床和运动场上要铺放麦秸、稻(麦)壳或锯末等褥草垫物。夏季运动场宜干燥、遮阴，并且通风良好。工具净是指喂奶和喂料工具要讲究卫生。如果用具脏，极易引起犊牛下痢、消化不良、臌气等病症。每次用完的奶具、补料槽、饮水槽等一定要洗刷干净，保持清洁。

③防止舐癖。犊牛舐癖指犊牛互相吸吮，是一种极坏的习惯，危害极大。其吸吮部位包括嘴巴、耳朵、脐带、乳头、牛毛等。吸吮嘴巴易造成传染病，吸吮耳朵在寒冷情况下容易造成冻疮，吸吮脐带容易引发脐带炎，吸吮乳头导致犊牛成年后瞎乳头，吸吮牛毛容易在瘤胃内形成许多大小不一的扁圆形毛球，久之往往堵塞食道沟或幽门而致死。防止舐癖，犊牛与母牛要分栏饲养，定时放出哺乳，犊牛最好系栏饲养。每次喂奶完毕，应将犊牛口鼻部残奶擦净，对于已形成舐癖的犊牛，可在鼻梁前套一小木板来纠正。同时避免用奶瓶喂奶，最好使用水桶。犊牛要有适度的运动，随母牛在牛舍附近牧场放牧，放牧时适当放慢行进速度，保证其休息时间。

④做好定期消毒。冬季每月至少进行1次，夏季10 d 1次，用苛性钠、石灰水或来苏尔对地面、墙壁、栏杆、饲槽、草架全面彻底消毒。如发生传染病或有死畜现象，必须对其所接触的环境及用具作临时突击消毒。

⑤称重和编号。留作种用的犊牛，称重应按育种和实际生产的需要进行，一般在初生、6月龄，周岁、第一次配种前应予以称重。在犊牛称重的同时，还应进行编号，编号应以易于识别和结实牢固为标准。生产上应用比较广泛的是耳标法。耳标有金属的和塑料的，先在金属耳标或塑料耳标上打上号码或用不褪色的色笔写上号码，然后固定在牛的耳朵上。

⑥去角。一般在生后的5～7 d内进行。去角的方法有以下两种。

固体苛性钠法：先剪去角基部的毛，然后在外周用凡士林涂一圈以防药液流出，伤及头部或眼睛。然后用苛性钠在剪毛处涂抹，面积1.6 cm^2左右，至表皮有微量血渗出为止。应注意的是正在哺乳的犊牛，施行手术后4～5 h才能到母牛处哺乳，以防苛性钠腐蚀母牛乳房及皮肤。该法可以破坏成角细胞的生长，应用效果较好。

电烙器去角：将专用电烙器加热到一定温度后，牢牢地按压在角基部直到其角周围下部组织为古铜色为止，15～20 s，烙通后涂以青霉素软膏。

4. 犊牛断奶

犊牛断奶应根据当地实际情况和补饲情况而定。断奶应采用循序渐进的办法。当犊牛日采食固体料达1 kg左右，且能有效地反刍时，便可断奶，同时要注意固体饲料的营养品质与营养补充，加强日常护理。另外，在预定断奶前15 d，要开始逐渐增加精、粗饲料喂量，减少牛奶喂量。日喂奶次数由3次改为2次，2次再改为1次，然后隔日1次。到断奶时还可喂给1∶1的掺水牛奶，并逐渐增加掺水量，最后几天全部由温开水代替牛奶。自然哺乳的母牛在断奶前

1周即停喂精料，只给粗料和干草、稻草等，使其泌乳量减少。然后把母、犊分离到各自牛舍，不再哺乳。断奶第一周，母、犊可能互相呼叫，应进行舍饲或拴饲，不让其互相接触。

项目三　肉用育成牛的饲养管理

育成牛指断奶后到配种前的母牛。计划留作后备牛的犊牛在4～6月龄时选出，要求生长发育好、性情温顺、省草省料而又增重快的犊牛，留作本群繁殖用。留种用的犊牛不可过胖，但应该具备结实的体质。

一、育成牛的生长发育特点

瘤胃发育迅速。随着年龄的增长，瘤胃功能日趋完善，12月龄左右接近成年水平。正确的饲养方法有助于瘤胃功能的完善。此阶段是牛的骨骼、肌肉发育最快的时期，体形变化大。6～9月龄时，卵巢上出现成熟卵泡，开始发情排卵。一般在18月龄左右，体重是成年体重的70％时配种。

二、育成牛的饲养

为了增加消化器官的容量，促进其充分发育，育成牛的饲料应以粗饲料和青贮料为主，精料只作蛋白质、钙、磷等的补充。

1.舍饲

①3～6月龄。可采用的日粮配方：犊牛料2 kg，干草1.4～2.1 kg或青贮料5～10 kg。

②7～12月龄。每天青粗饲料的采食量可达体重的7％～9％，占日粮总营养价值的65％～75％。此阶段结束，体重应达250 kg。可采用如下配方：玉米46％，麸皮31％，高粱5％，大麦5％，酵母粉4％，叶粉3％，食盐2％，磷酸氢钙4％。日喂量：混合料2～2.5 kg，青干草料0.5～2 kg，青贮玉米11 kg。

③13～18月龄。为了促进育成牛性器官的发育，其口粮要尽量增加青贮、块根、块茎饲料的喂量。混合料可采用如下配方：①玉米40％，豆饼26％，麸皮28％，尿素2％，食盐1％，预混料3％。②玉米33.7％，葵花饼25.3％，麸皮26％，高粱7.5％，碳酸钙3％，磷酸氢钙2.5％，食盐2％。

日喂量：混合料2.5 kg，青贮玉米13～29 kg，干草2.5～3.5 kg，甜菜(粉)渣2～4 kg。

④18～24月龄。育成牛进入配种繁殖期，生长速度减小，体躯显著向深宽方向发展。口粮应以优质干草、青草、青贮料和多汁饲料及氨化秸秆作基本饲料，少喂或不喂精料。但到妊娠后期，由于胎儿生长迅速，需较多营养物质，应每日补充2～3 kg精料。如有放牧条件，应以放牧为主。在优良草地放牧，精料可减少20％～40％；放牧回舍，如未吃饱，应补喂干草和多汁饲料。

2.放牧

采用放牧饲养时，要严格把公牛分出单放，以避免偷配而影响牛群质量。对周岁内的小牛宜近牧或放牧于较好的草地上。冬、春季应采用舍饲。放牧青草能吃饱时，非良种黄牛每天平均增重可达400 g，良种牛及其改良牛可达到500 g，通常不必回圈补饲。青草返青后开始放牧时，嫩草含水分过多，能量及镁缺乏，必须每天在圈内补饲干草或精料。补饲时机最好在牛回圈休息后，夜间进行。夜间补饲不会降低白天放牧的采食量，也免除了回圈立即补饲而使牛群回圈路上奔跑所带来的损失。补饲量应根据牧草生长情况而定。冬末春初每头育成牛每天应补 1 kg 左右配合料，每天喂给 1 kg 胡萝卜或青干草，或者 0.5 kg 苜蓿干草，或每千克料配入 1 万 IU 维生素 A。

三、育成牛的管理

1. 分群

青年牛断奶后可根据性别和年龄情况进行分群。首先是公母牛分开饲养，因为公母牛的发育和对饲养管理条件的要求不同；分群时同性别内年龄和体格大小应该相近，月龄差异一般不应超过 2 个月，体重差异低于 30 kg。

2. 穿鼻

公犊断奶后，在 7～12 月龄时应根据饲养的需要适时进行穿鼻，并带上鼻环，尤其是留作种用的更应如此。鼻环应以不易生锈且坚固耐用的金属制成，穿鼻时应胆大心细，先将一长 50～60 cm 的粗铁丝的一端磨尖，将牛保定好，一只手的两个手指摸在鼻中隔的最薄处，另一只手持铁丝用力穿透即可。

3. 加强运动

在舍饲条件下，青年牛每天应至少有 2 h 以上的运动。母牛一般采取自由运动，公牛的运动仍以自由运动为主，必要时，才进行驱赶运动。在放牧的条件下，运动时间一般足够。加强育成牛的户外运动，可使其体壮胸阔，心肺发达，食欲旺盛。如果精料过多而运动不足，容易发胖，体短肉厚个子小，早熟早衰，利用年限短。

4. 刷拭和调教

为了保持牛体清洁，促进皮肤代谢和养成温驯的气质，每天应对育成牛刷拭 1～2 次，每次 5～10 min，尤其是对青年公牛的刷拭对其性情的培育是非常有益的。

5. 对青年公牛的调教

对青年公牛还要进行必要的调教，包括与人的接近、牵引训练，配种前还要进行采精前的爬跨训练。饲养公牛必须注意安全，因其性情一般较母牛暴躁。

6. 制定生长计划

根据肉牛不同品种和年龄的生长发育特点及饲草、饲料供应状况，确定不同日龄的日增重幅度，制订出生长计划。一般在初生至初配，活重应增加 10～11 倍，2 周岁时为 12～13 倍。

7. 青年母牛的初次配种

青年母牛何时初次配种，应根据母牛的年龄和发育情况而定。一般按 18 月龄初配，或按达到成年体重 70%时才开始初配。

项目四　肉用成年母牛的饲养管理

受胎率和犊牛断奶重是繁殖母牛管理的关键，这些受饲料、饲养条件等条件的影响。

一、妊娠母牛的饲养管理

孕期母牛的营养需要和胎儿生长有直接关系。妊娠前 6 个月，胚胎生长发育较慢，不必为母牛增加营养，对怀孕母牛保持中上等膘情即可。胎儿增重主要在妊娠的最后3个月，此期的增重占犊牛初生重的70%～80%，需要从母体吸收大量的营养。同时，母牛体内需蓄积一定养分，以保证产后泌乳量。一般母牛在分娩前，至少增重45～70 kg，才足以保证产犊后的正常泌乳与发情。

1.舍饲

(1)日粮　按以青粗饲料为主适当搭配精饲料的原则，参照饲养标准配合日粮。粗料以麦秸为主时，必须搭配豆科牧草，根据膘情补加混合精料1～2 kg。精料配方：玉米52%，饼类20%，麸皮25%，石粉1%，食盐1%，微量元素、维生素1%。粗料以玉米秸为主时，由于蛋白质含量低，应补饲饼粕类，也可以用尿素代替部分饲料蛋白。

(2)管理　饲喂顺序为：精料量较多，可按先精后粗的顺序饲喂。精料和多汁饲料较少(占日粮干物质10%以下)时，可采用先粗后精的顺序饲喂，即先喂粗料，待牛吃半饱后，在粗料中拌入部分精料或多汁料碎块，引诱牛多采食，最后把余下的精料全部投饲，吃净后下槽。怀孕牛禁喂棉籽饼、菜籽饼、酒糟等饲料，也不能喂冰冻、发霉饲料。饮水温度要求不低于10℃。怀孕后期应做好保胎工作。无论放牧或舍饲，都要防止挤撞、猛跑。临产前注意观察，保证安全分娩。在饲料条件较好时，要避免过肥和运动不足。充足的运动可增强母牛体质，促进胎儿生长发育，并可防止难产。纯种肉用牛，尤其初产母牛难产率较高，必须做好助产工作。

2.放牧

以放牧为主的肉牛，青草季节应尽量延长放牧时间，一般可不补饲。在枯草季节，根据牧草质量和牛的营养需要确定补饲草料的种类和数量；特别是在怀孕最后的2～3个月，这时正值枯草期，应进行重点补饲，另外枯草期维生素A缺乏，注意补饲胡萝卜，每头每天0.5～1 kg，或添加维生素A，另外应补足蛋白质、能量饲料及矿物质。精料补量每头每天1～2 kg。精料配方：玉米50%，麦麸10%，豆饼30%，高粱7%，石粉2%，食盐1%，另加维生素A和微量元素。

二、母牛分娩期的饲养管理

因为在这段时间母牛要经历妊娠—产犊—泌乳的生理变化过程，在饲养管理上有特殊性，所以单独加以阐述。

1.临产牛的观察与护理

随着胎儿的逐步发育成熟和产期的临近，母牛在临产前会发生一系列变化。为保证安全接产，必须安排有经验的饲养人员昼夜值班，注意观察母牛的临产症状。饲养人员主要有4方面的观察：①观察乳房变化。产前约半个月乳房开始膨大，一般在产前几天可以从乳头挤出黏稠、淡黄色液体，当能挤出乳白色初乳时，分娩可在1～2 d内发生。②观察阴门分泌物。妊娠后期阴唇肿胀，封闭子宫颈口的黏液塞溶化，如发现透明索状物从阴门流出，则1～2 d内将分娩。③观察是否“塌沿”。妊娠末期，骨盆韧带充分软化，臀部有塌陷现象。在分娩的前一两天，骨盆韧带充分软化，尾部两侧肌肉明显塌陷，俗称“塌沿”，这是临产的主要症状。④观察宫缩。临产前，子宫肌肉开始扩张，继而出现宫缩，母牛卧立不安，频频排出粪尿，不时回头，说明产期将近。观察到以上情况后，应立即将母牛拉到产间，并铺垫清洁、干燥、柔软的褥草，做好接产准备。肉用母牛容易发生难产，如有异常，应请兽医助产。

2. 分娩后的护理

母牛分娩后，由于大量失水，要立即喂母牛以温热、足量的麸皮盐水（麸皮 1～2 kg，盐 100～150g，碳酸钙 50～100 g，温水 15～20 kg），可起到暖腹、充饥、增腹压的作用。同时可喂给母牛优质、嫩软的干草 1～2 kg。为促进子宫恢复和恶露排出，还可补给益母草温热红糖水（益母草 250 g，水 1 500 g，煎成水剂后，再加红糖 1 000 g，水 3 000 g），每日 1 次，连服 2～3 日。

母牛在分娩前 1～3 d，食欲低下，消化机能较弱，此时要精心调配饲料，精料最好调制成粥状，特别要保证充足的饮水。由于经过产犊，牛体抵抗力减弱，消化机能及产道均未复原，而乳腺机能却在逐渐恢复，泌乳量逐日上升，形成了体质与产乳的矛盾。此时在饲养上要以恢复母牛体质为目的。在饲料的调配上要加强适口性，刺激牛的食欲。粗饲料则以优质干草为主，精料不可太多，但要全价、优质、适口性好，量好能调制成粥状，也可适当添加一定的增味饲料，如糖类等。对体弱母牛，在产犊 3 d 后喂给优质干草，3～4 d 后可喂多汁饲料和精饲料。当乳房水肿完全消失时，饲料即可增至正常。如果母牛产后乳房没有水肿，体质健康，粪便正常，在产犊后第一天就可喂给多汁饲料，到 6～7 d 时，便可增加到足够喂量。要保持充足、清洁、适温的饮水。一般产后 1～5 d 应饮给温水，水温 37～40℃，以后逐渐降至常温。产犊的最初几天，母牛乳房内血液循环及乳腺细胞活动的控制与调节均未正常，乳房水肿严重，要加强乳房热敷和按摩，每次挤奶热敷按摩 5～10 min，促进乳房消肿。

分娩后阴门松弛，躺卧时黏膜外翻易接触地面，为避免感染，地面应保持清洁，垫草要勤换。母牛的后躯、阴门及尾部应用消毒液清洗，以保持清洁。要加强监护，随时观察恶露排出情况，观察阴门、乳房、乳头等部位是否有损伤。每日测 1～2 次体温，若有升高要及时查明原因进行处理。

三、哺乳母牛的饲养管理

哺乳母牛的主要任务是多产奶，以供犊牛需要。母牛在哺乳期所消耗的营养比妊娠后期还多，每产 3 kg 含脂率 4％的奶，约消耗 1 kg 配合饲料的营养物质。本地黄牛产后平均日产奶 2～4 kg，泌乳高峰多在产后 1 个月出现；大型肉用母牛在自然哺乳时，平均日产奶量可达 6～7 kg，产后 2～3 个月到达泌乳高峰；西门塔尔等兼用牛平均日产奶量可达 10 kg 以上。母牛如果营养不足，不仅产乳量下降，还会损害母牛健康。

在泌乳早期（产犊后头 3 个月），肉用母牛日产奶量可达 7～10 kg，甚至更多；能量饲料的需要比妊娠干奶牛高出 50％，蛋白质、钙、磷的需要量加倍。放牧饲养时，因为早春产犊母牛正处于牧地青草供应不足的时期，为保证母牛产奶量，要特别注意泌乳早期的补饲。除补饲秸秆、青干草、青贮料等外，每天还需补喂混合精料 2 kg 左右，同时注意补充矿物质及维生素，这有利于母牛产后发情与配种。舍饲饲养时，在饲喂青贮玉米或氨化秸秆保证维持需要的基础上，每天补喂混合精料 2～3 kg，并补充矿物质及维生素添加剂。头胎泌乳的青年母牛除泌乳需要外，还需要继续生长，营养不足对繁殖力影响明显，所以一定要饲喂优良的禾本科及豆科牧草，精料搭配多样化。在此期间，应加强乳房按摩，经常刷拭牛体，促使母牛加强运动，保证充足饮水。

在泌乳末期(泌乳3个月至干奶),母牛产奶量下降,这是母牛泌乳的一般规律。但全价的配合饲料,充足的运动和饮水,加强乳房按摩及精细的管理,可以延缓泌乳量下降。同时,在这个时期,牛的采食量有较大增长,如饲喂过量的精料,极易造成母牛过肥,影响产奶和繁殖。因此,应根据体况和粗饲料供应情况确定精料喂量,每天喂混合精料1～2 kg,并补充矿物质及维生素添加剂,多供青绿多汁饲料。

精料配方1:玉米50%,熟豆饼(粕)10%,棉仁饼(或棉粕)5%,胡麻饼5%,花生饼3%,葵子饼4%,麸皮20%,磷酸钙1.5%,碳酸氢钙0.5%,食盐0.9%,微量元素和维生素添加剂0.1%。

精料配方2:玉米50%,熟豆饼(柏)20%,麸皮12%,玉米蛋白10%,酵母饲料5%,磷酸钙1.6%,碳酸氢钙0.4%,食盐0.9%,强化微量元素与维生素添加剂0.1%。

四、空怀母牛的饲养管理

空怀母牛的饲养管理主要是提高受配率、受胎率,充分利用粗饲料,降低饲养成本。繁殖母牛在配种前应具有中上等膘情,过瘦过肥往往影响繁殖。在肉用母牛的饲养管理中,容易出现精料过多而又运动不足,造成母牛过肥,不发情。但在营养缺乏、母牛瘦弱的情况下,也会造成母牛不发情而影响繁殖。瘦弱母牛配种前1～2个月应加强饲养,适当补饲精料,提高其受胎率。另外应改善饲养管理条件,增加运动和日光浴可增强牛群体质,提高母牛的繁殖能力。如果牛舍内通风不良,空气污浊,过度潮湿,夏季闷热,冬季寒冷等恶劣环境极易危害牛体健康,其中敏感的个体,很快停止发情。

项目五　肉用种公牛的饲养管理及肉牛的育肥技术

一、肉用种公牛的饲养管理

种公牛对提高种群质量,改善牛肉品种极为重要。一头优质的肉用种公牛,采用人工授精,每年可配几千头至上万头的母牛。种公牛要保持体质健壮、生殖机能正常、性欲旺盛、精液量多,且密度大、品质好。要延长种公牛的使用年限,必须有正确的饲养管理。

1.肉用种公牛的日粮组成

根据种公牛的饲养需要量,日粮配制时应注章饲料的多样性和适口性。种公牛的日粮应由精料、青干草和少量的块根类饲料组成。按100 kg体重计算,每天供给1～1.5 kg青干草或3～4 kg青草,1～1.8 kg块根饲料,0.5～0.7 kg混合精料。种公牛的精料配方:玉米60%,麸皮15%,豆饼20%,磷酸氢钙2.5%,食盐1.5%,微量元素和维生素1%。每日喂3次,定时定量,先精后粗,防止过饱。每日饮水3次,夏季增加4～5次。采精或配种前暂禁喂水。

2.肉用种公牛的管理

饲养人员在管理公牛时,要特别注意安全,并有耐心,不要粗暴对待,不得随意逗弄、鞭打或虐待公牛。肉用种公牛舍应干净、卫生,地面平坦,坚硬、不漏,且远离母牛舍。牛舍温度应在10～20℃,夏季注意防暑,冬季注意防寒。

(1)拴系　种公牛必须拴系饲养,防止伤人。公牛一般在10～12月龄时穿鼻戴环,经常牵引训导,鼻环须用皮带吊起,系在缠角带上。绕角上拴两条系链,通过鼻环,左右分开,拴在两侧立柱上。鼻环要常检查,有损坏要更换。

(2)牵引　种公牛的牵引要用双绳牵,两人分左右两旁,人和牛保持一定距离。对烈性公牛,用钩棒牵引,由一人牵住缰绳,另一人用钩棒钩住鼻环来控制。

(3)按摩睾丸　每日按摩睾丸一次,每次5～10 min。增加按摩睾丸次数和延长按摩时间,可改善精液品质。

(4)刷拭和洗浴　每天刷拭种公牛1～2次,可清除皮肤污尘,保持清洁。夏季可边洗浴,边刷拭。

(5)护蹄　要经常检查蹄趾有无异常,保持蹄壁和蹄叉清洁。发现蹄病时应及时治疗。每年春秋削蹄一次,保持正常蹄形。蹄的损坏,会影响运动和采精,严重者应予以淘汰。

(6)运动　种公牛每天分上、下午各进行一次运动,每次1.5～2 h,路程4 km左右。运动方式有旋转架运动、车运动等。运动可促进新陈代谢,强壮肌肉,防止增肥,还可提高性欲和精液质量。

(7)合理利用　种公牛一般1.5岁开始采精,每周采精1次,2岁每周采精2～3次;3岁以上每周采精3～4次。交配或采精的时间,应在饲喂后2～3 h进行。

二、育肥肉牛的一般饲养管理原则

根据育肥牛的特点,牛育肥时应遵守以下原则。

1. 驱虫

育肥牛在育肥前应进行体内外驱虫。体外寄生虫可使牛采食量减少,抑制增重,育肥期增长;体内寄生虫会吸收肠道、食糜中的营养物质,影响育肥牛的生长和育肥效果。根据牛的体重计算出用药量,逐头进行驱除。驱虫方法有拌料、灌服、皮下注射等。驱虫药物可选用丙硫苯咪唑、左旋咪唑、阿维菌素、抗螨敏等。1周后进行第二次驱虫。

2. 减少活动

育肥牛应减少活动。放牧育肥牛应尽量减少运动量;舍饲育肥牛,每次喂完后应每头单拴系于木桩或休息栏内,缰绳的长度以牛能卧下为宜,这样可以减少营养物质的消耗,提高育肥效果。

3. 坚持“五定”“五看”“五净”的原则

(1)“五定”。

①定时。每天上午7～9时,下午5～7时各喂1次,间隔8 h,不能忽早忽晚。上、中、下午定时饮水3次。

②定量。每天的喂量,特别是精料量按每100 kg体重喂精料1～1.5 kg,不能随意增减。

③定人。每个牛的饲喂等日常管理要固定专人,以便及时了解每头牛的采食情况和健康,并可避免产生应激。

④定刷拭。每天上、下午定时给牛体刷拭一次,以促进血液循环,增进食欲。

⑤定期称重。为了及时了解育肥效果,定期称重很必要。首先牛进场时应先称重,按体重大小分群,便于饲养管理。在育肥期也要定期称重。由于牛采食量大,为了避免称量误差,应

在早晨空腹称重，最好连续称两天取其平均数。

(2)“五看”。指看采食、看饮水、看粪尿、看反刍、看精神状态。

(3)“五净”。

①草料净。饲草、饲料不含沙石、泥土、铁钉、铁丝、塑料布等异物，不发霉不变质，没有有毒有害物质污染。

②饲槽净。牛下槽后及时清扫饲槽，防止草料残渣在槽内发霉变质。

③饮水净。注意饮水卫生，避免有毒有害物质污染饮水。

④牛体净。经常刷拭牛体，保持体表卫生，防止体外寄生虫的发生。

⑤圈舍净。圈舍要勤打扫、勤除粪，牛床要干燥，保持舍内空气清洁、冬暖夏凉。

4. 牛舍及设备常检修

缰绳、围栏等易损品要经常检修、更换。牛舍在建筑上不一定要求造价很高，但应防雨、防雪、防晒，冬暖夏凉。

三、肉牛育肥技术

(一)持续育肥技术

持续育肥是指犊牛断奶后，立即转入育肥阶段进行育肥，直到出栏。持续育肥由于在饲料利用率较高的生长阶段保持了较高的增重，缩短了生产周期，较快地提高了出栏率，因此总效率高，改善了肉质，生产的牛肉肉质鲜嫩，可以满足市场高档牛肉的需求，是值得推广的一种方法。

1. 舍饲持续育肥技术

持续育肥应选择良种牛或其改良种，在犊牛阶段采取较合理的饲养，使其平均日增重达到0.8～0.9 kg，180 日龄体重达到 200 kg 进入育肥期。按日增重大于 1.2 kg 配制日粮，到12月龄时体重达到 450 kg。可充分利用随母哺乳或人工哺乳：0～30 日龄，每日每头全乳喂量 6～7 kg；31～60 日龄，8 kg；61～90 日龄，7 kg；91～120 日龄，4 kg。在 0～90 日龄，犊牛自由采食配合料(玉米 63%，豆饼 24%，麸皮 10%，磷酸氢钙 1.5%，食盐 1%，小苏打 0.5%)。此外，每千克精料中加维生素 A 0.5 万～1 万 IU。91～180 日龄，每日每头喂配合料 1.2～2.0 kg。181 日龄进入育肥期，按体重的 1.5%喂配合料，粗饲料自由采食。

方案一：7 月龄体重 150 kg 开始育肥至 18 月龄出栏，体重达到 500 kg 以上，平均日增重1 kg。

(1)育肥期日粮　粗饲料为青贮玉米秸、谷草；精料为玉米、麦麸、豆粕、棉粕、石粉、食盐、碳酸氢钠、微量元素和维生素预混剂。

7～10 月龄育肥阶段，其中 7～8 月龄目标日增重 0.8 kg，9～10 月龄目标日增 1 kg。11～14 月龄育肥阶段，目标日增重 1 kg。15～18 月龄育肥阶段，其中 15～16 月龄目标日增重1.0 kg；17～18 月龄目标日增重 1～2 kg。

(2)管理技术

①育肥舍消毒。育肥牛转入育肥舍前，对育肥舍地面、墙壁用 2%火碱溶液喷洒，器具用1%的新洁尔灭溶液或 0.1%的高锰酸钾溶液消毒。饲养用具也要经常洗刷消毒。

②育肥舍可采用规范化育肥舍或塑膜暖棚舍，舍温以保持在6～25℃为宜，确保冬暖夏凉。当气温高于30℃以上时，应采取防暑降温措施。a.防止太阳辐射。该措施主要集中于牛舍的屋顶隔热和遮阳，包括加厚隔热层，选用保温隔热材料，瓦面刷白和淋水等。这些措施虽然有一定作用但在环境温度较高的情况下，作用有限。b.增加散热。舍内管理措施包括吹风、给牛体淋水、饮冰水、喷雾、洒水以及蒸发垫降温。牛舍内安装电扇，加强通风能加快空气对流和蒸发散热。在饲槽上方安装淋塔系统，距牛背1 m高处喷雾，可提高蒸发和传导散热。据报道，电扇和喷雾结合使用较任何一种单独使用效果都好。

当气温低于4℃以下时冬季扣上双层塑膜，要注意通风换气，及时排除氨气、一氧化碳等有害气体。

③按牛体由大到小的顺序拴系、定槽、定位，缰绳长度以40～60 cm为宜。

④犊牛断奶后驱虫一次，10～12月龄再驱虫一次。驱虫药可用虫克星或左旋咪唑或阿维菌素。

⑤日常每日刷拭牛体1～2次，以促进血液循环，增进食欲，保持牛体卫生，育肥牛要按时搞好疫病防治，经常观察牛采食、饮水和反刍情况，发现病情及时治疗。

方案二：强度育肥，周岁左右出栏。

选择良种牛或其改良牛，在犊牛阶段采取较合理的饲养，使日增重达0.8～0.9 kg，180日龄体重超过200 kg后，按日增重大于1.2 kg设制日粮，12月龄体重达450 kg左右，上等膘时出栏。

方案三：育肥始重250 kg，育肥天数250 d，体重500 kg左右出栏；平均日增重1.0 kg。日粮分5个体重阶段，50 d更换一次日粮配方与饲喂量。粗饲料采用青贮玉米秸，自由采食。

育肥牛采用拴系饲养，每天舍外拴系，上槽饲喂及晚间入舍，日喂2次，上午6时，下午6时，每次喂后及中午饮水。

2.放牧舍饲持续育肥技术

夏季水草茂盛，也是放牧的最好季节，可充分利用野生青草营养价值高、适口性好和消化率高的优点，采用放牧育肥方式。当温度超过30℃时，注意防暑降温，可采取夜间放牧的方式，提高采食量，增加经济效益。春、秋季应白天放牧，夜间补饲一定量青贮、氨化、微贮秸秆等粗饲料和少量精料。冬季要补充一定量的精料，适当增加能量饲料，提高肉牛的防寒能力，降低能量在基础代谢上的比例。

(1)放牧加补饲持续育肥技术　在牧草条件较好的牧区，犊牛断奶后，以放牧为主。根据草场情况，适当补充精料或干草，使其在18月龄体重达400 kg。要实现这一目标，犊牛在哺乳阶段，平均日增重应达到0.9～1.0 kg，冬季日增重保持0.4～0.6 kg，第二个夏季日增重在0.9 kg。在枯草季节，对育肥牛每天每头补喂精料1～2 kg。放牧时应做到合理分群，每群50头左右，分群轮牧。我国1头体重120～150 kg的牛需1.5～2 hm^2 草场，放牧育肥时间一般在5～11月份。放牧时要注意中午休息、饮水和补盐。夏季防暑，狠抓秋膘。

(2)舍饲—放牧—舍饲持续育肥技术　此法适用于9～11月份出生的秋犊。犊牛出生后随母牛哺乳或人工哺乳，哺乳期日增重0.6 kg。断奶后以喂粗饲料为主，进行冬季舍饲，自由采食青贮料或干草，日喂精料不超过2 kg，平均日增重0.9 kg，到6月龄体重达到180 kg。然后在优良牧草地放牧，此时正值4～10月份，要求平均日增重保持在0.8 kg。到12月龄时达到 325 kg。然后转入舍饲，自由采食青贮料或青干草，日喂精料 2～5 kg，平均日增重 0.9 kg，到 18 月龄，体重达 490 kg。

（二）架子牛育肥技术

将牧区未经育肥的架子牛（体重 300 kg 以上）转移到精料条件好的农区进行育肥，可以充分利用农区的农副产品和作物秸秆。架子牛刚运到育肥场后应有 10～15 d 的过渡饲养，前几天只喂粗料，适当加盐调节肠胃功能，以后逐渐加料、驱虫，一般 15 d 后进入正式育肥期，育肥期为了减少肉牛活动，采取每头牛单拴系木桩。

1.架子牛育肥饲养管理

（1）架子牛选择技术要点　选购的架子牛应是优良肉用品种夏洛来牛、西门塔尔牛、海福特牛、利木赞牛、皮埃蒙特牛、安格斯牛等与当地黄牛杂交的改良牛。牛的增重速度，胴体质量、饲料利用率等都和牛的年龄有非常密切的关系，因此选购的架子牛应为 1～2 岁，体重 300～400 kg，健康无病，体形外貌发育良好未去势的公牛。

健康牛的特征：鼻镜湿润、双目明亮，眼大、双耳灵活、行动自然、被毛光亮，皮肤富有弹性；口大而方、食欲旺盛、反刍正常、体形大、采食量大、胸深且宽、身躯长、四肢粗壮、大骨架。

（2）育肥牛的饲养技术

①日粮配合原则。日粮所含养分能满足肉牛的营养需要，一般应达到饲养标准所规定的要求。在具体肉牛生产应用中，根据生产性能高低，环境因素（温度）等进行必要调整。要求所选饲料的品质优良，适口性好，勿用发霉变质饲料。充分利用本地成本低廉，资源丰富，且能长期稳定供应的饲料。所选用的饲料种类应尽量多些，以达到养分互补，提高饲料利用率。

②日粮配合方法。肉牛日粮配合是按每一头育肥牛每日营养需要量来配合的，主要依据牛体重的大小、日增重和饲料品种。第一步按肉牛饲养标准查营养需要表；第二步满足牛粗饲料供给量；第三步满足能量需要；第四步满足蛋白质需要；第五步满足矿物质需要；最后定出饲料配方。

③阶段饲养法。根据肉牛生产发育特点及营养需要，架子牛从异地到育肥场后，把 120～150 d 的育肥饲养期分为过渡期和催肥期两个阶段。过渡期（观察、适应期）为 10～20 d，因运输、草料、气候，环境的变化引起牛体一系列生理反应，通过科学调理，使其适应新的饲养管理环境。前 1～2 d 不喂草料只饮水，适量加盐以调理胃肠，增进食欲；以后第一周只喂粗饲料，不喂精饲料。第二周开始逐渐加料，每天只喂 1～2 kg 玉米粉或麸皮，不喂饼（粕），过渡期结束后，由粗料转为精料。

催肥期采用高精料日粮进行强度育肥，催肥期 10～20 d，日粮中精料比例要达到 45%～55%，粗蛋白质水平保持在 12%；21～50 d 日粮中精料比例提高到 65%～70%，粗蛋白质水平为 11%；51～90 d 日粮中精饲料比例进一步提高，达到 80%～85%，蛋白质含量为 10%。此外，在肉牛饲料中应加肉牛添加剂，占日粮的 1%。粗饲料应进行处理，麦秸氨化处理，玉米秸青贮或微贮之后饲喂。

④不同季节应采用不同的饲养方法。

夏季饲养：气温过高，肉牛食欲下降，增重缓慢。在 8～20℃的环境温度中增重速度较快。

因此夏季育肥时应注意适当提高日粮的营养浓度,延长饲喂时间。气温达到30℃以上时,应采取防暑降温措施。

冬季饲养:在冬季应给牛加喂能量饲料,提高肉牛防寒能力。不饲喂带冰的饲料和饮用冰冷的水。气温5℃以下时,应采取防寒保温措施。

(3)育肥牛的科学管理。牛舍在进牛前用20%生石灰或来苏尔消毒,门口设消毒池,以防病菌带入。牛体消毒用0.3%的过氧乙酸消毒液逐头进行一次喷体。不喂腐败变质饲料。出栏前不宜更换饲料,以免影响增重。日粮中加喂尿素时,一定要与精料拌匀,且不宜喂后立即饮水,一般要间隔1 h再饮水。用酒糟喂牛时,温度不可太低,应该运回后立即饲喂,不宜搁置太久。用氨化秸秆喂牛时要先放氨,以免影响牛的食欲和消化。其余管理措施见"育肥肉牛的一般饲养管理原则"。

2.架子牛舍饲育肥不同类型日粮配方

(1)氨化稻草类型日粮配方　饲喂效果,12～18月龄体重300 kg以上,架子牛舍饲育肥105天,日增重1.3 kg以上。

(2)酒精槽+青贮玉米秸类型日粮配方　饲喂效果,日增重1.1 kg以上。精料配方:玉米93%,棉粕2.8%,尿素1.2%,石粉1.2%,食盐1.8%,添加剂(育肥灵)另加。

(3)其他日粮配方

①青贮玉米秸类型日粮典型配方。青贮玉米秸是肉牛的优质粗饲料,合理的日粮配方可以更好地发挥肉牛生产潜力,比传统的地方高棉粕日粮(低营养水平)日增重由0.89 kg增加到1.40 kg,提高57.3%。

②酒糟类型典型口粮配方。酒糟作为酿酒的副产品,其营养价值因酿酒原料不同而异。酒糟中蛋白含量高,此外还含有未知生长因子,因此,在许多规模化肉牛场中使用酒糟育肥肉牛。其育肥效果取决于日粮的合理搭配。

③干玉米秸类型口粮配方。农区有大量的作物秸秆,是廉价的饲料资源。但秸秆的粗蛋白质、矿物质、维生素含量低,特别是其木质化纤维结构造成消化率低、有效能量低,成为影响秸秆营养价值及饲用效果的主要因素。对于玉米秸类型日粮进行合理营养调控,可改善饲料养分利用率。

④"三化"复合处理麦秸+青贮玉米秸类型口粮配方。麦秸"三化"复合处理发挥了氨化、碱化、盐化的综合作用,质地柔软,气味芳香,明显改善了秸秆的纤维结构,提高了秸秆的营养价值与可消化性,但缺乏青绿饲料富含的维生素等养分,与玉米秸青贮合理搭配,可产生青饲催化及秸秆组合效应,是一种促进秸秆科学利用颇具潜力的日粮类型。

⑤半干青贮添加剂处理干玉米秸类型配方(也适合于玉米秸微贮)。半干青贮添加剂集酶菌复合作用为一体,秸秆处理后,质地柔软,气味芳香,适口性好,消化率提高,制作季节延长。

(三)小牛肉生产技术

犊牛育肥指完全用全乳、脱脂乳或代用乳,或者用较多数量牛奶搭配少量混合精料饲喂犊牛,哺乳期可分为3个月或7～8月龄,断奶后屠宰。优良的乳肉兼用品种或乳用品种公牛犊,均可生产优质犊牛肉。严格来说,犊牛出生后90～100 d,体重达到100 kg左右,完全由乳或代用乳培育所产的牛肉,称为"小白牛肉"。而在出生后7～8月龄或12月龄以前,以乳为主,辅以少量精料培育，体重达到 300～400 kg 所产的肉，称为“小牛肉”。犊牛肉鲜嫩多汁，蛋白质比一般牛肉高 27.2%～62.8%，而脂肪却低 95%左右，并且人体所需的氨基酸和维生素齐全，是理想的高档牛肉，发展前景十分广阔。

方案一：犊牛在 4 周龄前要严格控制喂奶速度、奶温及奶的卫生，以防消化不良或腹泻，特别是要吃足初乳。5 周龄以后可拴系饲养，减少运动，每日晒太阳 3～4 h。夏季要防暑降温，冬季宜在室内饲养(室温在 0℃以上)。每日应刷拭牛体，保持牛体卫生。犊牛在育肥期内每天饲喂 2～3 次，自由饮水，夏季饮凉水，冬季饮 20℃左右温水。犊牛用混合料可采用如下配方：玉米 60%、豆饼 1.2%、大麦 13%、酵母粉 3%、油脂 10%、磷酸氢钙 1.5%、食盐 0.5%。每千克饲料中加入 22 g 土霉素，维生素 A 1 万～2 万 IU。

方案二：犊牛出生至 8 月龄出栏，将犊牛在特殊饲养条件下饲养 7～8 个月，使体重达到 400 kg 以上时屠宰。

①选用西门塔尔等杂交公犊，初生重不小于 35 kg。从 2 月龄开始补料。

②饲养管理。一定要保证初生犊牛出生后 0.5～1 h 内充分地吃到初乳，初乳期 4～7 d，这样可以降低犊牛死亡率。

a. 给 4 周龄以内犊牛喂奶，要严格做到定时、定量、定温。保证奶及奶具卫生，以预防消化不良和腹泻病的发生。夏季奶温控制在 37～38℃，冬季控制在 39～42℃。天气晴朗时，让犊牛于室外晒太阳，但运动量不宜过大。

b. 一般 5 周龄以后拴系饲养；减少运动，但每天应晒太阳 3～4 h。夏季要注意防暑。冬季室温应保持在 0℃以上。最适温度为 18～20℃，相对湿度 80%以下。

c. 犊牛育肥全期内每天上午 6 时，下午 6 时饲喂 2 次。自由饮水，夏季可饮凉水，冬季饮 20℃左右的温水。犊牛若出现消化不良，酌情减喂精料，并给予药物治疗。

(四)高档牛肉生产技术

1. 高档牛肉的基本要求

由于各国传统饮食习惯不同，高档牛肉的标准也各异。通常高档牛肉是指优质牛肉中的精选部分，国外称特级牛肉或精选缀牛肉，也称一级或二级牛肉。美国、加拿大等美洲国家希望高档牛肉中含有适度脂肪。英国、德国、法国等欧洲国家则希望少含或不含脂肪。但日本、韩国及东南亚各国均希望含较丰富的脂肪。我国牛肉等级标准尚未统一规定。综合国内外研究结果，高档牛肉至少应具备以下指标，供国内生产高档牛肉参考。

(1)活牛　健康无病的各类杂交牛或良种黄牛。年龄在 30 月龄以内，宰前活重 550 kg 以上，膘情为满膘(看不到骨头突出点)；尾根下平坦无沟、背平宽；手触摸肩部、胸部、背腰部、上腹部、臀部，可触及较厚的脂肪层。

(2)胴体评估　胴体外观完整，无损伤，胴体体表脂肪色泽洁白而有光泽，质地坚硬；胴体体表脂肪覆盖率 80%以上，12～13 肋骨处脂肪厚度 10～20 mm，净肉率 52%以上。

(3)肉质评估　大理石花纹符合我国牛肉分级标准(试行)一级或二级(大理石花纹丰富)，肌肉剪切力值 3.62 kg 以下，出现次数应在 65%以上，易咀嚼，不留残渣，不塞牙；完全解冻的肉块，用手触摸时，手指易进入肉块深部。牛肉质地松软、多汁。每条牛柳 2.0 kg 以上，每条西冷重 5.0 kg 以上，每块眼肉重 6.0 kg 以上。

2.高档牛肉的生产技术

(1)品种选择　研究表明，生产高档牛肉的品种为利木赞牛或皮埃蒙特牛与本地牛的杂交后代、红安格斯牛与本地牛杂交后代。

(2)年龄与性别　生产高档牛肉以阉后育肥最好。最佳开始育肥年龄为12～16月龄，终止育肥年龄为24～27月龄。30月龄以上牛只不宜肥育生产高档牛肉。

(3)饲养与饲料　生产高档牛肉的牛，6月龄体重不低于140 kg，以后按照日增重1 kg口粮饲喂，到22～26月龄体重达到650 kg左右。也可选择12月龄、体重300 kg牛进行育肥，同样按日增重1 kg日粮饲喂，到2月龄时，体重达到600 kg。此时，膘情为满膘，脂肪已充分沉积到肌肉纤维之间，使眼肌切面上呈现理想的大理石花纹。育肥到18月龄以后，日增重稍低，应酌情增加日料量10%左右。最后2月要调整日粮，不喂含各种能加重脂肪组织颜色的草料，例如大豆饼粕、黄玉米、南瓜、红胡萝卜、青草等，改喂使脂肪白而坚硬的饲料，例如麦类、麸皮、麦糠、马铃薯和淀粉渣等，粗料最好用含叶绿素、叶黄素较少的饲草，例如玉米秸、谷草、干草等。在日粮成分变动时，要注意做到逐渐过渡。最后2个月最好提高营养水平，使日增重达到1.2 kg以上。高精料育肥时应防止发生酸中毒。下面列举典型日粮配方，供参考：

配方1(适应于体重300 kg)：精料4～5 kg/(日·头)(玉米50.8%，麸皮2.7%，棉粕22.0%，磷酸氢钙0.3%，石粉0.2%，食盐1%，小苏打0.5%，预混料适量)；谷草或玉米秸3～4 kg。

配方2(适应于体重400 kg)：精料5～7 kg/(日·头)(玉米51.3%，大麦21.3%，麸皮14.7%，棉粕10.3%，磷酸氢钙0.14%，石粉0.26%，食盐1.5%，小苏打0.5%，预混料适量；谷草或玉米秸5～6 kg/(日·头)。

配方3(适应于体重450 kg)：精料6～8 kg/(日·头)(玉米56.6%，大麦20.7%，麸皮14.2%，棉粕6.3%，石粉0.2%，食盐1.5%，小苏打0.5%，预混料适量)，谷草或玉米秸5～6 kg/(日·头)。

(4)育肥牛的管理　实施卫生防疫措施；夏季防暑，冬季防寒；天天刷拭牛体，清洗牛床、牛槽和水槽；保证充足干净饮水，每日饮3～4次。育肥后期，每日喂料3～4次；安全运输，防止牛只损伤。

(5)屠宰及胴体成熟　当肉牛年龄在24～30月龄、体重达到550 kg以上时，及时出栏屠宰。屠宰要放血完全，将胴体吊挂在0～4℃室温条件下7～9 d或采取电刺激法快速嫩化成熟，然后分割包装(严格操作规程，将牛柳、西冷、眼肉、米龙等高档和优质肉块分割开来)，再置于15～25℃的冷库中贮藏。

模块六

羊 的 生 产

项目一　羊的品种

一、绵羊品种

1. 澳洲美利奴羊

澳洲美利奴羊(图 6-1)是世界著名的细毛羊品种,原产于澳大利亚,现已输往世界许多国家,其中,细毛型主产地为新南威尔士高原区、维多利亚西部地区和塔斯马尼亚岛;中毛型产于新南威尔士州西部中央地区、昆士兰中部等;强毛型产于澳大利亚南部及西北部干旱草原区。

澳洲美利奴羊体形近似长方形,腿短、体宽,背部平直 ,后肢肌肉丰满。公羊颈部有 1～3 个发育完全或不完全的横皱褶 ,有角或无角。毛丛结构良好 ,密度大 ,细度均匀、整齐而明显 ,光泽良好。羊毛覆盖头部至两眼连线 ,前肢达腕关节 ,后肢达飞节。

2. 德国美利奴羊

德国美利奴羊(图 6-2) ,原产于德国,1958 年引入我国。此品种羊体格大,成熟早,胸宽深,背腰平直,肌肉丰满,后躯发育良好,公母羊均无角。公羊体重 100～140 kg,母羊体重 70～80 kg。公羊剪毛量 10～11 kg,母羊 4.5～5.0 kg。净毛率 45%～52%,产羔率 140%～175%,早熟,6 月龄羔重 40～55 kg,日增重 300～350 g,屠宰率 47%～49%。

图 6-1　澳洲美利奴羊

图 6-2　德国美利奴羊

3.考力代羊

考力代羊(图 6-3)原产地新西兰,1949 年前后引入我国东部各省。

考力代羊头较宽,额上有长毛,无角,颈短而宽,背腰宽平,肌肉丰满,后躯良好,被毛白色,覆盖良好。公羊体重 100～105 kg,母羊体重 46～65 kg,公羊剪毛量 10～12 kg,母羊 5～6 kg,产羔率 110%～130%,早熟,4 月龄羔重 35～40 kg。

4.无角道赛特羊

无角道赛特羊(图 6-4)产于澳大利亚、新西兰。20 世纪 80～90 年代引入我国。公母羊均无角,颈粗短,胸宽深,背腰平直,躯体圆桶状,四肢粗短,后躯丰满,全身白色。公羊体重 90～100 kg,母羊 55～65 kg,剪毛量 2～3 kg,胴体品质和产肉性能好,产羔率 130%。可用作大型羔羊肉的父系。

图 6-3 考力代羊

图 6-4 无角道赛特羊

5.夏洛来羊

夏洛来羊(图 6-5)产于法国夏洛来地区,20 世纪 80～90 年代引入我国。

夏洛来羊头部无长毛,脸部呈粉红色或灰色,额宽、平、大,体长,胸宽深,背腰平直,肌肉丰满,后躯宽大,后肢呈“门”形,四肢较短。公羊体重 110～140 kg,母羊 54～72 kg;周岁公羊 70～90 kg,母羊 50～70 kg,4 月龄重 35～40 kg,屠宰率 50%,肉质好,瘦肉多;产羔率 180%以上。

6.萨福克羊

该品种是英国于 1850—1930 年由南丘和诺福克杂交育成。其外貌特征为:体躯强壮、高大,背腰平直,头及四肢为黑色且无毛。萨福克羊(图 6-6)是体型最大的肉用羊品种,具有适应性强、生长速度快、产肉多等特点,适于作羊肉生产的终端父本。

萨福克羊成年公羊体重可达 114～136 kg、母羊 60～90 kg,毛纤维细度 30～35 μm,长度 7.5～10 cm,产毛量 2.5～3.0 kg,产羔率 140%。用其作终端父本与长毛种半细毛羊杂交,4～5 月龄杂交羔羊体重可达 35～40 kg,胴体重 18～20 kg。

图 6-5　夏洛来羊

图 6-6　萨福克羊

萨福克羊与国内细毛杂种羊、哈萨克羊、阿勒泰羊、蒙古羊等杂交，在相同的饲养管理条件下，杂种羔羊具有明显的肉用体型。杂种一代羔羊 4～6 月龄平均体重高于国内品种 3～8 kg，胴体重高 1～5 kg，净肉重高 1～5 kg。利用这种方式进行专门化的羊肉生产，羔羊当年即可出栏屠宰，使羊肉生产水平和效率显著提高。

7. 中国美利奴羊

该羊主产区是内蒙古的嘎达苏种畜场、新疆的巩乃斯种羊场和紫泥泉种羊场、吉林的查干花种羊场。由上述 4 个羊场育成的中国美利奴羊新品种，其父本是澳洲美利奴羊，母本分别是波尔斯、新疆细毛羊、军垦细毛羊和东北细毛羊。

中国美利奴羊(图 6-7)体呈长方形，公羊有螺旋形角，母羊无角。公羊颈部有 1～2 个横皱褶或发达的纵皱壁。鬐甲宽平，胸宽深，背长直，尻宽平，后躯丰满，肋部皮肤宽松。四肢结实，肢势端正。羊毛密，呈明显大、中弯曲。油汗为白色或乳白色。头毛、腹毛和四肢毛着生良好。成年公羊体重 92 kg，母羊 43 kg；育成公羊 69 kg，母羊 37.5 kg。产毛量：一级母羊 6.4 kg，种公羊 16～18 kg；育成母羊 4.5～6.0 kg，公羊 8～10 kg。成年公羊羊毛长 11～12 cm，母羊 9～10 cm；育成公羊羊毛长 12～13 cm，母羊 10～11 cm。羊毛细度 64 支，净毛率为 50%。2.5 岁羯羊(阉割公羊)屠宰率为 44%，净肉率为 34.8%。产羔率为 117%～128%。

中国美利奴羊的生产性能已达到国际同类细毛羊的先进水平，且遗传性稳定，对提高我国现有细毛羊的羊毛品质和产毛量具有重大影响。它不仅适应牧区条件，而且对各种自然生态条件均有良好的适应性。

8. 新疆细毛羊

新疆细毛羊(图 6-8)育成于新疆伊犁巩乃斯种羊场，是我国培育的第一个毛肉兼用型细毛羊品种，具有适应性强、耐粗饲、产毛多、毛质好、体格大、繁殖力高、遗传性稳定等优点。

新疆细毛羊具有一般毛肉兼用细毛羊的特征，躯体结构好，体质健壮，骨骼结实。头较宽长，公羊有螺旋形大长角，母羊无角，颈下有 1～2 个皱褶，鬐甲和十字部较高，四肢强健，高大端正，蹄质致密结实。

图 6-7 中国美利奴羊

图 6-8 新疆细毛羊

新疆细毛羊剪毛后的周岁公羊平均体重为 45.0 kg，母羊 37.6 kg；成年公羊体重平均为 93.0 kg，母羊 46.0 kg。周岁公羊平均剪毛量为 5.4 kg，母羊为 5.0 kg；成年公羊平均剪毛量为 12.2 kg，母羊为 5.5 kg。周岁公、母羊平均净毛量为 2.8 kg 和 2.6 kg；成年公、母羊为 6.1 kg 和 3.0 kg。周岁公、母羊平均净毛率为 50.9%和 51.1%；成年公、母羊为 49.8%和 54.0%。周岁公、母羊平均羊毛长度为 8.9 cm 和 6.9 cm；成年公、母羊为 10.9 cm 和 8.8 cm。羊毛细度在 58～70 支之间，以 64 支和 60 支为主。母羊的产羔率平均为 135%左右。成年羯羊屠宰率平均为 49.5%，净肉率平均为 40.8%。

9. 东北细毛羊

东北细毛羊（图 6-9）为毛肉兼用型品种，育种基地是辽宁小东种畜场、吉林双辽种羊场和黑龙江银粮种羊场，分布于上述 3 省西北部平原地区和丘陵地区。

该羊体质结实，公羊有螺旋形角，颈部有 1～2 个横皱褶，母羊无角，颈部有发达的纵皱襞。羊毛着生良好，头部至眼线，前后肢至腕、飞节均被毛，腹毛呈毛丛结构。成年公羊体重 84 kg，母羊 45 kg。剪毛量，成年公羊 13.4 kg，母羊 6.1 kg。净毛率 35%～40%。公羊毛长 9.3 cm，母羊 7.4 cm。羊毛细度 60～64 支。成年公羊屠宰率 43.6%，净肉率 34%，母羊分别为 52.4%和 40.8%。经产母羊产羔率为 120%～130%。

该羊有较好的适应能力，耐粗饲，生长发育快，羊毛品质好。

10. 内蒙古细毛羊

内蒙古细毛羊（图 6-10）是经过二十多年的精心培育，于 1976 年 8 月育成于内蒙古自治区锡林郭勒盟的典型草原地带，主要分布于正蓝、太仆寺、多伦、镶白、西乌等旗（县）。

内蒙古细毛羊的体质结实，结构匀称，公羊有 1～2 个完全或不完全的横皱褶，母羊有发达的纵皱褶。头形正常，颈长短适中，体躯长宽而深，背腰平直，四肢端正。公羊有发达的螺旋形角，母羊无角或有小角。被毛闭合性良好，细度 60～64 支，油汗为白色或浅黄色，油汗高度占毛丛的 1/2 以上。细毛着生头部至眼线，前肢至腕关节，后肢至飞节。

图 6-9　新疆细毛羊

图 6-10　内蒙古细毛羊

育成公、母羊平均体重为 41.2 kg、35.4 kg，成年公、母羊平均体重分别为 91.4 kg、45.9 kg。育成公、母羊剪毛量平均为 5.4 kg、4.7 kg，成年公、母羊为 11.0 kg、5.5 kg。成年公、母羊羊毛平均长度为 8～9 cm 和 7.2 cm。细度 64 支的净毛率为 36%～45%。1.5 岁羯羊屠宰前平均体重为 49.98 kg，屠宰率为 44.9%。经产母羊的产羔率为 110%～123%。

11. 西藏羊

西藏羊(图 6-11)原产于青藏高原，分布于西藏、青海、四川北部以及云南、贵州等地的山岳地带。由于各地海拔、水热条件的差异，西藏羊分布面积形成了一些各具特点的自然类群。依其生态环境，结合其生产、经济特点，西藏羊主要分为高原型(或草地型)和山谷型两大类。

高原型西藏羊体质结实，体格高大，四肢端正且较长，体躯近似方形。公、母羊均有角，公羊角长而粗壮，呈螺旋状向左右平伸，母羊角细而短，多数呈螺旋状向外上方斜伸。鼻梁隆起，耳大而不下垂。前胸开阔，背腰平直，十字部稍高，紧贴臀部有扁锥形小尾。毛色全白者占 6.85%，头肢杂色者占 82.6%，体躯杂色者占 10.5%。山谷型西藏羊明显特点是体格小，结构紧凑，体躯呈圆桶状，颈稍长，背腰平直。头呈三角形，公羊多有角，短小，向上方弯曲；母羊多无角，毛色甚杂。

高原型西藏羊成年公羊体重为 50.8 kg，成年母羊为 38.5 kg。成年公羊剪毛量为 1.42 kg，成年母羊为 0.97 kg，成年羯羊的平均屠宰率为 43.11%。山谷型西藏羊成年公羊体重平均为 36.79 kg，成年母羊为 29.69 kg，成年公羊剪毛量平均为 1.5 kg，成年母羊为 0.75 kg。屠宰率平均为 48.7%。

西藏羊一般一年 1 胎，1 胎 1 羔，双羔者极少。

12. 乌珠穆沁羊

乌珠穆沁羊(图 6-12)是我国著名的肉毛兼用粗毛羊品种，主要分布在内蒙古自治区东乌珠穆沁旗，以及毗邻的阿巴哈纳尔旗、阿巴嘎旗部分地区。其以体大、尾大、肉脂多、羔羊生长快而著称。

乌珠穆沁羊头中等大小，额稍宽，鼻梁隆起，耳大下垂或半下垂，公羊多数有角，角呈半螺旋状，母羊多无角。体格高大，体躯长，胸宽深，背腰宽平，后躯发育良好，尾肥大，尾中部有一纵沟，把尾分成左右两半。毛色以黑羊居多，约占 62.1%，全身白色者约占 10%左右，体躯杂色者占 11%。

图 6-11　西藏羊

图 6-12　乌珠穆沁羊

乌珠穆沁羊生长发育快，公、母羔初生重分别为 1.58 kg、3.82 kg；2.5～3 个月龄公、母羔羊平均体重为 29.5 kg 和 24.9 kg；成年公母羊平均体重为 74.43 kg 和 58.4 kg。屠宰率平均为 51.4%，尾脂重一般为 3～5 kg，产羔率平均为 100.2%。

13. 小尾寒羊

小尾寒羊(图 6-13)分布于河南的新乡、开封地区，山东的菏泽、济宁地区，以及河北南部、江苏北部和淮北等地。具有体大、生长发育快、早熟、繁殖力强、性能稳定、适应性强等优点。

小尾寒羊体形结构匀称，侧视略成正方形，鼻梁隆起，耳大下垂，脂尾呈圆扇形，尾尖上翻，尾长不超过飞节，胸部宽深，肋骨开张，背腰平直，身体呈圆桶状，四肢高，健壮端正。公羊头大颈粗，有螺旋形大角。母羊头小颈长，有小角或无角。被毛白色，异质，少数个体头部有色斑。

图 6-13　小尾寒羊

3 月龄公羊断奶体重 22 kg 以上，母羔 20 kg 以上；6 月龄公羔体重 38 kg 以上，母羔体重 35 kg 以上；周岁公羊体重 75 kg 以上，母羊体重 50 kg 以上；成年公羊体重 100 kg 以上，母羊体重 55 kg 以上。成年公羊剪毛量 4 kg，母羊 2 kg，净毛率在 60%以上。8 月龄公、母羊屠宰率在 53%以上，净肉率在 40%以上，肉质较好；18 月龄公羊屠宰率平均为 56.26%。母羊初情期 5～6 个月，6～7 个月可配种怀孕，母羊常年发情，初产母羊产羔率在 200%以上，经产母羊产羔率为 270%。

二、山羊品种

1. 萨能山羊

萨能山羊(图 6-14)原产于瑞士柏龙县萨能山谷,现已遍及世界各地。我国于 1904 年引进,对我国乳用山羊品种的改良起了重要作用。

图 6-14　萨能山羊

该羊具有乳用家畜的典型体形。毛色纯白,毛细而短,皮薄而柔软,皮肤呈肉色,多数无角、有须,有的有肉垂。体格高大,具"四长"(头长、颈长、背腰长、四股长)特点,结构匀称,细致紧凑。公羊颈粗壮,姿势雄伟,胸部宽广,肋骨拱圆,背腰平直。母羊乳房基部附着宽广,向前延伸,向后突出,乳房质地松软,乳头附着良好。萨能山羊体尺体重见表 6-1。

表 6-1　萨能山羊体尺体重表

性别	体高/cm	体长/cm	胸围/cm	体重/cm
公	80～90	88～97	95～104	80～95
母	70～79	80～88	87～96	55～70

萨能山羊泌乳力强,年产乳量 800 kg 左右,乳脂率 3.5%。发情周期 20.4 d,发情持续期 38.12 h,怀孕期 150.6 d。利用年限 8～10 年,一胎产羔率 160%,二胎以上 200%～230%。萨能山羊抗病力强,适应性广,性情温和。

2. 关中奶山羊

关中奶山羊(图 6-15)产于陕西渭河平原(又称关中盆地),以当地山羊为基础,主要利用萨能奶山羊,经过长期杂交选育而成的乳用品种。

关中奶山羊主要分布在关中的富平、蒲城、泾阳、三原等 8 个基地县。

关中奶山羊体质结实,乳用型明显,头长额宽,眼大耳长,鼻直嘴齐。母羊颈长,胸宽,背腰平直,腹大不下垂,乳房大且质地柔软。公羊头大颈粗,胸部宽深,腹部紧凑,外形雄伟。毛短色白,皮肤粉红色,部分羊有角、须和肉垂。公羊体高 82 cm 以上,体重不低于 65 kg;母羊体高 69 cm 以上,体重 45 kg。

产奶量：一胎 450 kg，二胎 520 kg，三胎 600 kg，含脂率 3.8%，怀孕天数 149.5 d。一胎产羔率 130%，二胎产羔率平均为 174%。

3. 崂山奶山羊

崂山奶山羊（图 6-16）体质结实，结构匀称，额部较宽，公、母羊多无角，颈下有肉髯。胸较深，背腰平直，肋骨丰满，腹大而不下垂，后躯及乳房发育良好，全身白色。

崂山奶山羊第一胎平均泌乳量为 557 kg，第二胎和第三胎平均为 870 kg。日产奶量平均为 3.5 kg，最高达 9.3 kg。泌乳期为 8～10 个月，乳脂率为 4.0%。

成年公羊平均体重为 75.5 kg，母羊为 47.7 kg。成年母羊屠宰率为 41.6%，产羔率为 180%。

图 6-15 关中奶山羊

图 6-16 崂山奶山羊

4. 辽宁绒山羊

辽宁绒山羊（图 6-17）原产于辽宁省东南部，中心产区在盖县的东部。近年来被引入西北及内蒙古等 8 个省区，改良当地羊效果良好。

辽宁绒山羊体质结实，结构匀称，额上有长毛，公、母羊均有须、角，公羊角粗长呈螺旋形，向两侧伸展，母羊角向后向上伸展。毛色纯白，外层毛稀疏，长而无弯曲，有丝光，内层绒毛厚密。成年公羊体高 63.35 cm，体长 75.69 cm，胸围 80.78 cm，体重 53.49 kg；母羊体高 61.04 cm，体长 68.08 cm，胸围 80.39 cm，体重 43.39 kg。成年公羊产毛 0.5 kg，毛长 18.56 cm，产绒 0.54 kg，绒长 5.6 cm，细度 18.48 μm；成年母羊产毛 0.43 kg，毛长 14.4 cm，产绒 0.47 kg，绒长 5.28 cm，细度 17.31 μm。

5. 内蒙古白绒山羊

内蒙古白绒山羊（图 6-18）体质结实，公羊有粗大的角，母羊角细小，呈倒八字形。背腰平直，体躯深而长，四肢端正，侧视体形近似方形，尻微斜，尾上翘。被毛纯白，外层粗毛较长，呈丝光，内层绒毛厚密。成年公羊产毛量 570 g，抓绒量 385 g，母羊分别为 257 g 和 305 g。部分高产公羊产绒量达 800 g 以上，母羊达 500 g 以上。公羊绒长平均为 5.5 cm，母羊为 5.0 cm。公羊绒细度平均为 14.6 μm，母羊为 14.0 μm 左右。山羊绒被称为"纤维宝石""软黄金"，是珍贵的毛纺原料。它把纤细、柔软和轻暖 3 个特点融为一体，可以制作具有特殊风格的高档产品。

成年公羊秋季活重 50 kg，母羊 30～35 kg。肉质细嫩，肌肉脂肪分布均匀，屠宰率 45%左右。山羊皮板厚而致密，富有弹性，是上好的制革原料，二毛羔皮具有美丽的花穗。产羔率为 105%左右。

图 6-17　辽宁绒山羊

图 6-18　内蒙古白绒山羊

内蒙古白绒山羊常年生活在贫瘠的荒漠、半荒漠地带，适应性非常强，特别耐粗饲，易饲养。

6. 安哥拉山羊

安哥拉山羊(图 6-19)产于土耳其，为世界著名的毛用山羊。安哥拉山羊所产的马海毛价格比美利奴羊毛高数倍。该羊全身白色，被毛由波浪或螺旋状毛辫组成，为同质毛，毛长可垂至地面。公母羊都有角，角白色，公羊角长 38～50 cm，向上向后外方生长；母羊角细，长 20～35 cm。耳大下垂，长 15～16 cm。头轻小，鼻梁平直或微凹。鬐甲略高，胸较窄，肋骨扁平，尻斜，骨骼细。四肢短而端正，蹄质结实。公羊体重 50～55 kg，最高达 90 kg；母羊体重 32～35 kg。在美国，公羊体重 56.7～76.5 kg，母羊 36～41 kg。产毛量，成年公羊 4.5～6 kg，母羊 3～4 kg。毛辫长 30 cm 左右，半年剪 1 次毛，长为 15 cm。净毛率 65%～85%。细度 40～46 支，羔羊毛 50 支。羊毛伸拉强度大，可纺性好。一年繁殖 1 胎，繁殖率为 110%。

用安哥拉山羊改良普通山羊效果好。我国已在山西、内蒙古、陕西及甘肃等省区开展杂交工作，并取得明显效果。

7. 中卫山羊

中卫山羊(图 6-20)主要产于宁夏的中卫、同心县、海源，甘肃的靖远、景泰县及邻近地区，是我国历史悠久的裘皮羊品种。该羊终年在荒漠、半荒漠地带放牧饲养，适应性强。

图 6-19　安哥拉山羊

图 6-20　中卫山羊

中卫山羊体格中等，身短，体形近似方形。额部着生毛绺，垂到眼部，额下有髯；公羊有向上、向后、向外伸展的螺旋大角，母羊为镰刀形细角；被毛多为白色，少数纯黑或杂色。

成年公羊体重 42.7～54.3 kg，母羊 27.5～37.0 kg；成年公羊产绒量为 164～200 g，母羊为 140～190 g；公羊粗毛产量为 400 g，母羊为 300 g。成年羯羊屠宰率为 45%左右，母羊产羔率为 103%。

中卫山羊裘皮品质很好，初生羔毛股自然长度 4.4 cm，羔羊出生生后 35 d 左右，毛股自然长度达 7 cm 以上，毛股坚实具有整齐的弯曲，形成美丽的花穗，此时宰剥的毛皮称为中卫山羊的二毛皮，皮板质地柔软而致密。

8. 济宁青山羊

济宁青山羊(图 6-21)为羔皮羊，是我国山羊中较小的一种。被毛由黑白二色混生而成青色，其角、蹄、唇也为青色，前膝为黑色，故有“四青一黑”的特征。

由于被毛中黑白二色的比例不同，又分为正青色、粉青色和铁青色三种。公、母羊均有角、髯，角向后上方生长并向两侧微微交叉。公羊额部有卷毛覆盖，母羊额部多有粉青色白章。颈部较细长，背平，尻微斜，腹部较大，四肢短而结实。

羔羊生后 3 d 内宰杀剥取其青猾子皮。青猾子皮毛细短，紧密适中，在皮板上构成美丽的花纹。花纹类型分波浪花、流水花、片花和平毛。波浪花为理想花纹类型。

该种山羊生长快，性成熟早。初情期一般在生后 2～3 月龄，4 月龄时即可配种。一般第一胎产双羔，第二胎后多为多羔，最多者一胎可产 6～7 羔，平均产羔率为 227.5%。在适宜条件下可年产两胎。母羊泌乳性能良好。

9. 布(波)尔山羊

布(波)尔山羊(图 6-22)原产于南非共和国的好望角地区，改良型布(波)尔山羊以初生重大、生长快、体型大、产肉多、肉质好、繁殖率高、适应性强而闻名世界。现已出口到澳大利亚、德国、新西兰等许多国家。我国 1995 年起开始引进，受到各地普遍欢迎。

布(波)尔山羊被毛短密、白色，头、颈棕色并带有白斑，耳大下垂，头平直。公羊鼻梁稍隆起，角向后向外弯曲，呈镰刀状，母羊角小而直立。体质强壮，头颈部及前肢比较发达，体躯匀称且长宽深，胸部发达，背部结实宽厚，肋骨开张良好，臀部丰满，四肢粗壮，结实有力。公羊体高 75～90 cm，体长 85～95 cm，母羊体高 65～75 cm，体长 70～85 cm。

图 6-21 济宁青山羊

图 6-22 布(波)尔山羊

布(波)尔山羊初生重 4.15 kg,日增重 123.7 g。强度肥育下,日增重 204～291 g,体重分别为:100 日龄,公羔 30 kg,母羔 29 kg;150 日龄,公羔 42 kg,母羔 37 kg;210 日龄,公羊 53 kg,母羊 45 kg。屠宰率 48%～60%,肥羔最佳上市体重为 38～43 kg,骨肉比为 1∶4.71。瘦肉多,肉质细嫩,腥味小,味道鲜美。布(波)尔山羊板皮质量好,可与牛皮相媲美。布(波)尔山羊属多次发情动物,繁殖无明显的季节性,6 月龄性成熟,平均产羔率 150%～220%,1 年 2 胎或两年 3 胎。发情周期 21 d,发情持续时间 37 h,一般于发情后 32～38 h 排卵,怀孕期 147～149 d,产奶量每天 2.5 kg。布(波)尔山羊性情温顺,适应性强,抗病力强。

项目二 羊的繁殖与育种

一、羊的纯繁

纯种繁育是指在同一品种内公母羊之间的繁殖和选育过程。当品种经长期选育,已具有不少优良特性,并已完全符合生产经济需要时,即应采用纯种繁育的办法。纯种繁育目的一是增加品种内羊只数量,二是继续提高品种质量。因此,不能把纯种繁育看成是简单的复制过程,它仍然有一个不断选育提高的使命。

在实施纯种繁育的过程中,为了进一步提高品种质量,在保持品种固有特性,不改变品种生产方向的前提下,可根据需要和可能分别采用下列特殊形式的纯种繁育方法。

(一)品系繁育

品系是品种内具有共同特点,彼此有亲缘关系的个体所组成的遗传性稳定的群体。它是品种内部的结构单位,通常一个品种至少应当有 4 个以上的品系,才能保证品种整体质量的不断提高。例如,一个毛用绵羊品种,往往有几个性状需要提高,如剪毛量、净毛率、油汗品质、羊毛长度、羊毛密度、繁殖率等。在品种的繁育过程中同时考虑的性状越多,各性状的遗传进展就越慢,但若分别建立几个不同性状的品系,然后通过品系间杂交,把这几个性状结合起来,这对提高品种质量的效果就会好得多。因此,在现代绵山羊育种中常常都要采用品系繁育这一高级的育种技术手段。

品系繁育的过程,基本上包括 3 个阶段,即建立品系基础群阶段、闭锁繁育品系形成阶段、品系间杂交阶段。

1. 品系基础群的组建

这是进行品系繁育的第一步。根据羊群的现状特点和育种工作的需要,确定要建立哪些品系,如细毛羊、半细毛羊育种中可考虑建立毛量系、毛长系、毛密系、体大系、多胎系等等。然后根据要组建的品系来组建基础群。通常采用以下两种方式组建品系基础群。

(1)按血缘关系组群 其做法是首先分析羊群的系谱资料,查明各配种公羊及其后代的主要特点,将具有拟建品系突出特点的公羊及其后代挑选出来,组成基础群。这里要注意,虽有血缘关系,但由于遗传力低的性状,如产羔数、体况评分、肉品质等不具备所建品系特点,所以个体不能选入基础群。按血缘关系组群效果好,公羊配种数量大,其亲缘后代数量多时采用此法为好。

(2)按表型特征组群 这种方法比较简单易行,其做法是不考虑血缘关系,而是将具有拟建品系所要求的相同表型特征的羊只挑选出来组建为基础群。对绵羊来讲，由于其经济性状的遗传力大多较高，加之按血缘关系组群往往受到后代数量的限制，故在绵羊育种和生产实践中，在进行品系繁育时，常常是根据表型特征组建基础群。

2.闭锁繁育阶段

品系基础群组建起来以后，不能再从群外引入公羊，而只能进行群内公母羊的“自我繁殖”，即将基础群“封闭”起来进行繁育。闭锁繁育的目的是通过这一阶段的繁育，使品系基础群所具备的品系特点得到进一步的巩固和发展，从而达到品系的逐步完善和成熟。在具体实施这一阶段的繁育工作时要坚持以下原则。

(1)按血缘关系组建的品系基础群，要尽量扩大群内品系性状特点突出并证明其遗传性稳定的优秀公羊，并从该公羊的后代中注意选择和培育系组的继承者，按表型特征组建的品系基础群，从一开始就要通过后裔测验的办法，注意发现和培养系组。系组一旦认定，就要尽早扩大其利用率。优秀的系组在品系繁育中的重要性应当肯定，但这并不意味着品系就是系组的简单的复制品。

(2)要坚持不断地进行选择和淘汰，特别是要将不符合品系要求的个体坚决地从品系群中淘汰出去。

(3)为了巩固品系的优良特性，使基因纯合，为选择和淘汰提供机会，近亲繁殖在此阶段不可缺少，但要实行有目的、有计划的人工控制的近亲繁殖方法。开始时可采用嫡亲交配，以后逐代疏远，或者连续采用三、四代近亲或中亲交配，最后控制近交系数不超过20%为宜。

(4)由于品系基础群内的个体基本上是同质的，因此可采用群体选配办法，不必用个体选配，但最优秀的公羊应该多配一些母羊。

如果限于人力和条件，闭锁繁育阶段是采用随机交配的办法，则应利用控制公羊数来掌握近交程度。其计算公式是利用微分原理推导出的一个近似公式，称为“逐代增量估计法”

$$F=1/8N$$

式中：F——每代近交系数的增量；

N——群内配种公羊数。

上式得出的是每代近交系数的增量，再乘以繁殖世代数就可以获得该群羊的近交系数。

例如，一个封闭的羊群连续5代没有从外面引入公羊，并始终保持4头配种公羊，假设该羊群开始时近交系数为零，那么该群羊现在的近交系数是$5\times F=5\times\frac{1}{32}\times100\%=15.625\%$

3.品系间杂交阶段

当品系完善成熟以后，可按育种需要组织品系间的杂交，此目的在于结合不同品系的优点，使品种质量得以提高。由于这时的品系都是经过较长期同质选配和近交，遗传性比较稳定，所以品系间杂交的目的一般容易达到。例如，甲品系产毛量很高，乙品系羊毛为大弯曲白油汗，二者杂交其大部分后代就会结合它们的优点于一身。在进行品系间杂交后，应根据杂交后羊群的新特点和育种工作的需要再着手创建新的品系。如此周而复始，以期不断提高品种水平。

(二)血液更新

血液更新是指从外地引入同品种的优质公羊来替换原羊群中所使用的公羊。当出现下列情况时可采用此法。

（1）当羊群小，长期封闭繁殖，已出现由于亲缘繁殖而产生近交危害时；

（2）当羊群的整体生产性能已经达到一定水平，性状选择差变小，靠自身的公羊难以再提高时；

（3）当羊群引入一个新的环境，经数年繁育后，在生产性能或体质外形等方面出现某些退化时。

（三）本品种选育

本品种选育是地方优良品种的一种繁育方式，它是通过品种内的选择和淘汰，加之合理地选配和科学地培育等手段，达到提高品种整个质量的目的。

凡属地方优良品种都具有某一特殊突出的优良生产性能，并且往往没有合适的品种与之杂交改良，如滩羊、湖羊、中卫山羊、辽宁绒山羊、济宁青山羊等，这些品种不能期望通过杂交方式来提高其产品质量；与此同时，地方良种的另一特点是，品种内个体间、地区间的性状表型差异较大，品种类型也往往不如培育品种那样整齐一致，因此选择提高的潜力较大，只要不间断地进行本品种选育，品种质量就会得到提高和完善。

本品种选育的基本做法可从以下几个方面考虑。

第一，首先要全面地调查研究品种分布的区域及自然生态条件，品种内羊只数量的区域分布及质量分布的特点，羊群饲养管理和生产经营特点以及存在的主要问题等，即首先摸清品种现状，制订品种标准。

第二，选育工作应以品种的典型户区（即中心产区）为基地，以被选品种的代表性产品为基点，根据品种的代表性产品应具备的特殊的经济性状和品种标准，制订科学的鉴定方法和鉴定分组标准。

第三，严格按品种标准，分阶段地（一般以5年为一阶段）制定科学合理的选育目标和任务。然后，根据不同阶段的选育目标和任务拟订切实可行的选育方案。选育方案是指导选育工作实施的依据，其基本内容包括种羊选择标准和选留方法、羔羊培育方法、羊群饲养管理制度、生产经营制度、选育区内地区间的协作办法，以及种羊调剂办法等。

第四，为了加速选育进展和提高选育效果，凡进行本品种选育的地方良种，都应组建选育核心群或核心场。组建核心群（场）的数量和规模，要根据品种现状和选育工作需要来定。选入核心群（场）的羊只必须是该品种中最优秀的个体。核心群（场）的基本任务是为本品种选育工作培育和提供优质种羊，主要是种公羊。与此同时，在选育区内要严格淘汰劣质种羊，杜绝不合格的公羊继续作种用，一旦发现特别优秀并证明遗传性很稳定的种公羊，应采用人工授精等繁殖技术，尽可能地扩大其利用率。

第五，为了充分调动品种产区群众对选育工作的积极参与，可以考虑成立品种协会，其任务是组织和辅导选育工作，负责品种良种登记，并通过组织赛羊会、产品展览会、交易会等形式，引入市场竞争机制，搞活良种羊产品流通，这对推动本品种选育工作具有极为重要的实际意义。

二、羊的杂交

杂交是养羊业中广泛采用的繁育方法之一。杂交可以将不同品种的特性结合在一起，创造出亲代原来不具备的表型特征，并且还能提高后代的生活力。因此杂交在绵山羊生产上被广泛用来改良低产品种、创造新品种和最有效、最经济地获得养羊业产品。养羊业中采用的杂交繁育方法主要有以下几个。

(一)级进杂交(又名改造杂交，吸收杂交)

当一个品种生产性能很低，又无特殊经济价值，需要从根本上改造时，可用另一改良品种与其进行级进杂交。例如将粗毛羊改变为细毛羊或半细毛羊，应用级进杂交是比较有效的方法。

级进杂交是以两个品种杂交，即以改良品种公羊连续同被改良品种母羊及各代杂种母羊交配。一般说来，杂交进行到第 4～5 代时，杂种羊才接近或达到改良品种的生产性能和其他特性，指标与改良品种基本相似，但这并不意味着级进杂交就是将被改良品种完全变成改良品种的复制品。在进行级进杂交后仍需要创造性地应用被改良品种的一些特性。例如，对当地生态环境的适应能力，某些品种繁殖力强的特点等，应当在杂种后代中得以保留。因此，级进杂交并不意味着级进代数不受限制，越高越好。这里要根据杂交后代的具体表现和杂交效果，并考虑到当地生态环境和生产技术条件。当基本上达到预期目的时，这种杂交就应停止。进一步提高生产性能的工作则应通过其他育种手段去解决。

级进杂交模式是：在组织级进杂交时，要特别注意选择改良品种。当引入的改良品种对当地生态条件能很好适应，并且对饲养管理条件的要求不太高，或者是经过努力，能够基本满足改良品种的要求时，则往往容易达到级进杂交的预期目的。否则，应考虑更换改良品种。其次，在级进杂交过程中，当级进到第三至第四代以后，同代杂种羊的各种性能，如羊毛的同质程度、羊毛细度及其匀度等，并不完全一致。因此，对不同的杂种个体来讲所需的杂交代数也就不同，应视其具体表现而定。

我国一些地区的粗毛种绵羊就是引入细毛种、半细毛种的良种公羊，采用级进杂交的方法进行改良的。我国在发展卡拉库尔羔皮羊养羊业中，也采用由苏联引入的卡拉库尔公羊同计划发展卡拉库尔羊地区的粗毛羊种(蒙古羊、哈萨克羊等)进行级进杂交而发展起来的，并以此为基础，培育出了中国卡拉库尔羊新品种。

凡是大范围的长期进行级进杂交改良的地区，杂交改良历史在 15 年以上，杂种羊 4 代以上，并且杂种羊数量庞大，可根据需要上报主管部门，申请进行杂种羊的品种归属工作。例如，新疆于 1966 年在伊犁—博尔塔拉地区，由农业部和自治区共同主持，在该地区新疆细毛羊改良地区第一次进行了新疆细毛杂种羊归属新疆细毛羊工作，从而建立了我国第一个百万细毛羊基地。新疆维吾尔自治区用新疆细毛羊与当地粗毛羊进行杂交改良已有数十年，同质细毛杂种羊达数百万只。不少个体在类型、羊毛品质、生产性能和遗传特性等方面已达到纯种新疆细毛羊的要求，将这类羊只归属为纯种新疆细毛羊，对加速我国细毛羊养羊业的发展具有重大意义。因此，新疆已特将此工作作为一项经常性的业务定期进行。

一般说来，品种归属应遵循以下原则和程序。

1. 品种归属的基本原则

(1)一直采用某一改良品种作父本进行级进杂交改良某一被改良品种，杂交改良历史在 15 年以上；

(2)被归属的个体必须是级进代数在 4 代以上；

(3)被归属的个体本身应完全具备改良品种的基本特征,在外貌特征和生产性能方面达到改良品种三级羊以上水平;

(4)被归属的个体应具有稳定的遗传性能。即凡要归属为纯种的杂种羊,在同纯种公羊配种后,其后代应完全具备改良品种的特征。

2.品种归属的程序

杂种羊的品种归属是一项严肃的技术性很强的工作,一定要认真负责,严格按规定的程序进行。

(1)凡杂种羊在来源、品质和数量方面符合归属条件的地区或单位,应向所在地区的省(区)、地(州)农牧厅(局)首先提出品种归属申请报告,征得上级主管部门批准后方可实施。

(2)实施杂种羊品种归属的地区或单位,在工作开始前,先要制订品种归属标准和拟订品种归属方案,要培训工作人员熟练掌握品种归属的技术标准,同时,还要对产区群众做好宣传动员组织工作,以获得基层技术人员和群众的积极配合和支持,使归属工作能够得以顺利开展。

(3)归属工作开始时,先应进行试点示范,取得经验,培训骨干,使参加归属工作的技术人员现场学习和掌握归属的技术要求,统一标准,统一认识,然后再全面铺开,以保证品种归属工作的质量。

(4)现场品种归属工作结束后,需经省(区)、地(州)农牧厅(局)主管部门组织专家验收小组,随机抽样检查,认为合格后,正式批准被归属的杂种羊为某改良品种的羊,归属工作即告完成。

(二)育成杂交(创造杂交)

当原品种不能满足需要时,则利用两个或两个以上的品种进行杂交,最终育成一个新品种。用两个品种杂交育成新品种的称为简单育成杂交;用3个或3个以上品种杂交育成新品种的称为复杂育成杂交。在复杂育成杂交中,各品种在育成新品种时的作用并不相等,其所占比重和作用必然有主次之分,这要根据在杂交过程中杂种后代的具体表现而定。育成杂交的基本出发点,就是要把参与杂交的品种的优良特性集中在杂种后代身上,其缺点得以克服,从而创造出新品种。

应用育成杂交创造新品种时一般要经历3个阶段,即杂交改良阶段、横交固定阶段和发展提高阶段。当然这3个阶段有时是交错进行的,很难截然分开。当杂交改良进行到一定阶段时,便会出现理想型的杂种个体,这样就有可能开始进入第二阶段,即横交固定阶段,但第一阶段的杂交改良仍在继续。应当做到杂种理想型个体出现一批,横交固定一批。所以,在实施育成杂交过程中,当进行前一阶段的工作时,就要为下一阶段工作准备条件。这样可以加快育种进程,提高育种效率。

1.杂交改良阶段

这一阶段的主要任务是以培育新品种为目标,选择参与育种的品种和个体,较大规模地开展杂交,以便获得大量的优良杂种个体。以我国细毛羊育种为例,我国培育的细毛羊品种(中国美利奴羊例外)就是在选用细毛羊品种公羊杂交改良地方粗毛羊品种母羊的基础上育成的。用细毛种公羊杂交改良粗毛种母羊,一般在2代以后开始出现同质细毛个体,但羊毛形态结构较差,油汗往往不足。级进到3代时,同质毛个体增加,羊毛形态亦有很大改善,但羊毛匀度,皮肤皱褶等仍比不上细毛羊。一般情况下,4 代后就有较多理想型杂种个体出现。这一阶段约需 10 年左右。在我国大规模群众性绵羊杂交改良时,通常对母羊选择的可能性很少,全部母羊几乎都用来繁殖,这种情况对培育新品种来讲,必然会影响育种速度。因此,在培育新品种的杂交阶段,选择较好的基础母羊,也能缩短杂交过程。

2. 横交固定阶段(自群繁育阶段)

这一阶段的主要任务是选择理想型杂种公母羊互交,即通过杂种羊自群繁育,固定杂种羊的理想特性。此阶段的关键在于发现和培育优秀的杂种公羊,个别杰出的公羊往往在品种形成过程中起着十分重要的作用,这在国内外绵羊育种中已不乏先例。

横交初期,后代性状分离比较大,需严格选择。凡不符合育种要求的个体,则应归到杂交改良群里继续用纯种公羊配种。有严重缺陷的个体,则应淘汰出育种群。在横交固定阶段,为了尽快固定杂种优良特性,可以采用一定程度的亲缘交配或同质选配。横交固定时间的长短,应根据育种方向以及横交后代的数量和质量而定。

3. 发展提高阶段

这一阶段是品种形成和继续提高的阶段。这一阶段的主要任务是,建立品种整体结构,增加绵羊数量,提高绵羊品质和扩大品种分布区。杂种羊经横交固定阶段后,遗传性已较稳定,并已形成了独特的品种类型,只是在数量、产品品质和品种结构上还不完全符合品种标准,此阶段可根据具体情况组织品系繁育,以丰富品种结构,并通过品系间杂交和不断组建新品系来提高品种的整体水平。

当今世界上为数众多的绵山羊育成品种,多半是通过育成杂交培育出来的。我国正是采用此法培育出不少新品种和新品种群。

(三)经济杂交

在绵山羊生产中广泛应用经济杂交这一繁育手段,目的在于生产更多、更好的肉、毛、绒、奶等养羊业产品,而不是为了生产种羊。它是利用不同品种杂交以获得第一代杂种为目的。即利用第一代杂种所具有的生活力强,生长发育快,饲料报酬高等优势,而在商品养羊业中被普遍采用,尤其是在羊肉产品的生产方面。但是,这种杂种优势并不总存在,所以,经济杂交效果的好坏也要通过不同品种杂交组合试验来确定,以发现最佳组合。不能认为任何两个品种杂交都会获得满意结果。

国外为提高羊肉生产效率,发现用 3 个品种或 4 个品种的交替杂交比轮回杂交效果更好。美国马里兰州贝茨维尔动物研究中心,用汉普夏、雪尔普夏、南丘和美利奴 4 个品种进行的杂交试验,表明了不同杂交方式下所表现的杂种优势程度。

这一试验表明,每只配种母羊的断奶羔羊在体重方面,两品种杂交的杂种优势比纯种高 13%,3 品种杂交超过纯种 38%,超过两品种 25%,4 品种杂交的优势又超过 3 品种 18%。所以,在商品性肥羔生产中,组织 3 品种或 4 品种的杂交则更有利于生产经营。这样,组织经济杂交时提倡用多品种杂交的杂种母羊留种繁殖,是提高杂交效益的重要手段之一。这样做的好处是,既可以发挥杂交中所用高产品种的加性基因的作用,又可以尽可能地利用杂种优势。美国一个比较成熟的杂交组合是,先用萨福克公羊同西部牧区母羊(主要为兰布列羊级进种)、得克萨斯州母羊、塔基母羊及哥伦比亚母羊杂交,所得杂种母羊再同芬兰公羊、汉普夏公羊依次杂交。这一方案主要是以生产肥羔为主。虽然产毛性能也有所提高,但因羊毛细度变异较大而对产毛未必有利。所以,决定采用的杂交父本品种,一定要根据养羊业经营方向及杂交组合试验结果慎重考虑。

经济杂交过程中,杂种优势的产生是由于非加性基因作用的结果,包括显性、不完全显性、超显性、上位以及双因子杂交遗传等因素。实践证明,采用具有杂种优势的杂种个体间交配来固定杂种优势的做法都未见成功,所以固定杂种优势很困难,甚至是不可取的。生产实践中利用杂种优势的有效做法是,必须形成和保留大量的各自独立的种群(品种或品系),以便能够不断地组织他们之间进行杂交,才能不断地获得具有杂种优势的第一代杂种。还必须指出,绵山羊的所有经济性状并不是以同样程度受杂种优势的影响。一般说来,在个体生命早期的性状,如断奶存活率、幼龄期生长速度等受的影响较大;近亲繁殖时受有害影响较大的性状,杂种优势的表现程度相应地也较大。同时,杂种优势的程度还决定于进行杂交时亲代的遗传多样性的程度。

经济杂交过程中,如何度量"杂种优势"是十分重要的。有人认为,最好的度量是F1代超过其较高水平亲代的数量,而另一些人认为,杂种优势最好是通过Fl代平均数和双亲平均数的比较来度量。

从遗传学观点来看,后一种度量方法比较合理,并且已在生产实践中所应用。

(四)导入杂交

当一个品种基本上符合生产需要,但还存在某些个别缺点,用纯种繁育不易克服时,或者是用纯种繁育难以提高品种质量时,可采用导入杂交的方法。

导入杂交的模式是,用所选择的导入品种的公羊配原品种母羊,所产杂种一代母羊与原品种公羊交配,一代公羊中的优秀者也可配原品种母羊,所得含有1/4导入品种外血统的第二代,就可进行横交固定,或者用第二代的公母羊与原品种继续交配,获得含1/8外血统的杂种个体,再进行横交固定。因此,导入杂交的结果在原品种中外血统含量为1/4～1/8。导入杂交时,要求所用导入品种必须与被导品种是同一生产方向。导入杂交的效果在很大程度上取决于导入品种及个体的选择、杂交中的选配及幼羔培育条件等方面。

导入杂交在养羊业中应用颇广,国内外有很多应用导入杂交成功的事例。苏联自1971年起,在其国内细毛羊品种的改良育种中,广泛地采用了澳洲美利奴羊。从已获得的结果表明,用澳洲美利奴公羊同斯塔夫洛波尔、高加索、格罗兹宁、苏联美利奴、吉尔吉斯、阿尔泰、克拉斯诺亚尔等品种母羊进行导入杂交的效果是十分满意的。虽然在有些品种上表现出杂种后代的活重有些降低,但对羊毛产量的提高和质量的改进是十分明显的。例如,同斯塔夫洛波尔羊杂交结果,在列宁集体农庄羊场,后代羊毛长度提高1.12 cm,上交毛纺厂的羊毛99.5%评为一级毛,被毛中羊毛纤维细度、长度均匀,具有丝光,白色油汗,弹性和回弹力好,弯曲正常。羊群的个体平均净毛量提高1.03 kg,净毛率由37.9%提高到49.2%,羊毛密度由63根/mm^2提高到90根/mm^2。澳洲美利奴公羊同高加索细毛母羊杂交后,其后代2岁龄时净毛量比同龄高加索羊高9.2%,净毛率达到56.6%。杂种后代被毛具有明显的澳洲美利奴羊特点,羊毛弯曲较大、规则而明显,羊毛油汗呈白色或乳白色,羊毛匀度很好,腹毛也良好。

在我国,自20世纪80年代初以来,各省(区)培育的细毛羊品种大部分都不同程度地导入澳洲美利奴羊血液,而且取得了明显的改良效果。

三、评定肉羊繁殖力的主要指标

1. 适繁母羊比率

主要反映羊群中适繁母羊的比例。适繁母羊多指10月龄(山羊)以上和1.5岁(绵羊)以上的母羊。

$$适繁母羊比率=\frac{本年度末适繁母羊数}{本年度末羊群总数}\times 100\%$$

2. 空怀率

$$空怀率=\frac{适繁母羊数-受胎母羊数}{适繁母羊数}\times 100\%$$

3. 受胎率

$$受胎率=\frac{受胎母羊数}{已配种母羊数}\times 100\%$$

4. 产羔率

$$产羔率=\frac{出生活羔羊数}{分娩母羊数}\times 100\%$$

5. 成活率

$$成活率=\frac{断奶成活羔羊数}{出生活羔羊数}\times 100\%$$

6. 繁殖率

$$繁殖率=\frac{出生活羔羊数}{适繁母羊数}\times 100\%$$

7. 繁殖成活率

$$繁殖成活率=\frac{断奶成活羔羊数}{适繁母羊数}\times 100\%$$

项目三　羊的发情与配种

一、羊的发情鉴定

母羊发情鉴定一般采用外部观察法、阴道检查法和试情法等。

1. 外部观察法

绵羊的发情期短,外部表现也不太明显,发情母羊主要表现为喜欢接近公羊,并强烈摇动尾部。当被公羊爬跨时站立不动,外阴部分泌少量黏液。山羊发情表现明显,发情母山羊兴奋不安,食欲减退,反刍停止,外阴部及阴道充血、肿胀、松弛,并有黏液排出。

2. 阴道检查法

阴道检查法是用阴道开膣器来观察阴道的黏膜、分泌物和子宫颈口的变化来判断发情与否。发情母羊阴道黏膜充血，表面光亮湿润，有透明黏液流出，子宫颈口充血、松弛、开张并有黏液流出。

进行阴道检查时，先将母羊保定好，外阴部清洗干净。开膣器经清洗、消毒、烘干后，涂上灭菌过的润滑剂或用生理盐水浸湿。工作人员左手横向持开膣器，闭合前端慢慢插入母羊阴道，轻轻打开开膣器，通过反光镜或用手电筒检查阴道变化，检查完后稍微合拢开膣器，抽出。

3.试情法

鉴定母羊是否发情多采用公羊试情的办法。

试情公羊的准备：试情公羊必须是体格健壮、无疾病、性欲旺盛、2～5 周岁的公羊。为了防止试情时公羊偷配母羊，要给试情公羊绑好试情布，也可做输精管结扎或阴茎移位术。

试情方法：试情公羊与母羊的比例要以 1∶(40～50)为宜。试情公羊进入母羊群后，工作人员不要哄打喊叫，只能适当轰动母羊群，使母羊不要拥挤在一处。发现有站立不动并接受公羊爬跨的母羊，表示该母羊已发情，准备配种。

二、羊的配种

1.配种时间的确定

配种时间的确定，主要是根据不同地区、不同羊场的年产胎次和产羔的时间决定。而年产胎次和产羔时间常根据饲养和气候条件决定，一般年产 1 胎的母羊，有冬季产羔和春季产羔两种。冬季产羔时间在 1、2 月间，需要在前一年的 8、9 月配种；春季产羔时间在 3、4 月间，需要在前一年的 10、11 月配种。两年三产的母羊，第一年 5 月配种，10 月份产羔；第二年 1 月配种，6 月产羔；9 月配种，下一年 2 月产羔。对于一年两产的母羊，可于 4 月初配种，当年 9 月初产羔，第二胎在 10 月初配种，第二年 3 月初产羔。

2.配种的方法

(1)自由交配　自由交配为最简单的交配方式。在配种期间内，可根据母羊的多少，将选好的种公羊放入母羊群中任其自由寻找发情母羊进行交配。

(2)人工辅助交配　人工辅助交配是将公、母羊群隔离饲养，在配种期间内用试情公羊试情，有计划地安排公、母羊配种。这种交配方法不仅可以提高种公羊的利用率，延长利用年限，而且能够有计划地进行选配，从而提高后代质量。交配时间一般是早晨发情的母羊傍晚进行交配，下午或傍晚发情的母羊于次日早晨配种。为确保受胎，最好在第一次交配后间隔 12 h 左右再重复交配 1 次。

(3)人工授精　人工授精是用器械以人工方法采集公羊的精液，经过精液品质检查和一系列处理，再通过器械将精液输入到发情母羊生殖道内，达到母羊受胎的配种方式。人工授精可以提高优秀种公羊的利用率，与本交相比，所配母羊数可提高数十倍，加速了羊群的遗传进展，并可防止疾病传播，节约饲养大量种公羊的费用。

三、羊的分娩与护理

(一)羊分娩预兆

1.乳房的变化

母羊在分娩前乳房迅速发育，腺体充实，临近分娩时，可从乳头中挤出少量清亮胶状液体或少量初乳，乳头增大变粗。

2.外阴部的变化

母羊临近分娩时，阴唇逐渐柔软、肿胀、增大，阴唇皮肤上的皱聚展开，皮肤稍变红，阴道黏膜潮红，黏液由浓厚黏稠变为稀薄滑润。

3.骨盆的变化

母羊骨盆的耻骨联合，荐髂关节以及骨盆两侧的韧带活动性增强，在尾根及其两侧松软，肷窝明显凹陷。用手握住尾根作上下活动，感到荐骨向上活动的幅度增大。

4.行为变化

母羊排尿频繁，精神不安，食欲减退，回顾腹部，时起时卧，不断努责和鸣叫，腹部明显下陷是临产前的典型征兆，应立即送入产房。

（二）羊的分娩

母羊产羔时，最好让其自行产出。接产人员的主要任务是监视分娩情况和护理初生羔羊。正常接产时，首先剪净临产母羊乳房周围及后股内侧的羊毛，然后用温水洗净乳房，挤出几滴初乳，再将母羊的尾根、外阴部、肛门洗净，用1%来苏尔水消毒。一般情况下，经产母羊比初产母羊产羔快，羊膜破裂数分钟至30 min左右，羔羊便能顺利产出。正常羔羊一般是两前肢先出，头部附在两前肢之上，随着母羊的努责，羔羊可自然产出。产双羔时，约间隔10～20 min，个别母羊间隔较长。当母羊产出第一只羔后，仍有努责、阵痛表现，是产双羔的征兆，此时接产人员要仔细观察和认真检查。羔羊出生后，先将羔羊口、鼻和耳内黏液掏出擦净，以免误吞羊水，引起窒息或异物性肺炎。羔羊身上黏液，在接产人员擦拭的同时，还要让母羊舔干，既可以促进新生羔羊的血液循环，又有助于母羊认羔。

羔羊出生后，一般都自己扯断脐带，这时可用5%碘酒在扯断处消毒。如羔羊自己不能扯断脐带时，先把脐带内的血向羔羊脐部顺捋几次，在离羔羊腹部3～4 cm的适当部位人工扯断，进行消毒处理。母羊分娩后1 h左右，胎盘即会自然排出，应及时取走胎衣，防止被母羊吞食养成恶习。若产后2～3 h母羊胎衣仍未排出，应及时采取措施。

（三）难产羊的助产与处理

1.难产母羊的助产

母羊骨盆狭窄，阴道过小，胎儿过大，或因母羊身体虚弱，子宫收缩无力或胎位不正等均会造成难产。

羊膜破水后30 min，如母羊努责无力，羔羊仍未产出时，应即助产。助产人员将手指甲剪短、磨光，消毒手臂，涂上润滑油，根据难产情况采用相应的处理方法。如胎位不正，先将胎儿露出部分送回阴道，将母羊后躯抬高，手入产道校正胎位，然后才能随母羊有节奏的努责将胎儿拉出；如胎儿过大，可将羔羊两前肢反复数次拉出和送入，然后一手拉前肢，一手扶头，随着母羊努责缓慢向下方拉出。切忌用力过猛或不依据努责的节奏硬拉，以免拉伤阴道。

2.假死羔羊的处理

羔羊出生后，如不呼吸，但发育正常，心脏仍跳动，称为假死。原因是羔羊吸入羊水，或分娩时间较长，子宫内缺氧等。处理方法：一是提起羔羊两后肢，悬空并不时拍击背和胸部；二是让羔羊平卧，用两手有节奏地推压胸部两侧，经过这些处理，短时假死羔羊多能复苏。

(四)产后母羊和初生羔羊的护理

1.产后母羊的护理

产后母羊应注意保暖、防潮、避风、预防感冒,保持安静休息。产后头几天内应给予质量好、容易消化的饲料,量不宜太多,经 3 d后饲料即可转为正常。

2.初生羔羊的护理

羔羊出生后,应使其尽快吃上初乳。瘦弱的羔羊或初产母羊,以及保姆性能差的母羊,需要人工辅助哺乳。多羔或母羊有病,奶不足时应找保姆羊代乳。

项目四　羊的饲养管理

一、种公羊的饲养管理

种公羊是发展养羊生产的重要生产资料,对羊群的生产水平、产品品质都有重要影响。种公羊应常年保持中上等膘情,健壮、活泼、精力充沛、性欲旺盛,能够产生优良品质的精液。

1.合理的饲养方法

种公羊的饲养可分配种期和非配种期。配种期又可分配种预备期(配种前 1～1.5 月)、配种正式期(正式采精或本交阶段)及配种后复壮期(配种停止后 1～1.5 月)3 个阶段。在非配种期除放牧外,冬、春季每日每羊可补给混合精料 0.4～0.6 kg,胡萝卜或莞根 0.5 kg,干草 3 kg,食盐 5～10 g,骨粉 5 g。夏、秋季以放牧为主,每日每羊补混合精料 0.4～0.5 kg,饮水 1～2 次;配种预备期应增加精料量,按配种正式期给量的 60%～70%补给,要求逐渐增加并过渡到正式期的喂量。配种正式期以补饲为主,适当放牧。饲料补饲量大致为:混合精料 0.8～1.2 kg,胡萝卜 0.5～1.0 kg,青干草 2 kg,食盐 15～20 g,骨粉 5～10 g。草料分 2～3 次饲喂,每日饮水 3～4 次。配种后复壮期,初期精料不减,增加放牧时间,后逐渐减少精料,直至过渡到非配种期的饲养标准。

2.科学的管理

种公羊的管理要专人负责,保持常年相对稳定,单独组群或放牧。要经常观察羊的采食、饮水、运动及粪尿的排泄等情况,保持饲料、饮水、环境的清洁卫生,注意采精训练和合理使用。

采精训练开始时,每周检查采精一次,以后增至每周两次,并根据种公羊的体况和精液品质来调整日粮或增加运动。对精液稀薄的种公羊,应增加日粮中蛋白质饲料的比例;当精子活力差时,应加强种公羊的放牧和运动。

种公羊的合理使用要根据羊的年龄、体况和种用价值来确定。对 1.5 岁左右的种公羊每天采精 1～2 次为宜,不要连续采精;成年公羊每天可采精 2～3 次,每次采精应有 1～2 h 的休息时间。

二、成年母羊的饲养管理

成年母羊的饲养应保证配种、妊娠、泌乳等任务的顺利完成。生产实践中,由于母羊在空怀期、妊娠期和泌乳期的生理特点和营养需要不同,应给予适宜的饲养管理。

1. 空怀期

空怀期母羊正处在青草季节，不配种也不怀孕，营养需要量低。只要抓紧时间做好放牧，即可满足母羊的营养需要。但在母羊体况较差或草场植被欠缺时，应在配种前1～1.5个月对母羊加强营养，提高饲养水平，使母羊在短期内增加体重和恢复体质，促进母羊发情整齐和多排卵。短期优饲的方法，一是延长放牧时间，二是除放牧外，适当补饲精料。舍饲时，应按空怀母羊的饲养标准，制定配合日粮进行饲养。

2. 妊娠期

母羊妊娠期分妊娠前期和妊娠后期两个阶段。妊娠前期（前3个月），因胎儿生长发育缓慢，营养需要与空怀期差不多。若是放牧饲养，只要牧地条件良好，加强放牧即可满足营养需要。只是在枯草季节，放牧效果不好时，可酌情补给粗饲料或少量的精饲料，应按照饲养标准进行。妊娠后期（后2个月）的母羊，胎儿生长迅速，其中70%～80%的初生羔羊体重是此时生长的，营养物质的需要量很大。在妊娠后期，一般母羊要增加7～8 kg的体重，因此，单靠放牧是不够的，必须给予补饲，要求按营养标准配合日粮进行饲养。一般在放牧条件下，每羊每天补饲混合料0.4～0.5 kg，优质青干草1～1.5 kg，胡萝卜0.5 kg，食盐10～15 g，骨粉10 g左右。

妊娠期母羊的管理中心是保胎，不要让羊吃霜冻草或发霉饲料，不饮冰碴水，严防惊吓、拥挤、跳沟和疾病发生。羊群出牧、归牧、饮水、补饲时，要慢而稳。羊舍保持温暖、干燥、通风良好。

3. 泌乳期

母羊的泌乳期分泌乳前期和泌乳后期两个阶段。乳前期（羔羊生后2个月）的母羊，因泌乳旺盛，营养需要量很大。如果母羊营养良好，奶水充足，则羔羊生长发育好，抗病力强，成活率高。如果母羊营养差，泌乳量减少，则羔羊生长发育受阻，抗病力减弱，成活率降低。在大多数地区，哺乳前期的母羊正处在枯草或青草萌发期，单靠放牧显然满足不了营养需要。因此，对于哺乳前期的母羊，要求以补饲为主，放牧为辅。应根据母羊的体况及所带单、双羔的情况，按照营养标准配制日粮进行饲养。一般情况下，产单羔的母羊，每羊每日补饲混合精料0.3～0.5 kg，优质青干草最好是豆科牧草1～1.3 kg，多汁饲料1.5 kg。哺乳后期（羔羊2月龄后）的母羊，泌乳能力下降，即使增加补饲量也难以达到泌乳前期的泌乳水平。而此时羔羊的胃肠功能也趋于完善，可以利用青、粗饲料，不再主要依靠母乳而生存。因此，对哺乳后期的母羊，应以放牧采食为主，逐渐取消补饲。若处于枯草期，可适当补喂青干草。

哺乳母羊的管理应注意安全断奶，断奶前1周要减少母羊的精料、多汁料和青贮料，以防乳房炎的发生。产后1周内的母子群应舍饲或就近放牧，1周后逐渐延长放牧距离和时间，并注意天气变化，防止暴风雪对母子的伤害。舍内保持清洁，胎衣、毛团等污物及时清除，以防羔羊食入生病。

三、育成羊的饲养管理

育成羊是指断奶后至第一次配种前的幼龄羊。羔羊断奶后的前3～4个月生长发育快，增重迅速，对饲养条件要求高，当营养条件良好时，日增重可达200～300 g。8月龄后，羔羊的生长发育强度逐渐下降，到1.5岁时生长基本趋于成熟。因此，在生产中一般将育成羊分育成前期（4～8月龄）和育成后期（8～18月龄）两个阶段进行饲养。

1.育成前期

育成前期,尤其是刚断奶不长时间的羔羊,生长发育快,瘤胃容积有限且机能不完善,对粗料的利用能力差。这一阶段饲养的好坏,直接影响羊的体格大小、体形和成年后的生产性能,必须引起高度重视。应按羔羊的平均日增重及体重,依据饲养标准,提供合适营养水平的日粮。因此,育成前期羊的饲养应以精料为主,适当补饲优质青、粗饲料或选用优良放牧地放牧采食。

2.育成后期

育成后期羊的瘤胃消化机能趋于完善,可以采食大量的牧草和农作物秸秆。这一阶段,育成羊可以放牧为主,结合补饲少量的混合精料或优质青干草进行饲养。

育成羊在配种前应安排在优质草场放牧或适当补喂混合精料,使其保持良好的体况,力争满膘,迎接配种。当年的第一个越冬度春期,一定要搞好补饲,首先保证足够的干草或秸秆,在放牧的条件下,每羊每日补饲混合精料 200～300 g。

四、羔羊的培育

哺乳期的羔羊是一生中生长发育强度最大而最难饲养的一个阶段,稍有不慎不仅会影响羔羊的发育和体质,还会造成发病和死亡羔羊增加,给养羊生产造成重大损失。因此,必须采取措施,合理饲养。

1.早吃初乳,吃乳充足

羔羊在哺乳前期主要依赖母乳获取营养,母乳充足时,羔羊生长发育好、增重快、健康活泼。母乳可分为初乳和常乳。母羊产后第一周内分泌的乳叫初乳,以后分泌的则为常乳。初乳浓度大,养分含量高,尤其是含有大量的抗体球蛋白和丰富的矿物质元素,可增强羔羊的抗病力,促进胎粪排泄。因此,应保证羔羊在产后 15～30 min 内吃到初乳。哺乳时,生产人员应对弱羔、病羔或保姆性差的母羊人工辅助羔羊吃乳,并安排好吃乳时间。

2.适时补饲,满足生长需要

羔羊时期生长发育迅速,1～2 月龄以后,羔羊逐渐以采食草、料为主,哺乳为辅。羔羊出生后 7～10 日龄,在跟随母羊放牧或补饲时,会模仿母羊的采食行为。此时,可将大豆、蚕豆、豌豆等炒熟粉碎后,撒于饲槽内对羔羊进行诱食。同时选择优质的青绿饲料或青干草(最好是豆科和禾本科草),放置在运动场内的草架上,训练羔羊采食。初期,每只羔羊每天可补喂混合料 10～50 g,待羔羊习惯后逐渐增加补喂量。2 周龄至 1 月龄为 50～80 g;1～2 月龄为 100～120 g;2～4 月龄为 250～300 g;补喂的青、粗饲料可任其自由采食。补饲的日粮最好按羔羊的体重和日增重要求,依据饲养标准进行配合。补饲料应种类多样,适口性好,易消化,粗纤维含量少,富含蛋白质、矿物质、维生素。补饲的方法应少喂勤添,定时、定量、定点,并保证饲槽和饮水的清洁卫生。

3.加强管理,顺利断奶

羔羊出生时,要保温防暑,进行称重 ;7～15 d 内进行编号、去角(山羊)或断尾(绵羊),1 月龄左右对不符合种用的公羔进行去势;羔羊时期容易发病,如肺炎、胃肠炎等,应经常性观察羔羊的食欲、粪便以及精神状态的变化,发现问题,及时处理。应保持舍内的干燥、清洁、温暖,勤换垫草或垫土,定期消毒,搞好防疫注射。

羔羊一般在 3～4 月龄断奶。断奶时间要根据羔羊的月龄、体重、补饲条件和生产需要等因素综合考虑。在国外工厂化肥羔生产中，羔羊的断奶时间通常为4～8周龄。对早期断奶的羔羊，必须提供符合其消化特点和营养需要的代乳饲料，否则会造成损失。断奶时，要求母羊转移，母子不再合群，并做好饲料、环境、饲养方式的逐渐过渡。羔羊时期还应定期检测月龄体重和平均日增重，为选育提供科学依据，并结合放牧加强运动，促进羔羊的生长发育。

五、羊的日常管理

(一)羊的编号

羊的个体编号是开展羊育种工作不可缺少的技术项目。编号要求简明，易于识别，字迹清晰，不易脱落，有一定的科学性、系统性，便于资料的保存、统计和管理。

1.耳标法

即用金属耳标或塑料耳标，在羊耳的适当位置(耳上缘血管较少处)打孔、安装。耳标可在使用前按规定统一编号后分戴，耳标上应标明品种标记、年号、个体号。

(1)品种标记　以品种的第一个汉字或汉语拼音的第一个大写字母代表。如新疆细毛羊，取“新”或“X”作为品种标记。

(2)年号　取公历年份的最后一位数，如“2001”取“1”作为年号放在个体号前。编号时以10年为一个编号年度计。

(3)个体号　根据羊场羊群的大小，取3位或4位数；尾数单号代表公羊，双数代表母羊。可编出1 000～10 000只羊的耳号。

2.等级号

羊只经过鉴定在耳朵上将鉴定的等级进行标记。等级号一律在育成鉴定后，根据鉴定结果，用剪耳缺口的方法注明该羊的等级。纯种羊打在右耳上，杂种羊打在左耳上。具体规定如下：

特级羊：在耳尖剪一缺口。

一级羊：在耳下缘剪一个缺口。

二级羊：在耳下缘剪二个缺口。

三级羊：在耳上缘剪一个缺口。

四级羊：在耳上、下缘各剪一缺口。

(二)羊的断尾

断尾主要针对长瘦尾型品种的绵羊而言，如纯种细毛羊、半细毛羊及其杂种羊。目的是保持羊体清洁卫生，保护羊毛品质和便于配种。羔羊应于出生后7～15 d内断尾，具体方法如下。

1.烧烙法

断尾时，需一特制的断尾铲和两块20 cm见方(厚3～5 cm)的木板，在一块木板一端的中部锯一个半圆形缺口，两侧包以铁皮。术前用另一块木板衬在条凳上，由一人将羔羊背贴木板进行保定，另一人用带缺口的木板卡住羔羊尾根部(距肛门约4 cm)，并用烧至暗红的断尾铲将尾切断。下切的速度不宜过快，用力要均匀，使断口组织在切断时受到烧烙，起到消毒止血的作用，最后用碘酒消毒。

2.结扎法

用橡皮筋圈在距尾根 4 cm 处将羊尾紧紧扎住，阻断尾下端的血液流通，大约 10～15 d 左右，尾下段自行脱落。

(三)羔羊去势

凡不宜作种用的公羔要进行去势，去势时间一般在 1～2 月龄，多在春秋两季气候凉爽、晴朗的时候进行。去势的方法有阉割法和结扎法。

1.阉割法

将羊保定后，用碘酒和酒精对术部消毒，术者左手紧握阴囊的上端，将睾丸压迫到阴囊的底部，右手用刀在阴囊的下端与阴囊中隔平行的位置切开，切口大小以能挤出睾丸为度。睾丸挤出后，将阴囊皮肤向上推，暴露精索，采用剪断或拧断的方法均可。在精索断端涂以碘酒消毒，在阴囊皮肤切口处撒上少量消炎粉即可。

2.结扎法

术者左手握紧阴囊基部，右手撑开橡皮筋将阴囊套入，反复扎紧，以阻断下部的血液流通。经约 15～20 d，阴囊连同睾丸自然脱落。此法较适合 1 月龄左右的羔羊。在结扎后，要注意检查，防止结扎效果不好或结扎部位发炎、感染。

(四)绵羊剪毛

1.剪毛的时间

细毛羊和半细毛羊一般每年剪毛一次，粗毛羊可一年剪毛两次。剪毛时间主要取决于当地的气候条件和羊的体况。北方牧区和西南高寒山区通常在 5 月中、下旬剪毛，而在气候较温暖的地区，可在 4 月中、下旬剪毛。在生产上，一般按羯羊、公羊、育成羊和带羔羊的顺序来安排剪毛。患有疥癣、痘疹的病羊留在最后剪。

剪毛时，将羊保定后，先从体侧到后腿剪开一条缝隙，顺此向背部逐渐推进(从后向前剪)。一侧剪完后，将羊体翻转，由背向腹剪毛(以便形成完整的套毛)，最后剪下头颈部、腹部和四肢下部的羊毛。套毛去边后，单独打包。边角毛、头腿毛和腹毛装在一起，作为等外毛处理。

2.剪毛时的注意事项

剪毛应在干净、平坦的场地进行，羊毛留茬高度为 0.3～0.5 cm，尽可能减少对皮肤的损伤。若毛茬因技术原因而过高，切记不要重剪；剪毛前绵羊应空腹 12 h，以免翻转羊体时造成肠扭转。剪毛 1 周后，尽可能避开降温下雨天气，以免羊只感冒，造成损失；对种公羊和核心群母羊，应做好剪毛量和剪毛后体重的测定和记录工作。

(五)山羊抓绒

山羊脱绒规律一般是：体况好的羊先脱，体弱的羊后脱；成年羊先脱，育成羊后脱；母羊先脱，公羊后脱。

1.抓绒的时间和工具

山羊抓绒的时间一般在 4～5 月份。当羊绒的毛根开始出现松动时进行。在生产中，常通过检查山羊耳根、眼圈四周毛绒的脱落情况来判断抓绒的时间。

抓绒工具是特制的铁梳，有两种类型。密疏通常由 12～14 根钢丝组成，钢丝相距 0.5～

1.0 cm；稀梳通常由7号斗根钢丝组成，钢丝相距2.0～2.5 cm。钢丝直径0.3 cm左右，弯曲成钩状，尖端磨成圆秃形，以减轻对羊皮肤的损伤。

2.抓绒方法

抓绒时需将羊的头部及四肢固定好，先用稀梳顺毛沿颈、肩、背、腰、股等部位，由上而下将毛梳顺，再用密梳作反方向梳刮。抓绒时，梳子要紧贴皮肤，用力均匀，不能用力过猛，防止抓破皮肤。第一次抓绒后，过7 d左右再抓一次，尽可能将绒抓净。

(六)绵羊药浴

药浴是预防绵羊疥癣病，保持皮肤健康，促进羊毛生长，提高产毛量的重要措施。定期药浴是绵羊饲养管理的重要环节。

1.药浴的时间和药浴液

药浴一般在剪毛后10～15 d进行，此时羊皮肤的创口已基本愈合，毛茬较短，药浴液容易浸透，防治效果好。常用的药浴液有双甲脒、蝇毒灵、敌百虫、除癣灵等。为保证药浴安全有效，必须严格按不同药品的使用说明书，正确配制药浴液。

2.药浴的方法

药浴的方式有池浴、淋浴和盆浴3种。池浴、淋浴在羊数较多的地区比较普遍，盆浴多在羊数较小的地区流行。药浴前应事先维修、清洗池场及入水和排水渠道，严防漏水，然后放足清水(水温保持在35～40℃)，配制药液。

(1)池浴法　药浴时，一人负责推引羊只入池，两人手持压杆负责池边照护，遇有背部没有浴透的羊，将其压入水中浸透；遇有拥挤互压现象时，要及时分开，以防药水呛入羊肺或羊淹死在池内。羊只在入池2～3 min后即可出池，使其在滤液场停留5～10 min后再放出。

(2)淋浴法　淋浴时，应先清洗好淋浴场并进行试淋，若机械部分运转正常，即可按规定浓度配制药液。淋浴时先将羊群赶入淋浴场，开动水泵进行喷淋，经2～3 min淋透全身后，关闭水泵，将已淋浴羊只赶入滤液栏中，经3～5 min放出。

3.药浴时的注意事项

药浴时，先浴健康羊，后浴病羊尤其是疥癣病羊；药浴前，要让羊只饮足水，以免羊误喝药水，发生中毒现象；药浴时，应适当控制羊只通过药浴池的速度，保证药浴液浸透被毛和皮肤；药浴应选晴朗无风天气，防止羊只受凉感冒。

(七)羊的防疫

怀孕母羊产前20～30 d，羔羊痢疾苗皮下注射2 mL，10 d后再注射3 mL。2月底，羊三联苗无论成羊、羔羊每只肌注5 mL。3月上旬羊痘苗每只注射0.5 mL。3月中旬口蹄疫苗每只，1头份。9月上旬、中旬布氏杆菌、炭疽菌苗按说明进行防疫。9月下旬再注射一次羊三联苗。

(八)羊的驱虫

羊体的寄生虫有数十种，根据当地寄生虫病的流行情况，每年应定期驱虫。羊易感染的寄生虫病有羊鼻蝇疽病、羊捻转胃虫病、羊结节虫病、羊肝片吸虫病、羊绦虫病、羊肺丝虫病、羊多头蚴病、羊毛圆线虫病等。常用的驱虫药物有敌百虫与硫氯酚(别丁)、咪唑类药物、驱虫净、虫克星等。一般在每年春、秋两季选用合适的驱虫药,按说明要求进行驱虫。驱虫后10 d内的粪便,应统一收集,进行无害化处理。

(九)羊的修蹄

羊的蹄形不正或蹄形过长,将造成行走不便,影响放牧或发生蹄病,严重时会使羊跛行。因此,每年至少要给羊修蹄2次。修蹄时间一般在夏、秋季节,此时蹄质软,易修剪。修蹄时,应先用蹄剪或蹄刀,去掉蹄部污垢,把过长的蹄壳削去,再将蹄底的边沿修整到和蹄底一样齐平,修到蹄底可觅淡红色时为止,并使羊蹄成椭圆形。

项目五　毛用羊生产

一、毛用羊的外貌特征

1. 毛用羊体型特点

毛用羊一般头颈较长,鬐甲高而窄,胸长而深,但宽度不足;背腰部平直,但不如肉羊宽;腹围较大,后躯发育不如肉用羊,四肢相对较长。超细毛羊和细毛羊,大多数公羊有角,母羊无角。半细毛羊大多公、母羊均无角,粗毛羊公、母羊均有角。

2. 被毛覆盖

理想的超细毛羊、细毛羊和半细毛羊头毛一般着生至两眼连线,并有一定长度,呈毛丛结构,似帽状。前肢被毛着生至腕关节,后肢被毛着生至飞节。粗毛羊头毛短而少,四肢被毛覆盖不良。超细毛羊和半细毛羊生产同质细毛,其被毛由粗细、长短及其他品质较一致的同一类型毛纤维组成。羊毛细度,超细毛羊为70支以上,平均直径等于或小于18 μm,细毛羊为60～70支,平均直径为18.1～25 μm,半细毛羊为32～58支,平均直径为25.1～67μm。毛纤维弯曲明显、整齐,背毛密度大,产毛量高,油汗多,杂质少。粗毛羊生产异质毛,毛纤维弯曲不明显,被毛密度小,产毛量低,油汗少,羊毛工艺性能差。

3. 颈部及皮肤褶皱

超细毛羊和细毛羊颈部一般有1～3个发达或不发达的皮肤褶皱,体躯也有较小的皮肤褶皱,皮肤松弛。半细毛羊皮肤褶皱较少。粗毛羊体躯无明显皮肤褶皱。

二、毛用羊的饲养方式

(一)毛用羊的放牧饲养

我国绵、山羊分布极广,而且各地的生产条件不同,绵、山羊的饲养方式也各不相同。在广大的牧区,绵、山羊都是以大群放牧方式饲养。在农区或山区,大多以小群放牧或舍饲饲养为主,冬季以半舍饲饲养。

1. 四季放牧技术要点

(1)春季放牧　春季气温回升,牧草开始返青。羊群由于经过漫长的枯草季节,羊只大多膘情较差,体质较弱,牧草又青黄不接。因此,为了让羊及早恢复体质,为抓膘创造条件,要适当补饲。放牧时草场宜选择在避风向阳、青草萌发较早、距离羊圈较近的阳坡、丘陵地带,以便气候突变时能及时将羊赶回羊圈，避免损失。为防止瘤胃膨气，尽量不要到豆科类牧草多的草场放牧。出牧宜迟，归牧宜早，中午可不回圈，使羊群多吃些草。初春放牧时，前挡后让宜慢放，防止羊“跑青”。春季易发生寄生虫病，羊只应普遍进行驱虫。另外，为防止羊因贪青而造成下痢，可在出牧前饲喂些干草。

(2)夏季放牧　夏季应尽量延长放牧时间，出牧宜早，归牧宜迟，但在露水较大时可晚出牧。气温酷热，羊有“扎窝子”现象，应尽量避免，中午让羊多休息。放牧场地应选择高燥、凉爽、水源充足的草场。高燥的草场有凉风，蚊蝇少，羊可安心采食。在高山草原放牧时，为使羊凉爽，上午放阳坡，下午放阴坡；上午顺风放，下午逆风放。夏季羊出汗多，饮水多，易缺盐，须注意补盐。另外，也应注意羊采食过多豆科类牧草而发生瘤胃膨气。

(3)秋季放牧　秋季牧场应选在牧草枯黄较晚的草场，继续抓膘，为配种做准备。在农区和半农半牧区，充分利用收割之后的茬地放牧，是羊抓膘的好机会。羊可以吃到一些农作物籽实和鲜嫩的牧草。但要注意在豆科田地或草地里不可放牧过久，以防胀肚；尽量避免到针茅草等有芒刺的草地放牧，以免污染羊毛。秋季放牧注意延长放牧时间，早出牧，晚归牧。但霜冻降临后，要适当晚出牧，以防羊吃霜草。

(4)冬季放牧　冬季牧场应选择在避风、向阳的山谷、盆地或洼地。羊群在冬季牧场停留时间较长，羊舍应位于冬牧场中心，便于避风防寒。冬季放牧要晚出牧，早归牧，并注意天气变化，顶风出牧，顺风归牧。对妊娠母羊放牧时为有利于保胎，应速度慢些，不跳沟、不惊吓、不饮冰碴儿水、不空腹饮水，同时注意补充精饲料。

2.放牧的基本要求

放牧要求做到“三勤”“四稳”。“三勤”就是腿勤、眼勤、嘴勤。“四稳”是出牧稳、归收稳、放牧稳、饮水稳，其中放牧稳最重要。为便于放牧管理，应根据羊的类型、品种、年龄、性别和草场条件等因素合理组群。牧区草场大，饲草资源丰富，组群可大些，一般可达200～300只。农区草地资源有限，多为农闲地，田边地角，滩涂地等，组群可小些，一般可达50～100只。另外，放牧地的地势平坦，牧工技术水平高，组群可大一些，反之则小一些。

放牧时应根据草场条件，运用一定的放牧队形。放牧队形有“一条”式、“满天星”式两种。在牧区通常有“早出一条鞭，中午满天屋，晚归簸箕掌飞”“冬季一条线，夏季一大片”的说法。

在放牧时控制羊群不宜太紧，要“三分由羊，七分由人”。控制太紧，羊群走动不开，影响采食和抓膘。放牧保证羊能在一天之内吃到三四次饱为宜。

(二)毛用羊的舍饲饲养

毛用羊的舍饲饲养，适合于无放牧场所或草场条件不理想的地区。舍饲时首先应备足草料，每年每只羊平均可按干草和秸秆400～500 kg，精料按100～200 kg准备，并精心管理。粗料除以干草和秸秆为主外，应尽量多样化。干草和秸秆一般可让羊只自由采食，精料和其他辅料则因各地条件、羊的品种、性别、年龄和季节的不同而异。饲料要求以粗料为主，精料为辅，并保证羊全年营养均衡，以免影响羊毛品质。

(三)毛用羊的放牧加补饲饲养

这是一种放牧与舍饲相结合的饲养方式。应根据不同季节牧草生长的数量和品质以及羊群本身的生理状况，确定每天放牧时间的长短和在羊舍内饲喂的次数和草料数量。

1. 补饲的时间

补饲开始的早晚，应根据具体羊群和草料贮备情况而定。原则是从羊体重出现下降时开始，最迟也不能晚于春节前后。同时还要考虑种公羊的配种、母羊的怀孕和泌乳及春乏等情况确定。补饲一旦开始，就应连续进行，直到羊吃上青草。

2. 补饲的方法

(1)补饲的饲草饲料　冬春季到来之前，应当贮备一定数量的饲草、饲料，一般要求每只羊贮备干草 300～500 kg、精料 100～150 kg。补饲可从 11 月开始，一直持续到翌年 5 月初。

冬春季喂羊的精料有黄豆、豆饼、玉米、大麦、麦麸、米糠等。精料一般需粉碎，豆饼要泡开喂。在精料中混合 30%～40%的优质干草粉，可以提高干草的利用率，有助于消化吸收，而且可节省精料。

青贮的玉米秸、胡萝卜等也是冬季喂羊的好饲料。冬春季给羊补饲这类良好的多汁饲料，可充分供给羊糖分和多种维生素，增加母羊的泌乳量。特别是给怀孕母羊早、中、晚补饲 3 次，并把精料、青贮饲料和秸秆按早上、中午、晚上的顺序分别饲喂，有利于营养物质的吸收和利用。

(2)补饲的量与方法　成年羊(体重在 50 kg 左右的羊)，每只每天需补饲 1.5～2 kg 干草。补饲方法：羊群放牧回来后即进行补饲，补给精料和切碎的块根饲料，将其均匀地拌在一起，然后加入食盐、石粉，先撒在饲槽内，再放羊进圈采食。

怀孕母羊每只每天补饲干草 1.5 kg、青贮料 1.5 kg、精料 0.5 kg。

哺乳母羊每只每天补饲精料 0.5～0.7 kg、干草 1.0～1.5 kg、多汁饲料 20 kg。

此外，尿素可作为补充冬春季牧草蛋白质含量不足的含氮添加剂，最好与糖类饲料拌在一起饲喂，饲喂量为每只每天 6～8 g，不可多喂，以防中毒。

(四)毛用羊的饲养管理技术

1. 种公羊的饲养管理技术

(1)配种期的饲养管理技术　配种前 40～45 d 就应进入配种期的饲养管理。这一时期日粮营养水平应逐步提高，到配种开始时达到标准。日粮体积不能过大，以免形成草腹，影响配种或采精。日粮可按混合精料 1.2～1.4 kg，青干草 2 kg，胡萝卜 0.5～1.5 kg、食盐 15～20 g、骨粉 5～10 g 的标准饲喂，胡萝卜须切碎之后再喂。精料每天分两三次饲喂，饮水每天两三次。有条件者还可根据种公羊的利用情况喂给牛奶或鸡蛋等。可每天让种公羊饮食新鲜牛奶 0.5～1.0 kg 或灌服鸡蛋 2～3 枚。在配种前 1 个月开始采精，可每周 1 次，进行精液品质检查，调整日粮。舍饲时应坚持每天让公羊运动 2～3 h，以驱赶运动为主，合理控制运动速度和时间，冬季可安排在中午暖和时运动，夏季安排在早晚凉爽时运动。

为避免公羊之间角斗损伤，减少体力消耗，最好进行单圈或单栏饲养。配种期间为保证其种用体况，延长利用年限，应合理利用种公羊。在公、母混群饲养自由交配时，应注意公、母比例，一般绵羊为 1∶(20～30)，山羊为 1∶(30～40)。在公、母分群，人工辅助交配时，应合理控制配种次数，一般成年公羊每天一两次，青年公羊减半，配种间隔 8 h 左右，使公羊有足够的休息时间；人工授精时成年公羊每天采精可达三四次，青年公羊每天采精一两次，2 次采精间隔时间 2 h 以上。连续使用 4～5 d，让其休息 1～2 d。种公羊须根据体质和精液品质确定其利用年限，一般为 6～8 年。

(2)非配种期的饲养管理技术　种公羊配种期结束时，就应逐渐降低日粮营养水平，逐步减少精料的给量，但仍不能忽视饲养管理工作。除有条件放牧外，应补给足够的能量、蛋白质、维生素和矿物质饲料。精料的喂量须根据种公羊的体质和季节的不同进行调整，枯草季节可适当增加喂量，如舍饲应加强运动。另外，在选种时应注意种公羊必须具有明显的品种特征，体形外貌良好，结构匀称，中上等膘情，体躯发育好，腰部强有力，四肢端正而粗壮，眼大有神，性情活泼，性欲旺盛，睾丸大小适中而匀称，有弹性。其本身可度量的体尺、体重、毛色、羊毛品质和产量等主要指标应符合该品种理想型要求。不可选用隐睾、单睾、精液品质不良或有顶人恶习的公羊作为种公羊。

2.母羊的饲养管理技术

(1)空怀期的饲养管理技术　由于各地产羔季节不同，母羊空怀季节也有差异。我国北方地区产冬羔的母羊空怀期一般在5～7月；产春羔的母羊一般空怀期在8～10月份。母羊因在哺乳期营养消耗较大，所以此阶段主要任务是使母羊恢复体质，抓膘，贮备营养，为下次的配种受胎做准备。在羊空怀前期，有条件的地区放牧即可，无条件放牧地区只喂干草即可。配种前1个月进行短期优饲，根据母羊的体况，开始补精料，精料的喂量逐渐增加到每天0.2～0.3 kg。如果母羊体质较差，可适当增加喂量，如果膘情较好，则可少喂量或不喂精料，防止过肥。管理上重点应注意观察母羊的发情情况，做好发情鉴定，及时配种，以免影响母羊的繁殖。

(2)妊娠期的饲养管理技术

①妊娠期的饲养技术

a.妊娠前期的饲养管理。妊娠期的前3个月，因胎儿生长缓慢，需要的营养并不太多。故一般除放牧外，根据草场条件适当补饲一定量的精料，如舍饲一般每天喂给干草1～1.5 kg、青贮料1.5～2.0 kg、胡萝卜0.5 kg、食盐和骨粉各15 g、精料0.4～0.5 kg。

b.妊娠后期的饲养管理。妊娠期的后2个月是胎儿生长发育最快的时期，若在此阶段营养不足，则会导致羔羊出生重小，成活率低，母羊泌乳量减少。妊娠期的后2个月，是胎儿生长发育最快的时期，其体重的增加占出生体重的90%左右。此阶段若营养不足，则会导致羔羊出生体重小，成活率低，母羊泌乳量减少，从而影响羔羊的断奶重。因此，必须加强饲养。如放牧，每天应根据母羊具体情况补饲适量的精料，舍饲时一般每天喂给干草1.5～2.0 kg，青贮饲料1.0～1.5 kg，胡萝卜0.5 kg，食盐和骨粉各15 g，精料0.5～0.6 kg。在产羔期为防止乳房炎，应适当减少精料和多汁料的喂量。

②妊娠期的管理技术。妊娠期的管理应重点做好母羊的防流保胎工作。饲喂时应注意满足母羊的营养需求，严禁饲给发霉、腐败、变质、冰冻或有毒有害的饲料。冬季不能让母羊空腹饮水或饮冰碴水。在日常管理上要求饲养员不能粗暴地对待羊，不能拳打脚踢，在出入圈门、饮水、喂料等方面都要慢、稳，防止拥挤、滑跌，禁止无故捕捉、惊扰羊群。放牧时也要注意稳放，防止母羊跳崖、跳沟，临产前1周左右不得远牧。圈舍要求保暖、干燥、通风良好。同时，羊场要建立合理的防疫制度，并严格执行，要定期消毒，做好羊场的防疫工作，防止发生疾病而导致母羊流产。

(3)哺乳期的饲养管理技术

①哺乳期的饲养技术。母羊哺乳期一般为3～4个月。这一阶段的主要任务是保证母羊有充足的奶来哺乳羔羊。母羊泌乳越多，羔羊发育越好，生长越快，抗病能力越强，成活率越高。因此，为了促进母羊泌乳，应根据母羊的膘情和带羔数的不同，加强饲养管理。哺乳前期

精料一般单羔母羊每天喂给 0.5 kg,双羔母羊每天喂给 0.7 kg,若双羔以上精料每天喂量可达 0.9 kg;哺乳中期单羔母羊每天喂量减至 0.3 kg,双羔母羊每天喂量减至 0.5 kg。哺乳前期和中期每天喂给干草 3～3.5 kg,多汁饲料 1.5 kg。哺乳后期放牧或只喂干草即可。另外,母羊在产羔后 3 d 内,要求喂给适口性好,容易消化的饲料,尽量少喂精料和多汁料,防止消化不良或引起乳房炎。产羔 3 d 后,可逐渐增加喂量。母羊因泌乳体质较差者后期也可补喂一定量精料,但在羔羊断奶时,要停止或减少喂量。

②哺乳母羊的管理技术。哺乳母羊的管理,要求圈舍应保持清洁、干燥,每天打扫一两次。产羔后应注意看护,及时清除胎衣,防止母羊吞食。同时,清除舍内毛团、塑料、绳子等杂物,以防羔羊误食而引起疾病。

3.羔羊的培育

(1)尽早吃初乳　羔羊出生后应在 0.5 h 内吃上初乳。因为,初乳中免疫物质的含量会随母羊产后时间的延长而下降,羔羊的消化系统对初乳中免疫物质的吸收能力也会随之下降,若不能及时吃上初乳则会影响羔羊的抗病能力。对弱羔、初产母羊或护仔行为不强的母羊所产羔羊,需人工辅助其吃乳。

(2)及时运动　为增强羔羊体质,随着羔羊日龄的增长,应尽早安排运动。若舍饲,10 日龄可让羔羊在运动场内自由运动。若放牧,10 日龄可以开始随母羊放牧,开始时应距羊舍近一些,以后可逐渐增加放牧距离。

(3)适时补饲　为促进羔羊瘤胃消化机能的完善,出生后 15 日龄左右,即可训练采食干草,1 月龄左右补饲精料。为防止浪费应注意喂量,少给勤添。有些羊场饲喂干草时将干草捆成小捆,从羊舍棚顶上吊起,让其采食。羔羊补饲精料最好在补饲栏中进行,防止母羊抢食。羔羊一般每天每只喂给精料量为:1 月龄 50～100 g,2 月龄 150～200 g,3 月龄 200～250 g,4 月龄 250～300 g。同时保证草料的干净,及时清理料槽,防止引起疾病。

(4)适时断奶　一般 3～4 月龄是属于羔羊生长发育较危险的时期。如果饲养管理不当,会使羔羊体质下降,增加死亡率。因此,羔羊断奶分群后应在较好的草场放牧,需要适量补饲。如果进行舍饲,除自由采食干草外,还要喂给一定量适口性好、容易消化的精饲料。

羔羊断奶时间应根据其消化系统、免疫系统的成熟程度(采食和发病情况)和羊场具体条件而定。如早期断奶(2 月龄前断奶),必须给羔羊提供符合其消化特点和营养需要的代乳料,否则,会影响羔羊成活率,造成损失。羔羊断奶常用一次性断奶法。但若为双羔或多羔,且发育不整齐时,可采用分次断奶法,先将发育好的羔羊断奶,发育较差的留下继续哺乳一段时期再断奶。

(五)注意卫生,防止下痢

下痢是羔羊阶段对其健康影响较大的疾病之一,特别是羔羊出生后 1 周内最容易发生。此时应注意搞好圈舍、草料和料槽等的卫生,并注意观察,发现患病应及时隔离治疗。

若母羊泌乳量过低,则应进行寄养或人工哺乳。在寄养选择保姆羊时,应选择营养状况良好、健康、泌乳性能好,产单羔的母羊。由于母羊的嗅觉灵敏,拒绝性强,所以将保姆母羊的乳汁涂在羔羊身上,使保姆母羊难以辨认,则有利于顺利寄养。寄养工作最好安排在夜间进行。

若羊场找不到合适的保姆羊,需进行人工哺乳。要选用新鲜牛奶,要求定时,定温、定质,奶温 35～39℃,初生羔羊每天哺乳 4～5 次,每次喂 100～150 mL,以后酌情决定哺乳量,并逐渐减少哺乳次数。哺乳初期可采用有乳嘴的奶瓶进行哺乳，防止乳汁进入瘤胃异常发酵而引起疾病，同时，严格控制哺乳卫生条件。

此外，要做好羔羊的编号、免疫、断尾、去势等其他管理工作。

(六)育成羊的饲养管理技术

育成羊是指断奶至第一次配种这一阶段的幼龄羊。断奶后3～4个月，羊生长发育快，增重迅速，对饲养条件要求高。8月龄后，羊生长发育强度逐渐下降。

1. 育成前期羊的饲养管理要点

在这个时期，尤其是刚断奶的羔羊，生长发育快，瘤胃容积有限且机能不完善，对粗饲料的利用能力较差。因此，此时期羊的日粮应以精料为主，同时补给优质干草和青绿多汁饲料，日粮的粗纤维的含量不超过15%～20%。

2. 育成后期羊的饲养管理要点

此时期羊的瘤胃机能基本完善，可以采食大量的牧草和青贮秸秆。日粮中粗饲料比例可增加到25%～30%，同时还必须添加精饲料或优质青贮料、干草料。

3. 育成期羊的管理

育成期羊的管理好坏直接影响羊的繁殖，必须予以重视。母羔羊6月龄体重能达到30～40 kg，8月龄就可以达到配种要求，实现80%的当年母羔参加当年配种繁殖，所以育成期的饲养至关重要。

(七)毛用羊的一般管理技术

1. 去角

(1)去角目的　为了便于管理，避免羊角斗引起损伤或顶伤饲养管理人员，有些羊场对羊进行去角。

(2)去角适宜时间　羔羊一般出生后5～10 d进行去角

(3)去角方法

①烙铁法。烙铁去角是用丁字形烙铁(直径1.5 cm，长8～10 cm，在其中部焊接一个带木把的把柄)或用300 W的手枪式烙铁去角，速度快，出血少，安全可靠，经济实用。去角时用烧红的烙铁在角的基部画圆，其直径为2～2.5 cm，烙掉皮肤，露出骨角突即可，每次烧烙10～15 s，全部去完需要3～5 min。

②化学法。一般用苛性钾去角。首先要剪毛，然后在角的基部涂一圈凡士林，以防药液流入眼睛。去角时用苛性钾棒在两个角芽处轮换涂擦，以去掉角芽生长占的皮肤为宜。

③锯断法。对于幼龄时未去角或没有去净的羊只，可用去角锯将其顶端锯断。锯断后涂消炎药物，用纱布包扎，防止出血过多。

2. 驱虫

羊生产中驱虫是一项重要的工作。

(1)常用药物　已经广泛使用的药物有硫氯酚、左旋咪唑、丙硫苯咪唑、阿维菌素等。

（2）驱虫方法

①吸虫、绦虫。每年春、夏、秋 3 季各驱虫一次，用硫双二氯酚（别丁）按 80～100 mL/kg 配制成混悬剂口服。

②线虫。每年春、秋两次或每个季度驱虫一次。常用药：左旋咪唑，8～10 mL/kg 溶水灌服或用 5%注射液肌内或皮下注射；阿维菌素注射液，0.2 mg/kg；丙硫苯咪唑，5～10 mg/kg 口服。

③体外寄生虫。每年春、秋两季，用阿维菌素注射液按 0.2 mg/kg 皮下注射，或用阿维菌素预混剂每 1 000 kg 饲料中加 2 g，连用 7 d。

（3）使用驱虫药物时应注意事项

①丙硫苯咪唑对线虫的成虫、幼虫和吸虫、绦虫都有驱杀作用，但对疥螨等体外寄生虫无效。用于驱杀吸虫、绦虫时比驱杀线虫时的用量应大一些。有报道称，丙硫苯咪唑对胚胎有致畸作用，所以对妊娠母羊使用该药时要特别慎重，母羊最好在配种前先行驱虫。

②有些驱虫药物如果长期单一使用或使用不合理，容易使寄生虫对其产生抗药性，造成驱虫失败。预防寄生虫产生抗药性可以通过减少用药次数、合理用药、交叉用药等方法予以解决。

③目前国内生产阿维菌素的厂家较多，商品名多种多样，有阿维菌素、阿福丁、虫克星、虫螨净、灭虫丁、虫必净、虫螨光等，剂型有片剂、粉剂、针剂等，要引起注意的是有些制品是用菌丝体甚至是用药物残渣制成的，有的注射液不是缓释制剂，药效也不是 28 d，而是需要每隔 5～6 d 就重新注射，并且由于其缺少稳定剂，药物会在存放过程中自行降解，驱虫效果也会随之降低。

3. 药浴

（1）药浴目的　药浴是为了防止羊体外寄生虫，如疥癣病、羊虱等。药浴时除怀孕 2 月龄以上的母羊和有外伤的羊外，其余羊只都要进行药浴。

（2）药浴时间　一般在剪毛后 10 d 左右，在晴暖的天气进行。在体外寄生虫病较严重的地区，可每年进行 2 次，一次在春季，另一次在夏末秋初进行药浴。

（3）药浴方式　药浴方式有池浴、淋浴和盆浴 3 种。

淋浴基建设备要求高，药浴效果较差，故采用较少。盆浴适用于羊只较少的养殖户。目前，大多数羊场采用池浴形式。

（4）常用药物及药液配置　药浴常用药物有敌百虫、双甲脒、辛硫磷乳剂、溴氰菊酯、虫螨净等。

（5）药浴时应注意事项

①药浴前羊只应停止放牧或停食 0.5 d，但应饮足水。

②药浴开始时，最好先让几只质量较差的羊试浴，确认安全后再正式药浴，防止大群中毒。

③一般 1 人专门负责推引羊只入池，另 2 人手持木棍站在药浴池两边，如有头、背部没有浴透的羊将其压入水中浸湿。羊如有拥挤互压现象，应及时疏通，防止羊呛水或淹死。

④羊只进入药浴池 2～3 min 后方可出池。

⑤药浴完一部分羊，应根据药液量的减少进行添补，以保证药液量和药液的浓度。

⑥成年羊与羔羊分别进行药浴。

⑦药浴时应保持药浴池的清洁,及时清除污物,适时更换新的药液。

⑧羊只出药浴池后让其在滴流台或运动场停 5～10 min 后方可放出,防止药液滴到草料上引起中毒。

⑨羊只药浴后要注意观察,有中毒现象,应立即救治。此外,须注意羊只保暖,以防感冒。

⑩药浴过程中工作人员应穿工作服,戴口罩,药浴完毕应彻底清洗手及脸。

4.毛用羊的剪毛

(1)剪毛次数和时间的确定

生产同质毛的羊,一般只在每年春季剪一次毛。生产异质毛的羊,可在每年春、秋季节各剪毛一次。

春季剪毛的具体时间,依据当地的气候条件而定。因我国地域辽阔,地方间温差较大,所以剪毛时间差异也较大,有些地区在 5 月中旬剪毛,而有些地区则在 6 月末、7 月初剪毛。秋季剪毛大多在 9 月份进行。

(2)剪毛前的准备工作

①羊只的准备。应按剪毛顺序准备羊只。剪毛一般从价值低的羊开始,逐步熟练剪毛技术。同一品种,应按羯羊、试情羊、幼龄羊、母羊和公羊的顺序剪毛。不同品种,应按粗毛羊、杂种羊、半细毛羊、细毛羊的顺序剪毛,患病羊只最后剪毛。剪毛前羊只应该停食、停水、停止放牧 12 h 左右,防止剪毛时粪便污染羊毛或发生胀肚等意外情况

②剪毛场地的准备。大型羊场有专门剪毛舍(包括羊毛包装、贮存)。小型羊场、农户养羊剪毛场地,应根据羊群大小和具体条件而定。剪毛场地应干净、避风,可铺上席子或篷布剪毛,以免污染羊毛。

③剪毛用具的准备。剪毛用具包括剪毛剪或剪毛器、毛袋、秤、记录表、磨刀器、5%的碘酊等。

(3)剪毛方法

①手工剪毛。剪毛员将羊放倒保定之后,先从体侧开始剪,从后躯剪至腋窝向前剪一条线,并向下腹部及胸部剪去,再剪臂部及腿部毛。一侧剪完后,翻转羊只剪另一侧羊毛。最后剪颈部和头部的背毛。

②机械剪毛。剪毛员将羊头夹在腋下,握住前肢,使羊蹲坐在地上,用两膝夹住羊背,先从羊的腹下开始往两侧剪,再剪后腿羊毛,最后依次剪前肢、背脊、颈部及头部的羊毛。

(4)剪毛应注意的问题

①剪毛时毛茬留 0.5 cm 左右,禁止剪二刀毛。

②剪毛时必须按顺序进行,争取剪出套毛。

③剪毛员应手巧心细,精神集中,遇到皮肤褶皱处,展开再剪,防止剪伤羊皮。若不慎剪伤时,应立即涂 5%的碘酊进行消毒。

④剪下的羊毛应根据不同颜色和不同品质严格分开包装。

⑤剪毛后控制羊采食量,防止其消化不良。

⑥剪毛后的 1 周内防止羊只受雨淋,注意保暖。

5.抓绒

在抓绒季节,凡见到山羊耳根、眼圈周围有絮状绒毛外露时,就可用手扒开体侧部的背毛,

检查底绒是否已开始脱离皮肤。若见绒毛已开始脱离皮肤，就应进行抓绒。产绒量多的羊只或抓绒稍早的羊只可进行第二次抓绒。两次抓绒间隔的时间为2～3周。

抓绒用的钢丝梳有两种：一种是密梳，由12～24根钢丝组成，钢丝间的间距为0.5～1.0 cm。另一种为稀梳，由7～8根钢丝组成，钢丝间的间距为2～2.5 cm。稀梳用于梳理背毛和除掉背毛中的杂质，密梳用来抓绒。

抓绒前，一般先将山羊的两前肢和右后肢捆在一起。先用稀梳顺着羊毛的方向梳理背毛，去除背毛中的杂质和粪块。先从颈部，然后从一侧胸部、肩胛部、体侧和后躯进行梳理。然后再用同样顺序梳理羊体的另一侧。随后再用密梳依照上述的顺序抓下绒毛。不同的是密梳抓绒的走向是逆着羊毛的方向。每个部位的背毛要连续重复抓几次，以防绒毛从梳子上退下时散开。随后把梳下的整块绒毛放入口袋中。山羊绒应按毛色、粗毛含量的多少分别存放。一般绒山羊在抓绒后再进行剪毛。

6.毛用羊的编号及标记

编号的方法有：耳标法、刺墨法、烙角法。

(1)耳标法　常用的耳标法有铝制的圆形耳标，其形状像大的母子扣。安装前，先在耳标铝片上用钢凿打好编号，第1个数字表示出生年份，后面的数字表示羔羊出生的序号，即个体号。安装时，先在耳朵中央上1/3处内外涂上5%碘酊，再用耳标钳的打孔器在该部位打一圆孔，随后将已打好编码的一片插入孔内，而没打编号的另一片从耳壳内放入并和另一片扣上，再用耳标钳铆住。目前还采用特种塑料制成的彩色耳标，由于号码大，容易识别，又不易掉，但价格较昂贵。

(2)刺墨法　该法是用特制的刺墨钳来实现。首先将需要的编号编排在刺墨钳上，再在刺针上和耳壳内侧中央要刺字的部位涂上油墨，然后用力捏压刺墨钳，使刺针扎入耳壳，此后松开刺墨钳，用手指在耳壳内刺字的部位抹几下，以便有更多的油墨进入针孔内。

(3)烙角法　此法只适用于有角的成年公羊。具体方法是，先用粗铁丝做成10个阿拉伯数字码(从0～9)。随后把需要的数字在火上烧红，再把数字一个个烙在公羊角的外侧。

项目六　肉用羊生产

一、肉用羊的生产性能

肉用羊体大、早熟，生长快，肉质好，繁殖力高。幼龄羊的平均日增重和饲料利用率高，出栏体重大，饲养周期短，产肉能力强，屠宰率高，肌肉细嫩多汁，脂肪分布均匀，四季发情，配种年龄早，每胎产羔数多，产羔频率高。

(一)肉羊的外貌特征

肉羊的体形外貌在一定程度上能反映出其生产力水平的高低。

为区别、记载每个羊的外貌特征，必须识别羊的外貌部位的名称。羊体外貌各部位名称见图6-23。肉羊的体形外貌评定是以品种和肉用类型特点为主要依据进行的。就肉用绵羊、山羊来说，其外形结构和体躯部位应具备以下特征：

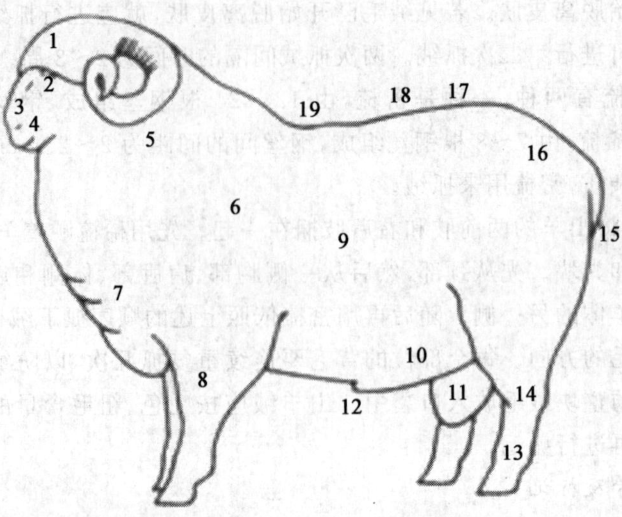

1.头;2.眼;3.鼻;4.嘴;5.颈;6.肩;7.胸;8.前肢;9.体侧;10.腹部;11.阴囊;
12.阴茎;13.后肢;14.飞节;15.尾;16.臀;17.腰;18.背;19.鬐甲

图 6-23 羊体外貌各部位名称

1.整体结构

具有本品种的典型特征。体格大小和体重达到品种的月龄活年龄标准,体躯粗圆,长宽比例协调,各部位结合良好。臀、后腿和尾部丰满,其他部位肌肉分布广而多。骨骼较细,皮薄而富有弹性,被毛着生良好且有光泽。

2.头、颈部

口方、眼大而明亮,头型较大,额宽丰满,耳纤细、灵活。颈部较粗,颈肩结合良好。

3.前躯

肩丰满、紧凑、厚实,前胸宽而丰满。前肢直立结实,腿短且间距宽,管部细致。

4.中躯

胸宽、深,胸围大。背腰宽而平,长度适中,肌肉丰满。肋骨开张良好,长而紧密。腹底呈直线,腰荐结合良好。

5.后躯

臀部长、平、宽而开展,大腿肌肉丰满,后档开阔,小腿肥厚。后肢短、直而细致。肢势端正。

6.生殖器官与乳房

生殖器官发育正常,无机能障碍,乳房明显,乳头粗细、长短适中。

(二)肉羊的体尺测量

体尺测量主要用于评定羊的生长发育情况。测量时注意场地要平坦,羊的站立肢势要端正。

测量工具:测杖、卷尺和圆形测定器。

测定项目:体高、体长、胸围、管围、十字部高、腰角宽。

1. 体高

由鬐甲最高点至地面的垂直距离。

2. 体长

即体斜长，由肩端最前缘至坐骨结节后缘的距离。

3. 胸围

由肩胛骨后缘绕胸一周的长度。

4. 管围

左前肢管骨最细处的水平周径。

5. 十字部高

由十字部至地面的垂直距离。

(三)肉用羊的生产性能评定的主要指标

肉用羊体大、早熟、生长快、肉质好、繁殖力高。幼龄羊的平均日增重和饲料利用率高，出栏体重大，饲养周期短。肉用羊产肉性能强，屠宰率高，肌肉细嫩多汁，脂肪分布均匀；四季发情，配种年龄早，每胎产羔多，产羔频率高。

1. 屠宰率

指胴体重加内脏脂肪（包括大网膜和肠系膜脂肪）和脂尾重，与羊屠宰前活重（宰前空腹 24 h）之比。

$$\text{屠宰率}=\frac{\text{胴体重}+\text{内脏脂肪和脂尾重}}{\text{屠宰前活重}}$$

胴体重：指屠宰放血后剥去毛皮，去头、内脏及前肢腕关节和后股关节以下部分，整个躯体（包括肾脏及其周围脂肪）静止 30 min 后的重量。

2. 胴体净肉率

$$\text{胴体净肉率}=\frac{\text{胴体重}-\text{骨重}}{\text{胴体重}}\times 100\%$$

3. 肉骨比

$$\text{肉骨比}=\frac{\text{胴体净肉重}}{\text{胴体骨重}}$$

4. 眼肌面积

测倒数第一和第二肋骨间脊椎上的背最长肌的横切面积，因为它与产肉量呈正相关。测量方法：用硫酸纸描绘出横切面的轮廓，再用求积仪计算面积。如无求积仪，可用下列公式估测：

$$\text{眼肌面积}(\text{cm}^2)=\text{眼肌高}(\text{cm})\times\text{眼肌宽}(\text{cm})\times 0.7$$

5. 胴体品质

主要根据瘦肉的多少及颜色、脂肪含量、肉的鲜嫩度、多汁性与味道等特性来评定。上等品质的羔羊肉，应该是质地坚实而细嫩味美，膻味轻，颜色鲜艳，结缔组织少，肉呈大理石状，背脂分布均匀而不过厚，脂肪色白、坚实。

6.平均日增重

$$平均日增重=\frac{育肥结束时体重-育肥开始时体重}{育肥天数}$$

7.饲料利用率

$$饲料利用率=\frac{肥育期内消耗的饲料总量}{肥育期末重-肥育期初重}$$

8.出栏率

$$出栏率=\frac{本年度出栏羊只数}{年初羊只数}\times 100\%$$

二、肉用羊的育肥方式

肉羊生产多用杂交的方式，产生具有杂种优势的杂种羊，或者利用本地的粗毛羊、细毛羊或半细毛羊等进行育肥，方式有放牧育肥、舍饲育肥和混合育肥。至于采取何种方式进行育肥，要根据当地牧草资源状况、羊源种类与质量、肉羊生产者的技术水平、肉羊场的基础设施等条件来确定。

(一)放牧育肥

放牧育肥是利用天然草场、人工草场或秋茬地放牧抓膘的一种育肥方式，生产成本低，应用较普遍。在安排得当时，能获得理想的效益。

1.选好放牧草场，分区合理利用

应根据羊的种类和数量，充分利用夏、秋季天然草场，选择地势平坦、牧草茂盛的放牧地。幼龄羊适于在豆科牧草较多的草场放牧育肥；成年羊适于在禾本科较多的草场放牧育肥。

为了合理利用草场和保护牧草的再生能力，放牧地应按地形划分成若干小区，实行分区轮牧，每个小区放牧4～6 d后移到另一个小区放牧，使羊群能经常吃到鲜嫩的牧草和树叶，同时也使牧草和灌木有再生的机会，有利于提高产草量和利用率。

2.加强放牧管理，提高育肥效果

放牧育肥的羊只，应按品种、年龄、性别、放牧的条件分群，保证育肥羊在牧地上采食到足够的青草量，即一般羔羊每日采食可达4～5 kg以上，大羊可达7～8 kg以上。放牧时，尽可能延长放牧时间，每天放牧时间应达10～12 h以上，早出牧，晚归牧，必要时进行夜牧，注意就地休息，保证饮水。放牧方法上讲究一个“稳”字，少走冤枉路，多吃草，避免狂奔。这种育肥方法成本较低，效益相对较高，一般经过夏、秋季节，每只育肥羔羊体重可增加10～20 kg。

为提高放牧育肥效果，养羊生产上应安排母羊产冬羔或早春羔，这样羔羊断奶后，正值青草期，可充分利用夏、秋季的牧草资源，适时育肥和出栏。

(二)舍饲育肥

舍饲育肥是根据肉羊生长发育规律，按照羊的饲养标准和饲料营养价值，配制育肥日粮，并完全在舍内喂、饮、运动的一种育肥方式。饲料的投入相对较高，但羊的增重快，胴体大，出栏早，经济效益高，便于按照市场的需要进行规模化、工厂化的肉羊生产，适合在放牧地少的地区或饲料资源丰富的农区使用。

1. 合理利用育肥饲料

舍饲育肥羊的饲料主要由青、粗饲料，农副业、加工副产品和各种精料组成，如干草、青草、树叶、作物秸秆，各种糠、糟、渣、油饼、作物籽实等。粗饲料需经加工调制，精料需制成混合料，按育肥标准饲喂。

一般舍饲育肥羊的混合精料可占到日粮的45%～60%，随着育肥强度的加大，精料比例应逐渐升高，但注意不要过食精料。

2. 添加剂在肉羊生产中的应用

羊的育肥添加剂包括营养性添加剂和非营养性添加剂，其功能是补充或平衡饲料营养成分，提高饲料适口性和利用率，促进羊的生长发育，改善代谢机能，预防疾病等。正确使用饲料添加剂，可提高羊育肥的经济效益。

(1)尿素的利用　每千克尿素的含氮量相当于2.6～2.9 kg粗蛋白质的含氮量或6～7 kg豆饼的含氮量。尿素喂羊应注意下列事项：

严格控制喂量：尿素不能替代日粮中的全部蛋白质，只是在日粮蛋白质不足时才喂，喂量可按羊体重的0.02%～0.05%计算。

合理饲喂：喂尿素应由少到多，逐渐增加到规定喂量，一般每日2～3次，喂后不能马上饮水，切忌单纯饮用或直接喂饲，必须配合易消化的精料喂饲；饲喂尿素不能空腹饲喂或时停时喂，连续饲喂效果才好；也不能和生豆类饲料混合饲喂，因生豆饼含有脲酶，对尿素分解很快，易使羊中毒。

尿素中毒：若饲喂方法不当或喂量过大，造成羊尿素中毒，可静脉注射10%～25%葡萄糖，每次100～200 mL，或灌服食醋0.5～1 L来急救。

(2)瘤胃素　瘤胃素又名莫能菌素，是链霉菌发酵产生的抗生素。其功能是控制和提高瘤胃发酵效率，从而提高增重速度及饲料转化率。

瘤胃素的添加量一般为每千克日粮干物质中添加25～30 mg，要均匀地混合在饲料中，最初喂量可低些，以后逐渐增加。

(3)羊育肥复合饲料添加剂　此添加剂是由微量元素(铁、铜、锌、锰、硒等)、瘤胃代谢调节剂、生长促进剂及对有害微生物抑制物质组成，适于生长期和育肥期间饲喂，用量每天每只羊2.5～3.3 g，混入饲料中饲喂。

(4)杆菌肽锌　杆菌肽锌是抑菌促生长剂，对畜禽都有促生长作用，其有利于养分在肠道内的消化吸收，改变饲料利用率，提高增重。羔羊用量每千克混合料中添加10～20 mg(42万～84万IU)，在饲料中混合均匀饲喂。

(三)混合育肥

混合育肥是放牧与补饲相结合的育肥方式，这种育肥方式既能利用夏、秋牧草生长旺季进行放牧育肥，又可利用各种农副产品及少许精料，进行补饲或后期催肥。这种方式比单纯依靠放牧育肥效果要好，适合全国各地的肉羊育肥生产。

放牧兼补饲的育肥可采用两种途径：一种是在整个育肥期，自始至终每天均放牧并补饲一定数量的混合精料和其他饲料。要求前期以放牧为主，舍饲为辅，少量补料；后期以舍饲为主，多量补料，适当就近放牧采食。另一种是前期安排在牧草生长旺季全天放牧，后期进入秋末冬初转入舍饲催肥，可依据饲养标准配合营养丰富的育肥日粮，强度育肥30～40 d出栏上市。我国肉羊生产中，常对一些老残羊和瘦弱羊，在秋末集中1～2个月舍饲育肥，可充分利用粮食加工副产品或少许精料补饲催肥，费用少，经济效益高。

三、羊的育肥技术

(一)羔羊育肥技术

现代羊肉生产的主流是羔羊肉，尤其是肥羔肉。随着我国肉羊产业的发展和人们生活、经济条件的改善，羔羊肉的生产将是羊的育肥重点。

1.育肥期及育肥强度的确定

羔羊在生长期间，由于各部位组织在生长发育阶段代谢率不同，体内主要组织的比例也有不同的变化。通常早熟肉用品种羊在生长最初的3个月内骨髓的发育最快，此后变慢、变粗，4～6月龄时，肌肉组织发育最快，以后几个月脂肪组织增长加快，到1岁时肌肉和脂肪的增长速度几乎相等。

(1)肥羔生产　按照羔羊的生长发育规律，周岁以内，尤其是4～6月龄以前的羔羊，生长速度很快，平均日增重可达200～300 g。如果羔羊从2～4月龄开始，采用强度育肥的方法，育肥期50～60 d，其育肥期内的平均日增重能达到或超过原有水平，这样羔羊长到4～6月龄时，体重可达成年羊体重的50%以上。肥羔出栏早，屠宰率高，胴体重大，肉质好，深受市场欢迎。

(2)羔羊肉生产　对于2～4月龄平均日增重达不到200 g的羔羊，要等体重达25 kg以上，至少是20 kg以上，才能转入育肥，即进行羔羊肉生产。

这种方式须等羔羊断奶后，才能进行育肥，且育肥期较长(90～120 d)。一般分前、后两期育肥，前期育肥强度不宜过大，后期(羔羊体重30 kg以上)进行强度育肥，一般在羔羊出生后10～12月龄就能达到上市体重和出栏要求。

羔羊断奶后育肥是羊肉生产的主要方式，因为断奶后的羔羊除小部分选留到后备群外，大部分要进行出售处理。一般来讲，对体重小或体况差的进行适度育肥，对体重大或体况好的进行强度育肥。

2.羔羊育肥期的饲养管理

对进行羔羊肉生产的育肥羔羊，适合采用能量较高、保持一定蛋白质水平和矿物质含量的混合精料来进行育肥。育肥期可分预饲期(10～15 d)、正式育肥期和出栏3个阶段。

育肥前应做好饲草(料)的收集、贮备和加工调制，以及圈舍场地的维修、清扫、消毒和设备的配置等工作。预饲期应完成对羊只的健康检查、防疫、驱虫、去势、称重、健胃、分群、饲料过渡等项目的执行。正式育肥期主要是按饲养标准配合育肥日粮，进行饲喂，定期称重，了解育肥羊生长发育情况，合理安排饲喂、放牧、饮水、运动、消毒等生产环节。采用正确的饲喂方法，避免羊只拥挤和争食，尤其防止弱羊采食不到饲料，并保证饮水充足，清洁卫生。出栏阶段主要是根据品种和育肥强度，确定出栏体重和出栏时间，应视市场需要、价格、增重速度和饲养管理等综合因素确定。

(二)成年羊育肥技术

大羊育肥在年龄上可划分为1～1.5岁的羊和2岁以上的成年羊(多数为老龄羊)，并按膘情好坏、年龄、性别、品种、体重、外貌等进行必要的挑选，然后进行育肥。大羊育肥主要目的是为了短期内增加羊的膘度，使其迅速达到上市的状态。依据生产条件，可选择使用放牧育肥、舍饲育肥、混合育肥的方式，但以混合育肥和舍饲育肥的方式较多。

1. 育肥羊的选择

成年羊育肥应挑选好羊只。一般来讲，凡不做种用的公、母羊和淘汰的老弱病残羊均可用来育肥，但为了提高肥育效益，要求用来育肥的羊体型大，增重快，健康无病，最好是肉用性能突出的品种，年龄在 1.5～2 岁。

2. 育肥期的饲养管理

成年羊的整个育肥期可划分为预饲期(15 d)、正式育肥期(30～60 d)、出栏 3 个阶段。

预饲期的主要任务是让羊只适应新的环境、饲料、饲养方式的转变，完成健康检查、注射疫苗、驱虫、称重、分群、灭螺、修蹄等生产环节。预饲期以粗饲料为主，适当搭配精饲料，并逐步将精饲料比例提高到 40%，进入正式育肥期，精饲料的比例提高到 60%。补饲用混合精饲料的配方比例大致为：玉米、大麦、燕麦等能量籽实类饲料占 80%左右，饼粕类植物性蛋白质饲料占 20%左右，食盐、矿物质和添加剂的比例可占到 1%～2%。

成年羊育肥应充分利用秸秆、天然牧草、农副产品及各种下脚料，制定合理的饲料配方，必要时可使用尿素和各种饲料添加剂。舍饲育肥期间，要制定合理的饲养管理工作日程，正确补饲，先给草料，后给混合精料，定时饲喂，保证饮水，注意清洁卫生，定期称重，同时注意随市场行情适时出栏。

项目七　奶山羊生产

一、奶山羊的外貌特征

奶山羊的外貌特征，因品种和饲养地区各有差异。但共同特点是：成年奶山羊的前躯较浅较窄，后躯较深较宽，整个体躯呈"楔"形。奶山羊全身细致紧凑，各部位轮廓非常清晰，头小额宽，颈薄而细长；背部平直而宽，胸部深广；四肢细长强健，皮肤薄而富有弹性，毛短而稀疏。产奶量高的奶山羊，乳房的形状呈扁圆形或犁形，丰满而体积大，皮肤薄细而富有弹性，没有粗毛，仅有很稀少而柔软的细毛。乳头大小适中，略倾向前方。

二、奶山羊的产奶性能测算

1. 个体产奶量的计算

(1)年度产奶量　指从每年 1 月 1 日起至 12 月 31 日止，全年累计个体产奶量。这种方法主要用于生产经营管理统计。

(2)一个泌乳期产奶量　指从母羊产羔后第一天起到干奶期为止的累计个体产奶量。这种统计方法要逐日称量挤奶量，认真登记，也可以定期测定(每隔 5 d 或 10 d 测一次)，能准确衡量母羊个体产奶性能。

(3)300 d 校正产奶量　由于母羊产羔胎次和泌乳天数不同，不易比较个体之间产奶量的高低。为此，可将不同胎次、不同泌乳天数的产奶量校正到第一胎 300 d 的产奶量。西北农业大学萨能羊 300 d 产奶量的校正系数如表 6-2 和表 6-3 所示。

表 6-2 不同胎次萨能羊 300 d 产奶量的校正系数

胎次	1	2	3	4	5	6	7	8	9	10
校正系数	1.0000	0.9384	0.9000	0.8897	0.9021	0.9395	1.0082	1.1223	1.3131	1.6567

表 6-3 不同泌乳天数的萨能羊 300 d 产奶量的校正系数

泌乳天数	校正系数	泌乳天数	校正系数
215	1.4867	295	1.0084
225	1.3667	300	1.0000
235	1.2723	305	0.9931
245	1.1999	315	0.9837
255	1.1414	325	0.9795
265	1.0950	335	0.9809
275	1.0584	345	0.9874
285	1.0298	355	0.9995

根据表 6-2 和表 6-3 所列的校正系数举例计算如下：

例：1 号母羊，第 5 胎 245 d 的泌乳期，实际产奶量 465 kg。2 号母羊第 6 胎 285 d 实际产奶量 500 kg，试比较两只母羊的产奶量高低。

1 号母羊校正产奶量为：

$$465\times0.9021\times1.1999=503.33(\text{kg})$$

2 号母羊校正产奶量为：

$$500\times0.9395\times1.0298=483.75(\text{kg})$$

计算结果表明：1 号母羊的产奶性能优于 2 号母羊。

2. 乳脂率的测定与计算

乳脂率是羊奶品质的重要指标。乳脂率最好每月抽测一次，用各月测定的平均结果乘以各月实际产奶量，将所有乘积累加起来，再除以总产奶量，就是平均乳脂率。

三、奶山羊的饲养

(一)羔羊的培育

对初生羔羊，可根据具体情况，实行人工哺育和随母哺育。人工哺育初乳，宜于生后 20～30 min 开始。1 d 内的初乳喂量，至少应为其体重的 1/5。体重 3 kg 的羔羊，第一天喂乳 0.6～0.7 kg，到生后第六日龄逐渐增至 0.8～1 kg。日喂初乳不宜少于 4 次，此时日增重可达 200～220 g。生后 40 d 内，奶应是这一阶段的主要能量来源。但为了尽早锻炼其肠胃消化草料的机能，应从 15 日龄开始给草，20 日龄开始喂料。生后 40～80 d，是奶与草并重的阶段，如其体重已经达到或超过要求标准，则可酌情用干草替换精料。生后 80～120 d 断奶，此阶段应以草料为主，奶已退居次要地位。如干草的品质好，并有混合饼渣类的精料作补充，则提前到90 d断奶，是不会影响其生长发育的。

羔羊乳喂量，可遵守以下原则。

(1)一昼夜的最高哺乳量，母羔不应超过体重的20%，公羔不应超过体重的25%。

(2)在体重达到8 kg以前，哺乳量随着体重的增加渐增。体重在8～13 kg时，哺乳量不变，但此期应尽量促其采食草、料。体重达13 kg以后，哺乳量渐减，草、料渐增。体重达18～24 kg时，可以断奶。整个哺乳期平均日增重，母羔不应低于150 g，公羔不应低于200 g。如日增重平均每天在250 g以上，则说明日增重太高，喂得过肥，这会损害奶羊的体质，对以后产奶不利

(3)哺乳期间，如有优质的豆科牧草和比较好的精料，只要能按期完成增重指标，也可以酌情减少哺乳量，缩短哺乳期。

(4)如以脱脂奶代替全奶，最早须从生后第二月起；日粮中如有优质精料，经常有充足的豆科牧草，则不致影响增重计划。

(二)育成羊的培育

断奶之后的育成羊，全身各系统和各种组织都继续在旺盛地生长发育。体重、躯体的宽度、深度与长度都在迅速增长。此时，如日粮配合不当，营养跟不上要求，便会显著影响育成羊的生长发育，形成体重小、四股高、胸窄、躯干细的体形，并能严重地影响到体质、采食量和将来的泌乳能力。

生后4～6个月间，仍须注意精料的喂量，每日约喂混合精料300 g，其中可消化粗蛋白质的含量不可低于15%～16%。日粮中营养不足之数，均应能从继续不断增加的干草和青草或青贮饲料中得到补充。

育成羊在培育阶段，忌体态臃肿，肌肉肥厚，体格短粗。但仍要求其增重快，体格大。饱满的胸腔是将充足的营养和充分的运动锻炼结合起来育成的。育成羊满1岁之后，如青饲料质量高，喂量大，可以少给精料，甚至不给精料。实践经验证明，这样喂出的奶羊，腹大而深，采食量大，消化力强，体质壮，泌乳量高。

(三)干奶期母羊的饲养管理

在一个泌乳期内，奶山羊的产奶量约为其体重的15～16倍，而高产奶牛一般为10～12倍，因而奶山羊在泌乳高峰期的掉膘程度，要比奶牛严重得多，干乳期如不能将母羊体重增加20%～30%，不仅所生羔羊的初生重小，而且还会影响下个泌乳期的产奶量和乳脂率。在实际饲养中，应按日产奶1.0～1.5 kg的饲养标准喂给。

此期的日粮，应以优质干草(豆科牧草占有一定比例)和青贮饲料为主，适当搭配精饲料和多汁饲料。此期所喂的青贮料，切忌酸度过高，酒糟也应严格控制喂量，过量会影响胎儿的发育，可能会引起流产。在矿物质上，每日补饲15～20 g骨粉和食盐。补饲定量的维生素E和硒，更有助于防止胎衣不下和乳房炎。

舍饲圈养的羊由于缺乏运动，往往影响食欲，腹下和乳房底部易出现水肿，分娩时收缩无力，易造成难产或胎衣不下。为此，要尽量创造运动和日光浴的条件，可采取定时驱赶其运动的办法。此外，要严格执行各项保胎措施，以防流产或早产。

(四)产奶期母羊的饲养管理

产奶初期，母羊消化较弱，不宜过早采取催乳措施，以免引起食滞或慢性胃肠疾患。产后1～3 d内，每天应给3～4次温水，并加少量麸皮和食盐。以后逐渐增加精料和多汁饲料，1周后恢复到正常的喂量。

产后20 d产奶量逐渐上升，一般的奶羊约在产后30～45 d达到高峰，高产奶羊约40～70 d出现产奶高峰。在泌乳量上升阶段，体内储蓄的各种养分不断付出，体重也不断减轻。在此时期，饲养条件对于泌乳机能最为敏感，应该尽量利用最优越的饲料条件，配给最好的日粮。为了满足日粮中干物质的需要量，除仍须喂给相当于体重1%～1.5%的优质干草外，应该尽量多喂给青草、青贮饲料和部分块根块茎类饲料。若营养不够，再用混合精料补充，并须比标准要多给一些产奶饲料，以刺激泌乳机能尽量发挥。同时要注意日粮的适口性，并从各方面促进其消化力，如进行适当运动，增加采食次数，改善饲喂方法等。在此时期，只要生理上不受挫折，饲养方法得当，产奶量正常顺利地增加上去，便可极大地提高泌乳量。

产奶盛期的高产奶羊，所给日粮的数量要达5 kg以上，要使它安全吃完这样大量的饲料，必须注意日粮的体积、适口性、消化性，应根据每种饲料的特性，慎重配合日粮。若日粮中青、粗饲料品质低劣，精料比重太大，产奶所需的各种营养物质亦难得平衡，同样难以发挥其最大的泌乳力。

在产奶量上升停止以后，就应将超标准的促奶饲料减去。但应尽量避免饲料和饲养方法的突然变化，以争取有一个较长的稳产时期，到受胎后泌乳量继续下降时，则应根据个体营养情况，逐渐减少精料的喂量，以免造成羊体过肥和浪费饲料。

对高产奶山羊，如单纯喂以青、粗饲料，由于该种饲料体积大又难以消化，泌乳所需各种营养物质难以完全满足，往往不能充分发挥其泌乳潜力。相反，过分强调优质饲养，精料比重过大，或过多利用蛋白质饲料，则不但经济上不合算，还会使羊产生消化障碍，产奶量降低，损失机体机能，缩短利用年限。

四、奶山羊的管理

(一)干奶

1. 干奶的方法

分为自然干奶法和人工干奶法两种。产奶量低、营养差的母羊，在泌乳7个月左右配种，怀孕1～2个月以后奶量迅速下降，而自动停止产奶，即自然干奶。产奶量高、营养条件好的母羊，较难自然干奶，这样就要人为地采取一些措施，即人工干奶。人工干奶法分为逐渐干奶法和快速干奶法两种。

(1)逐渐干奶法　逐渐干奶法是指逐渐减少挤奶次数，打乱挤奶时间，停止乳房按摩，适当降低精料比例，控制多汁饲料，限制饮水，加强运动，使羊在7～14 d之内逐渐干奶。

(2)快速干奶法　生产当中一般多采用快速干奶法。即利用乳房内压增大，抑制乳汁分泌的生理现象来干奶。其方法是：在预定开始干奶的当天，认真按摩乳房，将乳挤净，然后擦干乳房，用2%的碘液浸泡乳头，再给乳头注入青霉素或金霉素软膏，并用火棉胶予以封闭，之后就停止挤奶，7 d之内乳房积乳逐渐被吸收，乳房收缩，干奶结束。

2. 干奶的天数

正常情况下，干奶一般从怀孕第 90 d 开始，即干奶 60 d 左右。干奶天数究竟多少天合适，要根据母羊的营养状况、产奶量的高低、体质的强弱、年龄大小来决定，一般在 45～75 d。

3. 干奶时的注意事项

干奶初期，要注意圈舍、垫草和环境卫生，以减少乳房的感染。平时要注意刷拭羊，因为此时最容易感染虱病和皮肤病。怀孕后期要注意保胎，严禁拳打脚踢和惊吓羊只，出入圈舍谨防拥挤，严防滑倒和角斗。要使母羊坚持运动，但不能剧烈。对腹部过大或乳房过大而行走困难的羊，可暂时停止驱赶运动，任其自由运动。一般情况下母羊不能停止运动，因为运动对防止难产有着十分重要的作用。

(二)挤奶

挤奶是奶山羊泌乳期的一项日常性管理工作，技术要求高，劳动强度大。挤奶技术的好坏，不仅影响产奶量，而且会因操作不当而造成羊乳房疾病。挤奶应按下列程序操作。

1. 挤奶羊的保定

将羊牵上挤奶台(已习惯挤奶的母羊，会自动走上挤奶台)，然后再用颈枷或绳子固定。在挤奶台前方的食槽内撒上一些混合精料，使其安静采食，方便挤奶。

2. 擦洗和按摩乳房

挤奶羊保定以后，用清洁毛巾在温水中浸湿，擦洗乳房二三遍，再用干毛巾擦干。然后，以柔和动作左右对揉几次，再由上而下按摩，促使羊的乳房变得充盈而有弹性。每次挤奶时，分别于擦洗乳房时、挤奶前、挤出部分乳汁后按摩乳房三四次，有利于将奶挤干净。

3. 正确挤奶

挤奶可采用拳握法或滑挤法，以拳握法较好。每天挤奶 2 次。如日产奶在 5 kg 以上，挤奶 3 次。每次挤奶前，最初几把奶不要。挤奶结束后，要及时称重并做好记录，必须做到准确、完整，以保证资料的可靠性。

4. 过滤和消毒

羊奶称重后经 4 层纱布过滤，之后装入盛奶瓶，及时送往收奶站或经消毒处理后短期保存。消毒方法一般采用低温巴氏消毒，即将羊奶加热(最好是间接加热)至 60～65℃，并保持 30 min，可以起到灭菌和保鲜的作用。

5. 清扫

挤奶完毕后，须将挤奶时的地面、挤奶台、饲槽、清洁用具、毛巾、奶桶等清洗、打扫干净。毛巾等可煮沸消毒后晾干，以备下次挤奶使用。

(三)去角

羔羊去角是奶山羊饲养管理的重要环节，奶山羊有角易发生创伤，不便于管理。因此，为了减少对羊的损伤，小羔羊一般在生后 7～10 d 内去角。人工哺乳的羔羊，最好在学会吃奶后进行。去角前，要观察羔羊的角蕾部，羔羊出生后，角蕾部呈漩涡状，触摸时有一较硬的凸起。去角时，先将角蕾部分的毛剪掉，剪的面积稍大一些(直径约 3 cm)，然后再去角。去角方法有以下两种。

1.烧烙法

将烙铁于炭火中烧至暗红(也可用电烙铁),对保定好的羔羊的角基部进行烧烙,每次烧烙的时间不超过 10 s,次数适当多一些。当表层皮肤破坏并伤及角原组织后可结束。

2.化学去角

用棒状苛性纳在角基部摩擦,破坏其角组织。术前应在角基部周围涂抹一圈医用凡士林,防止碱液损伤其他部分的皮肤。操作时,先重后轻,将表皮擦到有血液浸出即可,摩擦面积要稍大于角基部。术后可给伤口上撒上少量消炎粉。术后半天以内,不要让羔羊与母羊接触,并适当捆住羔羊的两后肢。哺乳时,应防止碱液伤及母羊的乳房。

(四)刷拭

奶山羊应每天进行刷拭,以保持羊体清洁,促进血液循环,增进羊只健康,提高泌乳能力,还可保持乳品清洁。刷拭羊体时,最好用硬草刷自上而下、从前至后将羊体刷拭一遍,清除皮毛上的粪、草及皮肤残屑,保持体毛光顺,皮肤清洁。羊身上如有粪块污染,可用铁刷轻轻梳掉或用清水洗干净,然后擦干。

模块七

牛羊场的规划设计与经营

项目一　牛场的建设规划

一、奶牛场的场地规划与布局

(一)确定合理的奶牛场养殖规模

养殖规模大小是奶牛场区规划与设计的重要依据,养殖规模的确定应考虑以下几个方面:

1.自然资源

饲草饲料资源,是影响饲养规模的主要制约因素。生态环境对饲养规模也有很大影响。

2.资金情况

奶牛生产所需资金较多,资金回报率较低,投资回收周期长。投资之前,要进行必要的资金运行分析。资金雄厚,规模可大,总之要量力而行。一般情况下,新建一个奶牛场,包括牛舍、挤奶厅、青贮窖、粪污处理、供电以及道路等附属设施和挤奶、饲喂设备,按设计存栏头数,平均每头牛投资约0.6万～1万元。但因地区、生产方式、榨乳方式、粪污处理等不同,投资强度差异很大。

3.经营管理水平

社会经济条件的好坏,社会化服务程度的高低,价格体系的健全与否,以及价格政策的稳定性等,对饲养规模有一定的制约作用。在确定饲养规模时,应予以考虑。

4.场地面积

奶牛生产,牛场管理,职工生活,病牛隔离治疗与粪污处理区及其他附属建筑等都需要一定的场地、空间。牛场大小可根据每头牛所需面积,结合长远规划计算出来。一个存栏为1 000～1 500头的奶牛场,采用散栏饲养,TMR饲喂,一般占地面积为10万～12万m^2,长/宽=1.2/1或方形场地为好(土地利用系数最高);建筑系数为20%～25%;绿化系数为30%～35%;道路系数为8%～10%;运动场地和其他用地为35%～40%。

5.品种因素

规模饲养奶牛应根据乳品加工产品对原料奶的要求来选择品种。不同奶牛的品种,体形大小差异较大,因此,每头奶牛的占地面积也不相同。如荷斯坦奶牛,美加系体形较大,欧系则较小;荷斯坦体形相对较大,娟姗牛体形较小。在设计牛舍、挤奶厅等建筑和内部设施时需要考虑这些因素。

(二)奶牛场的场址的选择

奶牛场场址的选择要有周密考虑,更要符合防疫规范要求,需统筹安排比较长远的规划。因此,必须与当地农牧业发展规划、农田基本建设规划以及今后修建住宅等规划结合起来,必须适应于现代化养牛业的需要。此外,所选场址要有发展的余地。奶牛场的场址的选择有如下要求。

1. 地势高燥

奶牛场应建在地势高燥、背风向阳、地下水位较低,具有缓坡的北高南低,总体平坦的地方。切不可建在低凹处、风口处,以免排水困难,汛期积水及冬季防寒困难。

2. 土质良好

土质以沙壤土为好。土质要松软,透水性强,雨水、尿液不易积聚,雨后没有硬结,有利于牛舍及运动场的清洁与卫生干燥,有利于防止蹄病及其他疾病的发生。

3. 水源充足

要有充足的合乎卫生要求的水源,保证生产生活及人畜饮水。水质要良好,不含毒物,确保人畜安全和健康。

4. 草料丰富

奶牛饲养所需的饲料,特别是粗饲料需要量大,不宜运输。奶牛场应距秸秆、青贮和干草饲料资源较近,以保证草料供应,减少运费,降低成本。

5. 交通便捷

饲料运进,牛奶运出,粪肥的销售等的运输量很大,来往频繁,有些运输要求风雨无阻。因此,在满足防疫要求的情况下,奶牛场应建在离公路或铁路较近,且符合防疫安全的地方。

6. 卫生防疫

奶牛场场址要远离主要交通要道、村镇工厂 1 000 m 以外,一般交通道路 500 m 以外,还要避开对奶牛场污染的屠宰、化工和工矿企业 1 500 m 以外。场址符合兽医卫生和环境卫生的要求,周围无传染源。

7. 节约用地

不占或少占耕地。地形开阔整齐,理想地形为正方形、长方形,避免狭长和多边角。

8. 避免地方病

人畜地方病多因土壤,水质缺乏或过多含有某种元素而引起,建场址要考虑此因素。

9. 气象因素

要综合考虑当地的气象因素,如年最高温度、最低温度、湿度、年降雨量、主风向、风力等,以选择有利地势。

奶牛场场区规划应本着因地制宜和科学饲养的要求,合理布局,统筹安排,满足饲养工艺要求。场地建筑物的配置应做到紧凑整齐,提高土地利用率,供水管道节约,有利于整个生产过程和便于防火灭病。

(三)奶牛舍的设计原则

修建奶牛舍的目的是为了给牛创造适宜的生活环境,保障牛的健康和生产的正常运行。要做到使用较少的资金、饲料、能源和劳力,获得更多的畜产品和较高的经济效益。为此,设计奶牛舍应掌握以下原则。

1.为奶牛创造适宜的环境

一个适宜的环境可以充分发挥奶牛的生产潜力，提高饲料利用率。一般来说，家畜的生产力20%取决于品种，40%～50%取决于饲料，20%～30%取决于环境。不适宜的环境可以使家畜的生产力下降10%～30%。此外，即使喂给全价饲料，如果没有适宜的环境，饲料也不能最大限度地转化为畜产品，从而降低了饲料的利用率。由此可见，畜舍必须符合家畜对各种环境条件的要求，包括温度、湿度、通风、光照、空气中的二氧化碳、氨、硫化氢，为家畜创造适宜的环境。

2.要符合生产工艺要求

奶牛生产工艺要保证生产的顺利进行和畜牧兽医技术措施的实施，包括牛群的结构和周转方式，如运送草料、饲喂、饮水、清粪等，也包括测量、称重、采精输精、防治疫病、生产护理等技术措施。修建奶牛舍必须与本场生产工艺相结合，否则，必将给生产造成不便，运行成本高，甚至使生产无法进行。

3.严格卫生防疫，防止疫病传播

流行性疫病会对奶牛场形成威胁，造成经济损失。通过修建规范的牛舍，为家畜创造适宜环境，将会防止或减少疫病发生。此外，修建畜舍时还应特别注意卫生要求，以利于兽医防疫制度的执行。要根据防疫要求合理进行场地规划和建筑物布局，确定畜舍的朝向和间距，设置消毒设施，合理安置污物处理设施等。

4.要做到经济合理，技术可行

在满足以上3项要求的前提下，畜舍修建还应尽量降低工程造价和设备投资，以降低生产成本，加快资金周转。因此，畜舍修建要尽量利用自然界的有利条件(如自然通风，自然光照等)，尽量就地取材，遵从当地建筑施工习惯，适当减少附属用房面积。畜舍设计方案必须通过施工能够实现，否则，方案再好而施工技术上不可行，也只能是空想的设计。

5.采用科学标准

标准主要有：国家颁发的建筑设计法规及定额等；建设单位所在地的地方标准，如《奶牛场建设技术规范》；国家和地方环保执行标准等。

(四)奶牛场的场区规划

奶牛场一般分生活区、管理区、生产区和病牛隔离治疗与粪污处理区。4个区的规划是否合理，各区建筑物布局是否得当，直接关系到奶牛场的劳动生产效率，场区小气候状况和兽医防疫水平，影响到经济效益。

1.奶牛生产区

包括生产区和生产辅助区。生产区主要包括奶牛舍[泌乳牛舍、青年牛舍、育成牛舍、犊牛舍(4～6月)、犊牛岛(1～3月)、干奶牛舍、产房]、配套运动场、挤奶厅等。这是奶牛场的核心，应设在场区地势较低的位置，要能控制场外人员和车辆，使之不能直接进入生产区，要保证生产区安全、安静。各牛舍之间要保持适当距离，布局整齐，以便防疫和防火，但也要适当集中，这样可以节约水电线路管道，缩短饲草饲料及粪便运输距离，便于科学管理。生产辅助区包括饲料库、饲料加工车间、变配电室、青贮窖、干草棚、机械车辆库等。饲料库、加工车间、青贮窖和干草棚，离奶牛舍要近一些，位置适中一些，便于车辆运送草料，减少劳动强度。但必须防止奶牛舍和运动场因污水渗入而污染草料。所以,一般都应建在地势较高的地方。

生产区和辅助生产区要用围栏或围墙与外界隔离。大门口设立门卫传达室、消毒室、更衣室和车辆消毒池,严禁非生产人员出入场内,出入人员和车辆必须经消毒室或消毒池进行消毒。

2.奶牛场管理区

管理区包括办公室、财务室、接待室、档案资料室、活动室、试验室等。管理区要和生产区严格分开,二者应保证 50 m 以上距离。

3.奶牛场职工生活区

职工生活区应在牛场上风头和地势较高地段,并与生产区保持 100 m 以上的距离,以保证生活区良好的卫生环境。

4.病牛隔离治疗与粪污处理区

该区包括兽医诊疗室、隔离舍、病牛区、粪污处理场。此区应设在下风头,地势较低处,与生产区距离 100 m 以上。病牛区应便于隔离,有单独通道,便于消毒,便于污粪处理和加工等。

二、奶牛场牛舍建设

(一)奶牛舍建设要求

奶牛舍建设,要根据当地的气温变化和奶牛场生产用途等因素来确定。建奶牛舍既要考虑经济实用,又要符合兽医卫生要求,做到科学合理。有条件的,可建质量好的、经久耐用的奶牛舍。

奶牛舍内应干燥,冬暖夏凉,地面应保温,不透水,不打滑,无污水,粪尿易于排出舍外,下水畅通。舍内清洁卫生,空气新鲜。

由于冬春季风向多偏西北,奶牛舍以坐北朝南或朝东南好。奶牛舍要有一定规格、数量的采光、通风窗户,以保证太阳光线充足和空气流通。房顶有一定厚度,隔热保温性能好。舍内各种设施的安置应科学合理,以利于奶牛不同生长发育阶段、不同泌乳繁殖阶段生长和生产需要。

1.奶牛舍形式

奶牛舍因气候条件可分为:封闭式、半开放式、开放式。

2.奶牛舍种类

根据奶牛不同时期需要及用途可分为:泌乳牛舍、干乳牛舍、产房、0～3 月龄犊牛舍(犊牛岛)、4～6 月龄犊牛舍、育成牛舍、青年牛舍、隔离牛舍。

3.泌乳牛舍

泌乳牛舍因饲养方式不同,分为散栏式大跨度奶牛舍或拴系式奶牛舍;又因奶牛舍建筑结构形式不同,分为钟楼式、半钟楼式、双坡式等。

(二)牛舍基本结构

1.地基与墙体

温暖地区基深 80～100 cm,砖墙厚 24 cm;高寒冷地区基深 150～180 cm(原则应超过冻土),砖墙厚后墙 50 cm,前墙 37 cm。轻钢结构钟楼式泌乳牛舍 27 m 跨度、下檐高 3.1～

3.6 m、开间 4～6 m、上檐高 4.5～5.0 m；钟楼顶高 6.5～7.5 m、檐高 5.5～6.0 m；产房 12 m 跨度、檐高 3.1～3.6 m、开间 4 m、顶高 4.0～5.0 m；犊牛舍 10.0～10.5 m 跨度、檐高 3.1～3.6 m、开间 4 m、顶高 4.0～4.5 m，或采用移动式犊牛岛。砖混结构双坡式奶牛舍脊高 4.0～4.5 m，前后檐高 3.0～3.5 m。牛舍内墙的下部设墙围，防止水汽渗入墙体，也可以提高墙的坚固性、保温性。

2.门窗

门高 2.1～2.2 m，宽 2～2.5 m。高寒冷地区门一般设成保温推拉门或双开门，也可设上下翻卷门。封闭式的窗应大一些，高 1.5 m，宽 1.5 m，采用新型材料设计时，寒冷地区朝阳面设计通长导流式自动开启的旋窗，窗台高距地面 1.2～1.5 m 为宜。温暖地区半开放式或开放式牛舍，可以采用卷帘门窗，以增加通风和采光。

3.屋顶

最常用的是钟楼式、半钟楼式、双坡式屋顶。钟楼式、半钟楼式比较适用于较大跨度的泌乳牛舍，有利于通风、采光；双坡式的屋顶牛舍可用于干乳牛舍、产房、0～3 月龄犊牛舍（或犊牛岛）、4～6 月龄犊牛舍、育成牛舍、青年牛舍、隔离牛舍等各种规模的各类牛群。这种屋顶既经济，通风性、保温性又好，而且容易施工修建。

4.奶牛床和饲槽

奶牛场多为群饲通槽喂养。拴系式饲喂牛床一般要求是长 1.6～1.8 m，宽 1.0～1.2 m。牛床坡度为 1.5%，牛槽端位置高。饲槽设在牛床前面，以固定式水泥槽最适用，其上宽 0.6～0.8 m，底宽 0.35～0.40 m，呈弧形，槽内缘高 0.35 m（靠牛床一侧），外缘高 0.6～0.8 m（靠走道一侧）。散栏式 TMR 饲喂，奶牛自由采食，单设卧床。

为操作简便，节约劳力，应建高通道，低槽位的道槽合一式为好，即槽外缘和通道在一个水平面上。

5.通道和粪尿沟

对头式饲养的双列奶牛舍，通道宽度应以送料车能通过为原则。人工推车饲喂，中间通道宽 1.4～1.8 m（不含料槽）。TMR 日粮车饲喂，采用道槽合一式，道宽 4 米为宜（含料槽宽）。粪尿沟宽应以常规铁锨正常推行宽度为宜，宽 0.25～0.3 m，深 0.15～0.3 m，倾斜度 1∶50～1∶100。

6.运动场、饮水槽和围栏

运动场的大小，其长度应以奶牛舍长度一致对齐，这样既整齐美观，又充分利用地皮；其宽度应参照每头奶牛 10～15 m^2 设计而计算。奶牛随时都要饮水，因此，除舍内饮水外，还必须在运动场边设饮水槽，且能翻转，便于清洗。槽长 3～4 m，上宽 70 cm，槽底宽 40 cm，槽高 40～70 cm。每 25～40 头应有一个饮水槽，要保证供水充足、新鲜、卫生。寒冷地区的饮水槽最好选择具有加热装置，使奶牛冬季能喝到温水。运动场周围要建造围栏，可以用钢管建造，也可用水泥桩柱建造，要求结实耐用。

（三）建造奶牛舍的基本类型

1.封闭式奶牛舍

12 m 跨度封闭式奶牛舍多采用拴系饲养，18～27 m 封闭式奶牛舍多采用散栏式饲养。因采用的建筑结构和建筑材料不同又分为轻钢结构、彩板装配式奶牛舍和砖混结构奶牛舍两种。

2. 半开放式奶牛舍

半开放式奶牛舍3面有墙，向阳一面敞开，有顶棚，在敞开一侧设有围栏。这类奶牛舍的敞开部分在冬季可用卷帘遮拦，形成封闭状态，从而达到夏季利于通风，冬季能够保暖，使舍内小气候得到改善。这类奶牛舍相对封闭式奶牛舍来讲，造价低，节省劳动力(较适合华北部分地区)。

3. 塑料薄膜暖棚奶牛舍

属于半开放奶牛舍的一种，是近年来北方寒冷地区推出的一种较保温的半开放式奶牛舍。就是冬季将半开放式(或开放式奶牛舍)，用塑料薄膜封闭敞开部分，利用太阳能和牛体散发的热量，使舍温升高，同时塑料薄膜也避免了热量散失。

修筑塑膜暖棚奶牛舍要注意以下几个方面的问题：一是选择合适的朝向，塑膜暖棚奶牛舍需坐北朝南。二是选择合适的塑料薄膜，应选择对太阳光透过率较高，而对地面长波辐射透过率较低的抗老化聚乙烯等塑膜，其厚度以80～100 μm为宜。三是要合理设置通风换气口，棚舍的进气口设在棚舍顶部的背风面，上设防风帽，排气口的面积以20 cm×20 cm为宜，进气口的面积是排气口面积的一半，每隔3 m远设置一个排气口。

4. 开放式轻钢结构、彩板装配屋顶式奶牛舍

这种装配式奶牛舍系先进技术设计，采用国产优质材料制作。其适用性、耐用性及美观度均居国内一流，且制作简单，省时，造价低。

(1)适用性强　保温，隔热，通风效果　好奶牛舍前后两面墙体由活动卷帘代替，夏季可将卷帘拉起，使封闭式奶牛舍变成棚式奶牛舍，自然通风效果好。屋顶部安装有可调节风帽。冬季卷帘放下时通风调节帽内蝶形叶片，使舍内氨气排出，达到通风换气的效果。

(2)耐用　奶牛舍屋架、屋顶及墙体根据力学原理精心设计，选用优质防锈材料制作，既轻便又耐用，一般使用寿命在20年以上(卷帘除外)。

(3)美观　奶牛舍外墙采用金属彩板(红色，蓝色)扣制，外观整洁大方，十分漂亮。

(4)造价低　按建筑面积计算，造价仅为砖混结构、木屋结构牛舍的80%左右。

(5)建造快　其结构简单，工厂化预制，现场安装，因此省时。在基础完成的情况下，一栋标准奶牛舍一般在15～20 d即可造成。这种奶牛舍以钢材为原料，工厂制作，现场装备，属敞开式奶牛舍。屋顶为彩钢板、镀锌板或太阳板，屋梁为“U”字型钢，角铁焊接；隔栏和围栏为钢管。

(6)轻钢结构、彩板装配式奶牛舍室内设置与砖混建筑的普通奶牛舍基本相同，其适用性、科学性主要体现在屋架、屋顶和墙体，宽敞通风，以及方便于采用TMR等先进的饲喂和管理工艺技术。

三、奶牛场建筑物的配置要求

奶牛场内部建筑物的配置要因地制宜，统一规划，合理布局，便于管理，还要有利于生产，便于防疫、安全等，做到整齐、紧凑，土地利用率高和节约投资，运行成本低与经济实用。

1. 奶牛舍

我国地域辽阔，南北、东西气候相差悬殊。东北三省、内蒙古、青海、新疆等地奶牛舍设计主要是防寒、通风、采光，奶牛舍坐北朝南为宜；华北部分地区及黄河以南则以防暑、降温、排潮为主，应以坐东朝西为好。奶牛舍的形式依据饲养规模和饲养方式而定。奶牛舍的建造应便

于饲养管理，便于采光，便于夏季防暑降温，冬季防寒、排潮，还要便于防疫。修建多栋奶牛舍时，采取长轴平行配置较好，当奶牛舍超过 4 栋时，可以 2 行并列配置，前后对齐，相距 10～15 m 以上。

2. 饲料库和混料间

饲料库和混料间建造地址应选在离每栋牛舍的位置都较适中，位置稍高，即干燥通风，又利于成品料向各奶牛舍运输的地方。

3. 干草棚及草库

干草棚及草库尽可能地设在上风向地段，与周围房舍至少保持 50 m 以上的距离，单独建造，既防止散草影响奶牛舍环境美观，又要达到安全防火。如果 TMR 饲喂方式，要离饲料加工或搅拌站近些。

4. 青贮窖或青贮池

建造选置原则同饲料库。位置适中，地势较高，防止粪尿等污水入浸污染，同时要考虑出料时运输方便，减少劳动强度。如果 TMR 饲喂方式，要离饲料加工或搅拌站近些。

5. 兽医室和病牛舍

兽医室和病牛舍应设在牛场下风头，而且相对偏僻的一角，便于隔离，减少空气和水的污染传播。

6. 办公室、职工住舍和食堂

这些设施应设在牛场之外地势较高的上风头，以防空气和水的污染及疫病传染。奶牛场门口应设门卫、消毒室和消毒池等。

四、奶牛场绿化

牛场应统一规划布局，因地制宜地植树造林、栽花种草是现代化牛场不可缺少的建设项目。

1. 场区林带的规划

在场界周边种植乔木和灌木混合林带，并栽种刺篱。绿化林草，北方地区可种植乔木类的大叶杨、旱柳、钻天杨、榆树及常绿针叶树等，灌木类的河柳、紫穗槐、侧柏等，起到防风、阻沙、安全等作用；南方地区可种植乔木类的法国梧桐、槐树、柳树、榆树等，灌木类的黄杨、黄金叶、大叶女贞、小叶女贞、法国冬青、垂柳等；草坪类的冷季型有多年生黑麦草、草地早熟禾、细羊茅，暖季型有地毡草、狗牙根、钝叶草等。

2. 场区隔离带的设置

隔离带主要用以分隔场内各区，如生活区及管理区等。生产区的四周都应设置隔离林带。一般可用杨树、榆树等，其两侧种灌木，以起到隔离作用。

3. 道路绿化

宜采用塔柏、冬青等四季常青树种进行绿化，并配置小叶女贞或黄杨成绿化带。

4. 运动场围栏外侧遮阳林

在运动场的南、东、西 3 侧，应设 1～2 行遮阳林。一般可选择枝叶开阔，生长势强，冬季落叶后枝条稀少的树种，如杨树、槐树、法国梧桐等。

总之，树种花草的选择应因地制宜，就地选材，还要加强管护，保证成活。绿化可以改善牛场环境条件和局部小气候，净化空气，美化环境，同时也能起到隔离作用。

五、奶牛场粪污处理

(一)固体废弃物的处理与利用

粪便等固体废弃物腐熟发酵,发酵处理后的粪便经过深加工,制成高效有机肥,用于果、菜、花等种植业的生产,做到农牧良性循环,可持续发展。常用的方式有:

1.设置堆肥场

东北和西北地区多采用在奶牛场的下风头设置堆肥场,牛粪堆肥发酵后直接还田;尿污经下水道进污水池发酵还田。华北和南方地区多不采用此种方式。

2.粪污发酵制沼气

在奶牛场下风头适宜地点建设沼气池,生产沼气可供生产和生活使用。发酵底物定期清理可直接还田,或经调制生产专用肥料。此法在华北和西北部分地区可以采用,在南方地区较为适用。

(二)粪便腐熟发酵工艺流程(略)

项目二　羊场的建设规划

一、规模羊场选址的法定原则

1.合法用地

《中华人民共和国畜牧法》规定:建设用地、一般用地可用以养殖场建设,基本农田不能用于养殖场建设。因此在建设养殖场之前,一定到所在乡镇土管所查清土地性质。

2.远离禁养区

《中华人民共和国畜牧法》第四十条规定了禁止在一些区域内建设畜禽养殖场、养殖小区。县规划局有法定的规划,因此在建设养殖场之前,一定到县规划局查看县域整体规划。

3.符合动物防疫条件

《中华人民共和国动物防疫法》第十九条规定了动物饲养场和隔离场所,动物屠宰加工场所,以及动物和动物产品无害化处理场所,应当符合的动物防疫条件。第二十条规定:养殖场经申请,通过县级以上畜牧兽医主管部门审核合格后,发给动物防疫条件合格证,申请人凭动物防疫条件合格证向工商行政管理部门申请办理登记注册手续。

4.具备相应的养殖条件

《中华人民共和国畜牧法》第三十九条规定了畜禽养殖场、养殖小区应具备的养殖条件,即要向养殖场、养殖小区所在地县级人民政府畜牧兽医行政主管部门备案,取得畜禽养殖代码。省级人民政府根据本行政区域畜牧业发展状况制定畜禽养殖场、养殖小区的规模标准和备案程序。

5.科学选址

一是地势较高(地下水位 2 m 以下)、背风向阳、排水良好(坡度 1%～3%)、通风干燥,切忌在低洼易涝的地方建场。二是距其他养殖场区、居民区、铁路和主要公路和厂矿企业 500 m

以上，切忌在发生过羊传染病的地方建场。三是水源充足、水质良好，切忌在水源污染、寄生虫横行的地方建场。四是交通方便，供电良好，网络通畅，切忌建在无路、无电、无信号的地方。五是为引进新品种建场，应充分考虑生态条件尽可能满足引入品种的要求，羊场应建在主要发展品种的中心产区，以便就近推广，避免大运大调。

二、规模羊场规划布局

羊舍结构符合羊群生产结构，要求“三区”分开，净道、污道分开，羊舍布局符合生产工艺流程，育成舍、母羊舍，羔羊舍、育肥舍分开，有运动场。一般规模为 220 只基础母羊，年出栏 1 000 只的羊舍占地 13 000 m^2 左右。

1. 羊场分区规划

羊场通常分为 3 个功能区，即管理区、生产区、病羊管理区。分区规划时，首先从家畜保健角度出发，以建立最佳的生产联系和卫生防疫条件来安排各区位置。一般按主风向和坡度的走向依次排列顺序为：生活区、办公管理区、饲草饲料加工贮藏区、消毒间（过往行人、车消毒，饲养用具消毒，羊春秋药浴、夏季冲凉降温，治疗皮肤病等作用）、羊舍、病羊管理区、隔离室、治疗室、无害化处理设施、沼气池、晒草场、贮草棚等。各区之间应有一定的安全距离，最好间隔 300 m，同时，应防止生活区和管理区的污水流入生产区。

2. 羊场建筑布局

羊的生产过程包括种羊的饲养管理与繁殖、羔羊培育、育成羊的饲养管理与肥育、饲草饲料的运送与贮存、疫病防治等，这些过程均在不同的建筑物中进行，彼此间发生功能联系。建筑布局必须将彼此间的功能联系统筹安排，尽量做到配置紧凑、占地少，又能达到卫生、防火安全要求，并保证最短的运输、供电、供水线路，便于组成流水作业线，实现生产过程的专业化和有序生产。

3. 羊用运动场与场内道路设置

运动场应选在背风向阳、稍有坡度的地方，以便排水和保持干燥。一般设在羊舍南面，低于羊舍地面 60 cm 以下，向南缓缓倾斜，以砖扎或沙质壤土为好，以便于排水和保持干燥。四周设置 1.2～1.5 m 高的围栏或围墙，围栏外侧应设排水沟。运动场两侧（南、西）应设遮阳棚或种植树木，以减少夏季烈日暴晒，面积为每只成年羊 4 m^2；羊场内道路根据实际定宽窄，要既方便运输，又符合防疫条件，要求运送草料、畜产品的路与运送羊粪的路不通用或交叉，兽医室有单独道路，不与其他道路通用或交叉。

4. 各类羊舍。

（1）配种羊舍　也叫成年羊舍，种公羊、后备羊、怀孕前期羊（3 月）在此舍分群饲养，一般采用双列式饲养，种公羊单圈，青年羊、成年母羊一列，同一运动场；怀孕前期羊一列、一个运动场。敞开、半敞开、封闭式都可，但尽量采用封闭式。

（2）分娩羊舍　羊在怀孕后期进入分娩舍单栏饲养，每栏 2 m^2 左右，分娩栏 4 m^2，每百只成年羊舍准备 15 个，羊床厚垫褥草，并设有羔羊补饲栏。一般采用双列式饲养，怀孕后期母羊一列、同一运动场；分娩羊一列、一个运动场，敞开、半敞开、封闭式都可，但尽量采用封闭式。

（3）羔羊舍　羔羊断奶后进入羔羊舍，合格的 6 月龄母羔羊进入后备羊舍，公羔至育肥后出栏，应根据年龄段、强弱大小进行分群饲养管理。羔羊舍关键在于保暖，采取封闭式，双列、单列都可。

因为山羊采用全价颗粒饲料或混合料，所以各类羊舍只设料槽，根据羊的大小设计料槽的高低，饮水设备准备充足，用水槽、水桶、自动饮水器都可以。

羊舍分类不是绝对的，也可分为羔羊舍、育肥羊舍、配种舍（种公羊、后备羊、空怀母羊）、怀孕前期羊舍、怀孕后期羊舍，设计时可单列或双列饲养，羊舍尽量不要那么复杂，管理方便即可。

三、羊舍设计参数

1. 羊舍及运动场面积

羊舍面积应根据羊的数量和饲养方式而定，面积过大，浪费土地和建筑材料，单位面积养羊的成本会升高；面积过小，羊拥挤、环境差，不利于饲养管理和羊的健康。总体上按照 1∶1.53 计算。

2. 羊舍温度和湿度

冬季产羔舍最低温度应保持在 10℃以上，一般羊舍 0℃以上，夏季舍温不应超过 30℃。羊舍应保持干燥，地面不能太潮湿，空气相对湿度应低于 70%。

3. 通风与换气

对于封闭式羊舍，必须具备良好的通风换气性能，能及时排出舍内污浊空气，保持空气新鲜。

4. 采光

采光面积通常是由羊舍的高度、跨度和窗户的大小决定的。实际设计时，应按照既利于保温又便于通风的原则灵活掌握。

5. 长度、跨度和高度

羊舍的长度、跨度和高度应根据所选择的建筑类型和面积确定。单坡式羊舍跨度一般为 5～7 m，双坡单列式羊舍为 6～8 m，双列式为 10～12 m；羊舍檐口高度一般为 2.4～3.0 m。

四、羊舍的基本结构

1. 地面

地面是羊躺卧休息、排泄和生产的地方，有实地面和漏缝地面两种。实地面又因建筑材料不同有夯实黏土、三合土（石灰、碎石、黏土为 1∶2∶4）、砖地、水泥地。夯实黏土地面造价低，易潮湿和不便消毒；三合土地面较黏土地面好；水泥地面，不保暖、太硬，但便于清扫和消毒；砖扎地面，保暖，也便于消毒，但成本高。漏缝地面可以给山羊提供干燥的卧床，用软木条或镀锌钢丝网材料做成，镀锌钢丝网眼要略小于羊蹄面积，以免羊蹄漏下伤羊。

2. 墙

采用砖墙，有 18 cm 和 24 cm 墙，墙越厚保暖性越强。也有采用金属铝板、胶合板、玻璃纤维材料建成保温隔热墙，效果也很好。

3. 门、窗

一般门宽 2.5～3 m，高 1.8～2 m，可设双扇门，便于车辆进出运送草料和清扫羊粪，一般 200 只羊设一个大门。窗一般宽 1.2～2.7 m，高 0.7～1.5 m，窗台距地面高 1.3～1.5 m。羊舍窗口越大室内越亮，采光越好。

4. 房顶

房顶具有防雨水和保暖隔热作用。其材料有大瓦、石棉瓦、油毡、塑料薄膜、金属板等，形状有平顶、单坡、双坡，羊舍越高羊舍内空气越好。

5. 羊床的基本建设设计

对羊进行高床舍饲的羊床，包括床体和活动饲槽，床体的基架高 50～80 cm，宽 150～170 cm，基架之上前方是栅栏状前栏，高 100～120 cm，栏间形成的颈夹宽 8～10 cm，中间有供羊头颈伸出的孔洞，基架上平铺漏粪板，板间具有 2～3 cm 的间距，活动饲槽安装于前面。羊床材料选择，根据当地实际情况选择，也可到专业生产厂家定制生产。

6. 羊舍的面积和高度

羊舍面积因羊只的生产方向、品种、性别、年龄、生理状况、气候条件不同而有所差别，但需以保持舍内空气新鲜、干燥、保证冬春防寒保温，夏季防暑降温为原则。同时羊舍还必须有足够的运动场地。以下参数可供参考：每只种公羊 1.5～2.0 m^2，母羊 0.8～1.0 m^2，妊娠母羊和哺乳母羊中冬季产羔者 2.0～2.5 m^2，春季产羔者 1.0～1.2 m^2，幼龄公、母羊 0.5～0.6 m^2。运动场不小于羊舍面积的 2 倍。羊舍高度不低于 2.5 m。

7. 饲槽

有固定水泥槽和移动木槽两种。

固定式水泥槽由砖、土坯及混凝聚土砌成。槽体高 23 cm，槽内径 23 cm，深 14 cm，槽壁应用水泥砂浆抹光，槽长依羊只数量而定，一般可按每只大羊 30 cm、羔羊 20 cm 计算，这种饲槽施工简便，造价低廉，既可阻止羊只跳入槽内，又不妨碍羊只采食和添草料、拌料和清扫。

移动式木槽用厚木板钉成，制作简单，便于携带。一般长 1.5～2 m，上宽 35 cm，下宽 30 cm。

8. 药浴设施

药浴池一般为长形，池深 1 m，长 10～15 m，上口宽 60～80 cm，底宽 40～60 cm，以一只羊能通过而不能转身为度，入口端为陡坡，以利于羊浴后攀登。出口端设滴流台，以使浴后羊只身上多余药液流回池内。

五、羊舍类型

1. 长方形羊舍

比较实惠、实用，建筑方便，舍前的运动场可根据分群饲养需要再分割成若干小圈，羊舍面积根据羊群大小、每只羊应占面积及饲养方式决定。

2. 棚、舍结合羊舍

羊舍有封闭式、半敞开式，羊群平时在羊圈或在三面有墙、前面敞开的羊棚内过夜，冬季产羔时再进入羊舍。

六、典型羊舍

1. 封闭型单列式

房顶可用楼板建成平顶或者用檩瓦建成单坡（或双坡）。羊舍东西长一般在 30～50 m，南北宽 6～7 m，平房高度 3.5～4 m，单坡房南面顶高 4 m，北面墙高 2.5～3 m，较为合适；两头留门，门口宽 1.2～1.5 m，高 2～2.5 m；南墙 1.5 m 高处安窗，窗高 1.5～1.7 m，宽 2.5～2.7 m，并留一个 1.2 m 高，0.8 m 宽的小门，羊从此门进入运动场；依南墙建一个宽 8～10 m 的运动场，距前排羊舍 2 m，留门，运动场内可设水槽和料槽；北墙相应留窗。羊舍内，北面留 1.2 m 的人行道，南面建羊床，一间房东西长 3.3 m，南北宽 4.5～5 m，饲养 10 只羊，每只羊占羊床面积 1.5 m^2 以上，羊床高出地面 50 cm，挖深 1 m，用砖砌成底部锅形，上部长方形，以便放羊床。羊床采用厚竹板或者木结构都可以，要求有一定的结实度，耐腐蚀；羊栏钢管结构或者木结构，决不能用砖垒，因砖垒会影响通风；靠羊栏内设有水槽、料槽、小门。

2. 封闭型双列式(以槐山羊为例)

平房和檩瓦结构的双坡顶，双列式饲养。羊舍东西长 30～50 m，南北宽 10 m，高 3.5～4 m，两头中间留 1.2～1.5 m 的门，中间留 1.2 m 的人行道，羊床双列，建设同单列式，只是两排羊舍之间的距离有所改变，达到 17～18 m，各依羊舍南北墙设有 6～8 m 宽的运动场，两运动场之间留有 1.2～2 m 的人行道，运动场要用钢管或者小水泥板(柱)来做，通风性好，观察羊方便。

羊在怀孕后期、分娩后 10 d 内，需要单栏饲养，所以需要建怀孕舍和分娩舍，由于槐山羊怀孕期为 5 个月，一般分娩后一个月发情配种，正好是 6 个月，加上 7～9 月受胎率又低，羊都是集中繁殖，进怀孕舍、分娩舍后，原来的羊舍大部分闲置，所以说给羊建分娩舍(怀孕后期转入)只占羊场基础母羊的 25%，只有采用活动栏进行隔离，绝对的隔离是不存在的，因为羊要运动、放牧，只有在吃食时隔离就行了。因此，在建羊场时，要考虑单栏饲养，多建一些羊舍，多做一些活动栏进行隔离，能够减少不必要的损失。一般每只基础母羊占羊床 2 m^2，就能满足单栏隔离饲养的需要。

3. 敞开式羊舍

除南面无墙外，其他 3 面都有墙，运动场直接与羊舍相连，采用单列式饲养，房顶采用单坡或双坡，南面高 3.5～4 m，北面高 2.5～3 m。

4. 半敞开式单列

羊舍顶部多采用单坡，也有平顶和双坡的，羊舍高度 3.5～4 m，宽 6～8 m，南面墙高 1.2～1.5 m，每 3.3 m 留一个门，直接与运动场相连，其他 3 面完好，北面留窗。羊舍两头留门，靠羊舍北面留 1.2 m 人行道，南面建羊床，每间房用羊栏隔开，也可不建羊床；有的羊舍两头不留门，直接从运动场进入羊舍，靠北面建羊栏或者建羊床；有的 1～2 间用砖墙隔开，羊栏、羊床都不要，羊舍之间距离 10～12 m。

5. 半敞开式双列

双坡、平顶都有，羊舍高 3.5～4 m，羊舍宽 10 m，东西两头留 1.2～1.5 m 的门，中间是人行道，南北两墙都是 1.2～1.5 m 高，每 3.3～10 m 留一个 1.2 m 的门，直接与运动场相连，运动场 6～8 m，于前排运动场中间留 1.2～1.5 m 的人行道，羊舍内用羊栏隔开，每个栏面积为东西长 3.3 m、南北宽 4.5～5 m。也有使用羊床的。

七、羊舍设计简图、半开放式羊舍及看护房透视图及说明

羊舍设计简图

单位：cm

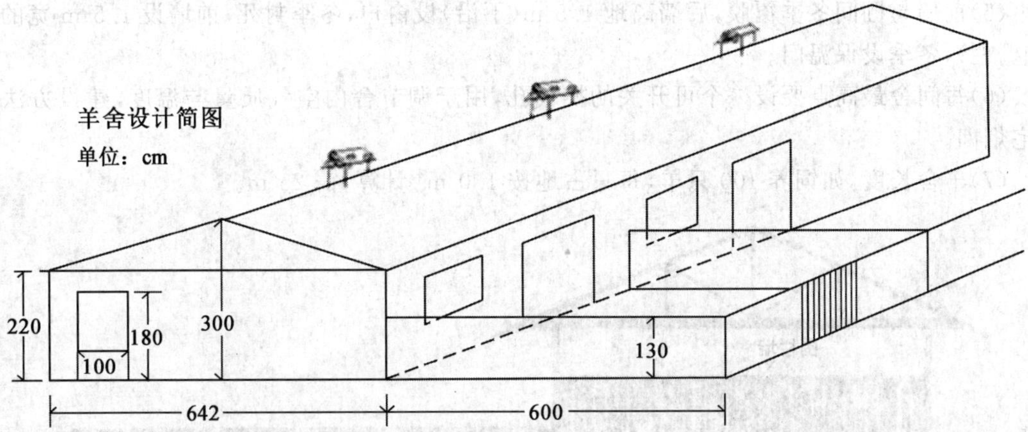

说明：

· 舍内走廊宽 130 cm 左右

· 运动场墙高：130 cm 或 160 cm

· 每个羊圈面积：480 cm×450 cm

· 对应每圈设一面积为 80 cm×80 cm 后窗

· 对应每圈在脊上设一可开关风帽

· 羊的占地面积：种公羊 1.5～2.0 m^2/头；空怀母羊 0.8～1.0 m^2/头；妊娠或哺乳母羊 2.0～2.3 m^2/头；幼龄羊 0.5～0.6 m^2/头。

半开放式羊舍及看护房透视图

单位：m

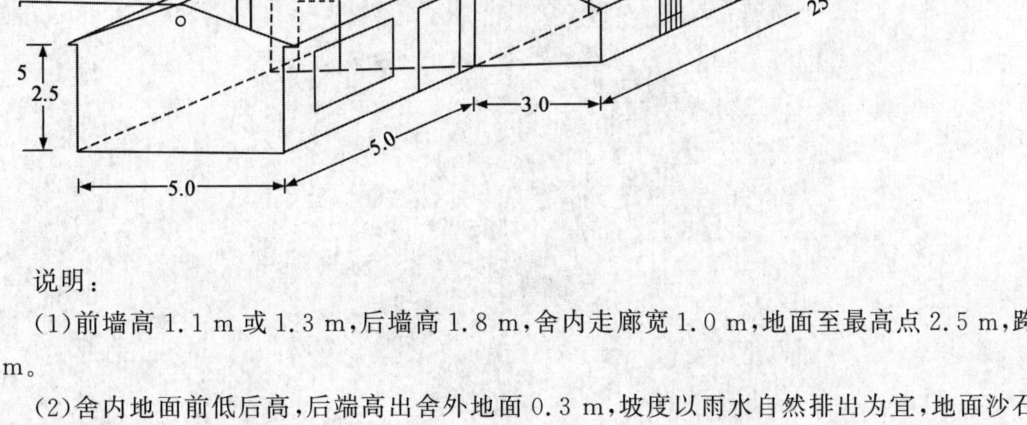

说明：

(1)前墙高 1.1 m 或 1.3 m，后墙高 1.8 m，舍内走廊宽 1.0 m，地面至最高点 2.5 m，跨度 8 m。

(2)舍内地面前低后高，后端高出舍外地面 0.3 m，坡度以雨水自然排出为宜，地面沙石锤实或按石灰与土 1∶1 锤实。

(3)前檐宽 0.7 m,与地面设木、砖支柱。

(4)棚舍部分应尽量增加厚度,不低于 15 cm,棚表可覆瓦或用煤灰锤顶。

(5)前墙与棚间冬季覆膜,后墙离地 1.5 m(下沿)设窗户,冬季封死;前墙设 1.5 m 宽的门(或栅栏),冬季设保温门。

(6)每间舍最高点要设一个可开关的换气孔,用于调节舍内空气质量与温度,建设方法同住宅烟囱。

(7)羊舍长度,如饲养 100 只羊,每只占地按 1.0 m^2 计算,需 25 m。

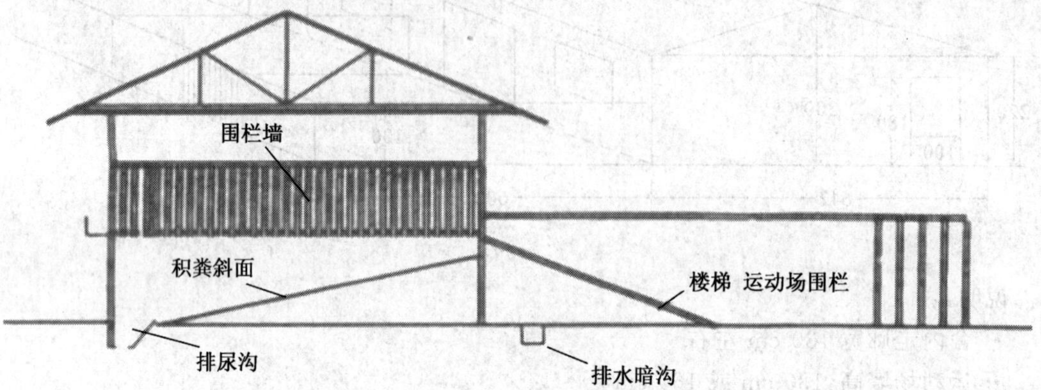

模块八

牛羊安全生产技术

项目一　牛羊的安全生产

一、牛羊群卫生保健

(一)牛羊场的消毒

消毒是指杀灭或清除外界环境中活的病原微生物。消毒的目的是切断传播途径,以预防、控制和消灭传染病。对牛羊场而言,消毒是兽医卫生工作中的一项重要措施,通过牛羊场消毒可有效防止牛羊传染病的发生和传播,控制病原体感染与减少发病率,保障牛羊业健康发展。

1.牛羊场消毒的方法

牛羊场消毒常用的方法归纳起来可分为3大类,即物理消毒法、化学消毒法和生物学消毒法。

(1)物理消毒法　物理消毒法是指用物理因素杀灭或消除病原微生物及其他有害微生物的方法。物理消毒方法的特点是作用迅速,消毒物品上不遗留有害物质。常用的物理消毒方法有自然净化、机械除菌、热力灭菌和紫外线辐射等。其中有良好灭菌作用的方法是热力消毒灭菌。

①自然净化。自然净化是指污染的大气、地面、物体表面和水中的病原微生物,不经人工消毒,通过日晒、风吹、干燥及温度和pH的变化等逐步达到无害化的过程。

②机械除菌。机械除菌是单纯用机械的方法除去病原体。如牛羊舍的清扫和洗刷、饲槽的洗涤、牛羊体的刷拭等。机械除菌只能使病原微生物减少,不能达到彻底消毒的目的,所以要配合其他的消毒法进行。

③热力灭菌。热力灭菌是最实用和最有效的消毒方法,可分为干热法和湿热法两种。干热法包括干燥、烧灼、焚烧;湿热法包括煮沸、流通蒸汽灭菌、低热消毒(巴氏消毒)、间歇灭菌、高压蒸汽灭菌等方法。

④紫外线消毒。紫外线消毒能杀死大多数的病原微生物,但由于紫外线穿透力不强,不能穿透普通玻璃,尘埃、水蒸气也能阻挡紫外线,因此,只能用于消毒空气和物体的表面。

(2)化学消毒法　化学消毒法是指用化学药物进行消毒的方法。化学消毒法使用方便,不需要复杂的设备,但某些消毒药品有一定的毒性和腐蚀性。为保证消毒效果、减少毒副作用,须按要求的条件和说明书上推荐的方法和浓度使用。理想的化学消毒剂必须具备下列要求。

作用速度快；有效浓度低；杀菌谱广；性质稳定，易溶于水，可在低温下使用；不易受有机物和碱及其他理化因素的影响；无色、无味、无臭；对物品无腐蚀性，消毒后易于除去残留物；毒性低，不易燃烧爆炸，使用无危险性；价格低廉，可以大量生产供应，便于运输。实际上完全理想的消毒剂还很少，同一种消毒剂不可能适用于所有病原微生物和所有物品。因此在进行兽医消毒时，需要根据消毒的目的和消毒对象的特点，选用合适的消毒剂。

化学消毒剂按照其使用方式可分为液体消毒剂、气体消毒剂和固体消毒剂，最常用的是液体消毒剂。

常用消毒剂根据其化学结构分为以下类型。

①醛类。高效消毒剂，其气体和液体均有较大的杀灭微生物作用。常用的有甲醛、戊二醛等。

②烷基化气体消毒剂。高效消毒剂，可杀灭各种微生物。常用的烷基化气体消毒剂为环氧乙烷。

③含氯化合物。中效消毒剂，常用于皮肤、黏膜消毒。常用的含碘消毒剂有各种游离制剂、碘仿等。

④酚类。有中等水平的消毒作用，可杀灭繁殖体型微生物，但不能杀灭芽孢，常用于浸泡消毒和皮肤黏膜的消毒。酚类包括苯酚(又称石炭酸)、甲酚、甲酚皂溶液(又称来苏尔)等。

⑤醇类。中效消毒剂，可杀灭繁殖体型微生物，但不能杀灭芽孢，消毒作用比较快，常用于皮肤和诊疗器械的涂擦消毒。在醇类化合物中，最常用于消毒的是乙醇。

⑥季铵盐类消毒剂。属于低效消毒剂，不能杀灭结核杆菌、细菌芽孢和亲脂病毒，对细菌繁殖体有广谱杀灭作用，作用快而强，毒性较小，常用于皮肤黏膜和外环境的消毒。常用的有新洁尔灭、杜米芬、消毒净等。

⑦酸类。低效消毒剂，虽有杀菌和杀真菌作用，但作用弱。常用的有乳酸、醋酸、水杨酸等。

⑧过氧化物类。高效消毒剂，常用的有过氧乙酸、过氧化氢、臭氧。

⑨二胍类。低效消毒剂，虽然对细菌的繁殖体杀灭作用较大，但不能杀灭细菌芽孢、分枝杆菌和病毒。可用于皮肤黏膜消毒，也可消毒物体表面。常用的有洗必泰等。

⑩金属类制剂。用于消毒的金属类制剂有汞盐、有机汞类、银制剂和铜盐等，这类化合物多用于皮肤黏膜的消毒和防腐。

⑪其他消毒剂。高效消毒剂，常用于环境等的消毒。常用的有高锰酸钾、碱类、染料类等。

(3)生物学消毒法 生物学消毒法是利用某些生物消灭致病微生物的方法。特点是作用缓慢，效果有限，但费用较低，多用于大规模废物及排泄物的卫生处理。常用的方法是生物热消毒技术和生物消毒技术。

2.牛羊场消毒的范围

随着牛羊场的高度集约化生产，消毒防疫工作在牛羊生产中显得更加重要。牛羊场消毒主要包括牛羊舍的消毒、粪便的消毒、土壤的消毒、兽医诊疗室和诊疗器械的消毒以及水和空气的消毒等。

(1)牛羊舍的消毒 牛羊舍的消毒是保证牛羊健康和饲养人员安全的一项重要措施。牛羊舍一般每月消毒一次。此外，在春秋季节成牛羊出栏后应对舍内外进行彻底地清扫和消毒。

①清扫或刷洗。机械清扫是搞好牛羊舍环境卫生一种最基本的方法，它清除了污物和大

量的病原微生物。为了避免尘土及微生物飞扬，清扫时应先用水或消毒液喷洒，然后对牛羊舍进行清扫，清除粪便、垫料、剩余饲料、墙和顶棚上的蜘蛛网、尘土等。扫除的污物集中烧毁或生物热发酵。污物清除后，如是水泥地面，还应再用清水进行洗刷。

②消药喷洒或熏蒸。牛羊舍清扫、洗刷干净后，即可用消毒药进行喷洒或熏蒸。消毒时应按一定的顺序进行。一般从离门远处开始，以地面、墙、棚顶的顺序喷洒，最后再将地面喷洒一次。喷洒后应将牛羊舍门窗关闭 2～3 h，然后打开门窗通风换气，再用清水冲洗饲槽、地面等，将残余的消毒剂清除干净。另外，在进行牛羊舍消毒时，也应将牛羊舍附近以及饲养用具等进行消毒，牛羊舍消毒常用的消毒液有 20%石灰乳、5%～20%漂白粉溶液、30%草木灰水、1%～4%氢氧化钠溶液、3%～5%来苏尔溶液、4%福尔马林溶液等。消毒时应将舍内的用具、饲槽、水槽、垫料等物品适当摆开，以利于气体穿透。

此外，在牛羊场门口应设消毒池(槽)，里面盛放 2%氢氧化钠溶液或 5%来苏尔溶液和草包，以便人、车进出时进行鞋底和轮胎的消毒。消毒池的长度不小于轮胎的 1.5 倍周长，宽度与门宽相同，池内的消毒液应注意添换，使用时间最好不超过 1 周。

(2)粪便的消毒　患有传染病的牛羊，排出的粪便中含有大量的病原微生物和寄生虫卵，如不进行消毒处理，直接作为农业肥料，往往成为传染源。因此，对牛羊粪必须进行严格的消毒处理。

①掩埋法。将粪便与漂白粉或新鲜的生石灰混合，然后深埋于地下，一般埋的深度在 2 m 左右。此种方法简单易行，但病原微生物有经地下水散布的危险性，且损失大量的肥料，故很少采用。

②焚烧法。此法是消灭一切病原微生物最有效的方法，但大量焚烧粪便显然是不合适的。因此，此法只用于消毒患烈性传染病的牛羊粪便。

③化学消毒法。适用于粪便消毒的化学消毒剂有 10%～20%漂白粉液、0.5%～1%的过氧乙酸溶液、5%～10%硫酸苯酚合剂、20%石灰乳等。使用时应注意搅拌，使消毒剂浸透混匀。

④生物热消毒法。生物热消毒法是粪便消毒最常用的消毒方法。应用这种方法既能杀灭粪便中非芽孢性病原微生物和寄生虫卵，又不失去粪便作为肥料的应用价值。

(3)土壤的消毒　病原微生物常随着患病牛羊的排泄物、分泌物、尸体和污水、垃圾等污物进入土壤而污染土壤。土壤中的病原微生物除了来自外界，土壤本身也存在着能够较长时间生活的病原微生物。土壤中的病原微生物通过施肥、水源、饲料等途径而传染给牛羊。因此，土壤的消毒，特别是对被病原微生物污染的土壤进行消毒是十分必要的。

消灭土壤中的病原微生物，生物学和物理学因素起着重要的作用。疏松土壤，可增强微生物间的拮抗作用，使其充分接受阳光中紫外线的照射。另外，种植冬小麦、黑麦、葱、蒜、三叶草、大黄等植物，也可杀灭土壤中的病原微生物，使土壤净化。在实际工作中，除利用上述自然净化外，也可运用化学消毒法进行土壤消毒，以迅速消灭土壤中的病原微生物。化学消毒时常用的消毒剂有 5%～10%漂白粉澄清液、4%甲醛溶液、10%硫酸苯酚合剂，2%～4%氢氧化钠热溶液等。消毒前应首先对土壤表面进行机械清扫，清扫出的表土、垃圾等集中深埋或生物热发酵或焚烧，然后用消毒液进行喷洒，用量为 1 000 mL/m^2。

(4)兽医诊疗室和诊疗器械的消毒　兽医诊疗室是对患病牛羊进行诊疗的主要场所。患病牛羊携带的病原微生物经各种途径排出体外后，会污染兽医诊疗室地面、墙壁等，所以在每次诊疗前后应用 3%～5%来苏尔溶液进行消毒。室内尤其是手术室内，可用紫外线在术前或手术间歇时进行照射，也可用1%漂白粉澄清液或0.2%过氧乙酸做空气喷雾，有时也用乳酸、福尔马林等加热熏蒸。有条件时采用空气调节装置，以防空气中的微生物降落创口或器械的表面，引起创口感染。诊疗中使用的各种器械及用品，在用前和用后都必须按要求进行严格的消毒。根据器械及用品的种类和使用范围不同，其消毒的方法和要求也不一样。一般对进入牛羊体内或与黏膜接触的诊疗器械，必须经过严格的消毒灭菌。对不进入动物组织内，也不与黏膜接触的器具，一般要求除去细菌的繁殖体和亲脂病毒。

(5)水和空气消毒　牛羊生产中要消耗大量的水，水的质量好坏直接影响到牛羊的健康及产品的卫生质量。为了杜绝经水传播的疾病发生和流行，保证牛羊的健康，水必须经过物理消毒法或化学消毒法消毒处理后才能饮用。

空气中微生物的种类和数量受地面活动、气象因素、人口密度、地区、室内外、牛羊的饲养量等因素影响，也会随着空气的流动到处流传，所以必须对牛羊舍的空气进行消毒，尤其应注意对病原污染的牛羊舍空气进行消毒。空气消毒常用紫外线照射和化学药物消毒。

(6)尸体处理和疫源地消毒

①尸体处理。合理安全地处理尸体，在防治牛羊的传染病和维护公共卫生上都有着重要意义。病死牛羊尸体的处理方法有掩埋、焚烧、化制和发酵4种。

a.掩埋。此法简便易行，但不是彻底处理的方法，故烈性传染病尸体不宜掩埋。在掩埋病牛羊尸体时，应注意选择远离住宅、农牧场、水源、草原及道路的僻静地方，要求土质干燥、地势高、地下水位低，并避开水流、山洪的冲刷。

b.焚烧。此法是销毁尸体、消灭病原最彻底的方法，但要消耗大量的燃料，所以，非烈性传染病尸体不常应用。焚烧尸体要注意防火，选择离村镇较远、下风头的地方，在焚尸坑内进行。有条件的地方也可送火化场焚烧。

c.化制。将病死牛羊尸体放入特制的加工容器中进行炼制，达到消毒的目的。化制时要求有一定的设备条件，在基层可采用土法化制，将尸体或组织块放在有盖铁锅内进行烧煮炼制，直至骨肉松脆为止。

d.发酵。将尸体抛入尸坑内，利用生物热的方法进行发酵分解，从而起到消毒的作用。

②疫源地消毒。疫源地消毒包括患病牛羊所在的牛羊舍、隔离场地、排泄物、分泌物及被病原微生物污染和可能被污染的一切场所、用具和物品等。在实施消毒过程中，应抓住重点，保证疫源地消毒的实际效果。

二、牛羊场的免疫

1.免疫基础

免疫是动物体识别自我物质和排除异己物质的复杂的生物学反应，是动物在长期的进化过程中所形成的一种保护性生理功能。免疫包括先天性免疫和后天性免疫。由遗传因素决定，牛羊出生后就具有的对某些病原微生物及其有毒产物的天然不感受性称为先天性免疫。牛羊出生后，在生长发育过程中获得的对某种病原微生物及其有毒产物的不感受性，称为获得性免疫或后天性免疫。后天性免疫可分为自然自动免疫、自然被动免疫、人工自动免疫，人工被动免疫4个类型。

自然自动免疫是指牛羊自然感染了某种传染病痊愈后，常能获得对该病的免疫力。自然被动免疫是牛羊在胚胎发育时期，通过胎盘或出生后通过吃初乳，由免疫母体被动地获得抗体而形成的免疫。

人工自动免疫是指牛羊出生后接种菌苗、疫苗或类毒素等生物制品刺激以后，所产生的免疫。

人工被动免疫是指给牛羊注射含抗体的高免疫血清、免疫球蛋白或康复动物的血清后所获得的免疫。

2.免疫接种

免疫接种又称为预防接种。有计划地给健康牛羊进行免疫接种，可以有效地抵抗相应传染病的侵害。为使免疫接种达到预期的效果，必须掌握本地区传染病的种类及其发生季节流行的规律，了解牛羊群的生产、饲养、管理和流动等情况，以便根据需要制订相应的防疫计划，适时地进行免疫接种。此外，在引入或输出牛羊群、施行外科手术之前，或在发生复杂创伤之后，应进行临时性免疫注射。对疫区内尚未发病的动物，必要时可做紧急免疫接种，但要注意观察，及时发现患病牛羊。

(1)牛的免疫程序见表 8-1。

表 8-1　牛的免疫程序(建议)

疫苗种类	疫苗名称	用法用量	免疫期	注意事项
口蹄疫	口蹄疫弱毒疫苗	每年春、秋两季各用与流行毒株相同血清型的口蹄疫弱毒疫苗接种 1 次，肌肉或皮下注射，1～2 岁牛 1 mL，2 岁以上牛 2 mL。本疫苗残余毒力较强，能引起一些幼牛发病，因此，1 岁以下的小牛不要接种。对猪也有致病力，故不得使用本疫苗给猪免疫	注射后 14 d 产生免疫力，免疫期 4～6 个月	接种本苗的牛、羊不得与猪接触
狂犬病	狂犬病灭活疫苗	对被疯狗咬伤的牛，应立即接种狂犬病灭活疫苗，颈部皮下注射 2 次，每次 25～50 mL，间隔 3～5 d，在狂犬病多发地区，也可用来进行定期预防接种	免疫期 6 个月	
伪狂犬病	伪狂犬病氢氧化铝甲醛疫苗	疫区内的牛，每年秋季接种伪狂犬病氢氧化铝甲醛疫苗 1 次，颈部皮下注射，成年牛 10 mL，犊牛 8 mL，必要时 6～7 d 后加强注射 1 次	免疫期 1 年	
炭疽	无毒炭疽芽孢苗	1 岁以上的牛皮下注射 1 mL，1 岁以下的牛皮下注射 0.5 mL	以上各苗均在接种后 14 d 产生免疫力。免疫期 1 年	
	第二号炭疽芽孢苗	大小牛一律皮下注射 1 mL		
	炭疽芽孢氢氧化铝佐剂苗	为上述两种芽孢苗的 10 倍浓缩制品，用时以 1 份浓缩苗加 9 份 20%氢氧化铝胶生理盐水稀释后，按无毒炭疽芽孢苗或第二号炭疽芽苗的用法、用量使用		

续表 8-1

疫苗种类	疫苗名称	用法用量	免疫期	注意事项
气肿疽	气肿疽明矾沉淀菌苗	近3年内曾发生过气肿的地区，每年春季皮下接种气肿疽明矾沉淀菌苗1次，大小牛一律皮下接种5 mL。小牛长到6个月时，加强免疫1次	接种后14 d产生免疫力，免疫期约6个月	
肉毒梭菌中毒症	肉毒梭菌明矾菌苗	常发生肉毒梭菌中毒症地区的牛应每年在发病季节前，使用同型毒素的肉毒梭菌明矾菌苗预防接种1次，如为C型菌苗，每头牛皮下注射10 mL	免疫期可达1年	
破伤风	破伤风类毒素	多发生破伤风的地区，应在每年定期接种精制破伤风类毒素1次，大牛1 mL，小牛0.5 mL，皮下注射。当发生创伤或手术有感染危险时，可临时再接种一次	接种后1个月产生免疫力，免疫期1年	
牛巴氏杆菌病	牛出血性败血症氢氧化铝菌苗	历年发生牛巴氏杆菌病的地区，在春季加强免疫1次。体重在100 kg以下的牛4 mL，100 kg以上的牛6 mL，皮下或肌内注射	注射后21 d产生免疫力。免疫期9个月	怀孕后期的牛不宜使用
布氏杆菌病	流产布氏杆菌19号毒菌苗	每年定期检疫为阴性的方可接种。只用于处女犊母奶牛(即6～8月龄)，公牛、成年母牛及怀孕牛均不宜使用	免疫期可达7年	接种菌苗前后7 d内不得使用抗生素和含有抗生素的饲料，羊型5号毒菌苗对人有感染力，使用时要加强个人防护
	布氏杆菌羊型5号冻干毒菌苗	用于3～8月龄母犊牛，皮下注射，每头用菌数500亿，公牛、成年母牛及怀孕牛均不宜使用	免疫期1年	
	布氏杆菌型2号冻干毒菌苗	公母牛均可使用，孕牛不宜使用，本品可供皮下注射、气雾吸入和口服接种。为确保防疫效果，做皮下注射较好，注射菌数为500亿/头	免疫期2年以上	
牛传染性胸膜肺炎	牛肺疫免化弱毒菌苗	接种时，按瓶说明使用，用20%氢氧化铝胶生理盐水稀释50倍，臀部肌内注射，牧区成年牛2 mL，6～12月龄小牛1 mL，农区黄牛尾端皮下注射用量减半，或以生理盐水稀释，于距尾尖2～3 cm处皮下注射，大牛1 mL，6～12月龄牛0.5 mL	接种后21～28 d产生免疫力，免疫期1年	注射后出现反应者可用914(新胂凡纳明)治疗
快死症	牛型魏巴二联菌苗	无论大小牛各肌注5 mL，由魏氏梭菌和巴氏杆菌混合感染，引起最急性败血死亡，保护率达85%	7 d产生免疫力，免疫期6个月	

表 8-2 羊的免疫程序(建议)

疫苗种类	预防疫病	免疫时间	免疫方法和部位	免疫期
羔羊痢疾氢氧化铝菌苗	羔羊痢疾	怀孕母羊分娩前20～30 d和10～20 d时各注射1次	注射部位分别在两后腿内侧皮下。疫苗用量分别为每只2 mL和3 mL,注射后10 d产生免疫力	羔羊通过吃奶获得被动免疫,免疫期5个月
羊四联苗或羊五联菌苗	羊快疫、猝疽、肠毒血症、羔羊痢疾、黑疫	每年春秋季各免疫1次	不论大小羊,一律皮下或肌内注射,每只5 mL,14 d产生免疫力	免疫期6个月
山羊痘鸡化弱毒疫苗		每年春季或秋季免疫1次	不论羊只大小,一律在尾根内侧皮内注射,每只0.5 mL	免疫期1年
破伤风类毒素	破伤风	在怀孕母羊产前1个月,羔羊育肥阉割前1个月或羊只受伤时注射	羊颈部中间1/3处皮下注射,每只0.5 mL	1个月后产生免物力,免疫期1年
第Ⅱ号炭菌苗	炭疽病	每年春、秋两季各免疫1次	山羊皮内注射0.2 mL;其他动物一律每只皮内注射0.2 mL或皮下注射1 ml。14 d后产生免疫力	免疫期6个月
羔羊大肠杆菌疫苗	羔羊大肠杆菌病	在每年春、秋两季各免疫1次。	皮下注射:3月龄以下的羔羊1 mL,3月龄以上的羔羊2 mL,14 d产生免疫力	免疫期6个月
羊流产衣原体油佐剂卵黄灭活菌苗	衣原体性流产	在羊怀孕前或怀孕后1个月内注射	注射前充分摇匀,皮下射2 mL	免疫期1年
口疮弱毒细胞冻干菌苗	羊口疮	每年3月份,10月份各注射1次	不论羊只大小,口腔黏膜内注射0.2 mL	免疫期5个月
山羊传染性胸膜肺炎氢氧化铝菌苗	山羊传染性胸膜肺炎	每年春、秋两季各免疫1次	皮下或肌内注射,6月龄以下每只3 mL,6月龄以上每只5 mL	免疫期1年
羊链球菌氢氧化铝菌苗	羊链球菌病	每年的3月份、9月份各接种1次	接种部位为背部皮下,6月龄以下的羊接种量为每只3 mL,6月龄以上的每只5 mL	免疫期6个月
羊布氏杆菌病活疫苗(M5)	羊布氏杆菌病	在配种前1～2个月进行	皮下注射、室内气雾、滴鼻均为10亿活菌,室外气雾免疫50亿活菌,口服250亿活菌	免疫期为1.5年
口蹄疫	口蹄疫	每年春、秋两季各免疫1次	母羊分娩前4周接种1次,羔羊4月龄首免(20～30 d后加强免疫1次),6个月后二免,以后每6个月免疫1次,母羊的秋季免疫应注意选择在配种前4周进行	免疫期6个月
气肿疽灭活苗	气肿疽	每年春、秋两季各免疫1次	皮下注射。气肿疽灭活苗常规型,不论年龄大小,每只1 mL;气肿疽灭活苗高效浓缩型,不论年龄大小,每只0.3 mL	免疫期6个月

三、常见牛羊疾病的检查与诊断

(一)牛羊疾病检查的基本方法

在诊断牛羊疾病时,为了发现和收集作为诊断依据的症状、资料,一般应用问诊、视诊、触诊、叩诊、听诊、嗅诊 6 种基本的检查方法,对牛羊进行客观地观察和分析,以便确诊。

1. 问诊

问诊是以询问的方式,听取病畜所有者或饲养人员关于病畜发病情况和经过的介绍。通过问诊而做详细的流行病和中毒病的调查,经常是得出初步诊断的重要途径。问诊应着重了解现病例、既往史、平时的饲养管理及使役或利用情况等。

2. 视诊

视诊是兽医用视觉直接观察畜群和个体的整体概况或局部表现的诊断方法。视诊时,检者站在患病牛羊的左前方 2～3 m 远的地方,先观察病畜的全貌,如精神、营养、肢势、被毛、胸围和腹围等,然后由前向左后方边走边看,依次观察头部、颈部、胸部、腹部和四肢。走到正后方时,稍停顿一下,观察尾部、会阴部,并对照观察胸部、腹部及臀部的状态和对称性,再由右侧回到正前方。如发现异常,可稍接近畜体,按相反方向再转一圈,进一步观察,最后牵遛观察步样。视诊可以收集到很重要的症状和资料,是早期发现牛羊疾病的重要方法。

3. 触诊

触诊主要是用手直接触摸,可触及体躯各部。在检查体表的温度、湿度及肌肉的紧张性时,将手轻放于体表即可。如检查深部组织和肿胀,可施加一定的压力进行触摸。触诊分为浅部触诊和深部触诊。

4. 叩诊

叩诊主要是叩打患病牛羊体表,根据音响推断体内的病理变化,多用于胸部检查。

叩诊法主要有指指叩诊法和槌板叩诊法。指指叩诊法是用弯曲的右手中指垂直地向紧贴体表的左手中指的第二指骨中央进行短而急的连续两次叩打。叩击后,右手中指应立即抬起。

槌板叩诊法是用左手持叩诊板紧贴体表,右手持叩诊槌,以腕关节的力量向叩诊板上叩打,动作短促急速,每次 2～3 下,间歇性地叩击。

5. 听诊

听诊是听取病畜体内的音响,推断内部器官的病理变化。常用于心、肺及胃、肠的检查。听诊可分为直接听诊和间接听诊。直接听诊是将耳朵直接贴于病畜体表进行听诊,此法对检查肺及瘤胃都适用。间接听诊是利用听诊器进行听诊,听诊器要紧贴体表,防止摩擦,但不要强压。

6. 嗅诊

嗅诊是嗅闻病畜的呼出气、排泄物和分泌物气味来诊断疾病的一种方法。嗅诊对某些疾病的诊断有意义,如患肺坏疽或腐败性支气管炎时鼻液和呼出气有腐败臭味;患酮血病时呼出气含有烂苹果味。

(二)牛羊疾病检查的一般程序

系统地对患病牛羊进行检查,能获得全面的资料,在疾病诊断上十分重要。对牛羊检查一般按以下程序进行。

1. 病畜登记

登记有利于了解牛羊的个体特征,给诊断工作提供一些参考性条件。登记主要记录病畜的品种、性别、年龄、毛色等内容。

2. 问诊

在对牛羊登记后与临床检查前,通常应进行必要的问诊。问诊的主要内容包括:既往史、现病史、平时的饲养管理、利用等情况。问诊对于探索病因、了解发病情况具有很重要的意义。

3. 现症的临床检查

现症的临床检查包括整体检查和局部检查。根据病牛羊的临床表现,对具体部位进行检查,有利于疾病的初步诊断。

(三)牛羊疾病检查的一般内容

1. 容态检查

(1)精神状态　主要注意病畜面部表情,眼、耳动作,身体姿势及防卫反应。注意其精神是处于兴奋还是沉郁状态。

(2)肢势　健康牛羊进行间歇性反刍,卧地时常前胸着地,四肢屈于腹下,有生人走近时先抬举后躯缓慢起立。有病时常常出现各种反常的肢势,如站立不稳、强迫站立、强迫横卧等。这些反常肢势常可为诊断某些疾病提供重要的线索。

(3)营养状况　主要根据被毛状态和肌肉的丰满程度而分为营养良好、中等和不良 3 级。

2. 皮肤检查

(1)被毛状态　健康牛羊的被毛平整,富有光泽,不易脱落。患病后往往被毛粗乱,失去光泽。慢性疾病或长期消化障碍时,换毛迟缓,毛焦腹缩。患疥癣或湿疹时,被毛常容易脱落。

(2)皮肤温湿度检查　皮温通常是用手背感觉。牛适于触诊皮温的部位为鼻镜、角根、胸侧及四肢下部。全身性皮温增高,见于发热性疾病、中暑等;局部性皮温增高,多为炎症,如皮炎、蜂窝织炎、腮腺炎等。皮温降低,常见于大失血、心力衰竭等。健康牛在安静状态下,除鼻镜湿润多水珠外,皮肤常不湿不干而有油腻感。发汗增多,见于热性病、高度呼吸困难及剧烈疼痛性疾病等。内脏破裂时,病牛可出冷汗,常常预后不良。发汗减少,见于体内水分丧失过多的疾病,如剧烈腹泻和呕吐等。

(3)皮肤弹力检查　检查部位是肋弓后缘或颈部。健康牛,用手将其皮肤捏成皱褶,松开后很快恢复原状。在营养障碍、大失血、脱水、慢性皮肤炎症时,皮肤弹力减退。但老龄牛的皮肤弹力减退是生理现象。

(4)皮肤肿胀　多为局部性的,常见的有气肿和水肿。

①气肿。气体积聚于皮下组织中。触诊时呈捻发音,边缘轮廓不明显,见于黑斑病甘薯中毒、气肿疽、恶性水肿等。

②水肿。多发生在胸下、腹下、阴囊、四肢及眼睑。肿胀界限多不明显，组织弹性减退，指压呈捏生面团样，表面光滑紧张而有冷感，见于心脏衰弱、慢性消耗性疾病、重症贫血及肾炎等。炎性水肿时，其特点是伴有炎症变化。

3. 可视黏膜检查

可视黏膜包括眼结膜、口黏膜、鼻黏膜和阴道黏膜等。但在一般检查时，仅做眼结膜检查。检查眼结膜时，两手持牛角，使头转向侧方，即可露出结膜和巩膜。也可用大拇指将牛下眼睑压开，观察结膜。健康牛的眼结膜呈淡粉红色。病理变化有如下几种。

(1)结膜苍白　贫血的表现。急速苍白，见于大失血、肝和脾破裂等；逐渐苍白，见于慢性消耗性疾病，如营养性贫血、肠道寄生虫病等。

(2)结膜潮红　血液循环障碍的表现。见于眼的外伤、结膜炎及各种急性热性传染病等。

(3)结膜蓝紫(结膜发绀)　血液中还原性血红蛋白增多的结果。见于肺炎、心力衰竭及某些中毒病。

(4)结膜发黄(结膜黄染)　血液内胆红素增多的结果，见于肝脏病及某些中毒病等。

(5)结膜有出血点或出血斑　血管壁通透性增大的结果，见于蕨中毒和出血性疾病等。

此外，在皮肤检查中，还应注意有无丘疹、水疱、脓疱、溃疡、外伤等变化。

4. 体表淋巴结检查

体表淋巴结检查主要用触诊法，着重注意其大小、硬度、温度、敏感性和移动性。对牛通常是检查下颌淋巴结、肩前淋巴结、膝上淋巴结和乳房上淋巴结。

5. 体温测定

在直肠内测定。测温前先将体温计水银柱甩至最低刻度，并涂以润滑剂或水，然后站在牛的正后方，左手将牛尾巴略向上举，右手将体温计斜向前下方缓缓插入牛的直肠，用体温计夹子夹在尾根部被毛上，3～5 min后取出查看。测温后应将体温计擦拭干净，并将水银柱甩下，以备再用。

6. 脉搏数检查

检查牛的脉搏，通常是触摸尾中动脉。检查者位于牛的正后方，左手将尾根略举起，用右手食指、中指和无名指轻压尾底面的尾中动脉，计数1 min的跳动次数。脉搏数增加，见于热性病、心脏病、呼吸器官疾病、剧烈疼痛性疾病、贫血及某些中毒性疾病等；脉搏数减少，见于脑病、胆血症、洋地黄中毒、铅中毒等。

7. 呼吸数检查

检查呼吸数，最好站在病牛胸部的前侧方或腹部的后侧方，观察不负重后肢一侧的胸腹部起伏运动，胸腹壁的一起一伏是一次呼吸。也可将手背放在鼻孔前方感觉呼出的气流，在冬季还可看呼出的气流，一般计算1 min的呼吸数。呼吸数增多，见于热性病、呼吸器官疾病、贫血、心脏病、腹压增高性疾病等。呼吸数减少，见于某些脑病及疾病的濒死期。

项目二 常见内科病

一、常见胃肠疾病

(一)食道梗阻

【病因】

(1)原发性因素 主要由块根饲料(未切碎的胡萝卜、甘薯、马铃薯、苹果、玉米穗、西瓜皮、甘蓝、甜菜、芜菁等)或甘薯藤引起,且多发生于奶牛饥饿后采食过急或采食过程中受惊吓的情况下。此外,还可因误咽毛巾、破布、塑料、胎衣等而发病。

(2)继发性因素 奶牛食道梗阻常继发于食道麻痹(狂犬病、肉毒中毒、阿托品的应用以及麻醉后立即采食等)和食道狭窄(常反复发生食道阻塞)。

【症状】

(1)奶牛在采食块根饲料或甘薯藤等饲料的过程中,突然停止采食,低头伸颈、晃头缩脖,频做吞咽动作。

(2)大量流涎,口流白沫,常混有食物残渣。

(3)食道完全阻塞则迅速继发瘤胃臌气和高度呼吸困难。

【治疗】

治疗原则:急则先治其标,缓则治其本。

(1)瘤胃穿刺放气。若继发瘤胃臌气,应紧急穿刺放气,随后腹腔注射抗生素。

(2)排除阻塞物。

①镇静解痉。可采用水合氯醛 15～20 g,水 500～1 000 mL,直肠灌入;或氯丙嗪 1 mg/kg 体重肌内注射;或 0.5 mg/kg 体重静脉注射(用 10%葡萄糖溶液稀释);硫酸阿托品 0.05 mg/kg 体重,或山莨菪碱(654-2)200～250 mg,皮下注射。

②润滑食道。用植物油(或液体石蜡)300～500 mL,1%的普鲁卡因 20～30 mL,胃管投入。

③排除阻塞物。在镇静解痉和润滑食道 10～20 min 后采用以下方法排除阻塞物:上推法(取出法),适合于中上段食道阻塞;疏导法(下送法),适用于中后段塞。常用的疏导法有胃管和藤条(光滑藤条)插入食道送法、胃管中打气结合下推法、木棒下撵法;锤破团块法;手术疗法。

(二)前胃弛缓

【病因】

可分为原发性(单纯性)病因、继发性病因和医源性病因 3 种。

(1)原发性因素(原发性或单纯性前胃弛缓),主要因饲养管理不当所致。

①饲养不当。所有能改变胃内环境的食物性因素均可引起原发性前胃弛缓。饲料突然改变,如粗饲料不足而突然增加精料,或由某种精料改变为另一种精料。因为瘤胃中微生物不能完全适应饲料的突然改变或因酸中毒而发病。

②管理不当。例如饲养管理条件的突然改变，如离群并群，突然由放牧转为舍饲，经常调换牛房、饲养人员引起的惊恐，畜舍阴暗潮湿、过于拥挤、卫生不良，气候突变(暴晒、淋冷雨、寒流)，长途运输，预防注射，妊娠与分娩等应激因素均能使前胃植物性神经受抑制而引起前胃弛缓。

异嗜或误咽不消化的异物(化纤、尼龙、塑料、胎衣等)。

(2)继发性因素(继发性前胃弛缓) 许多器官系统疾病和其他各科疾病均可继发奶牛前胃弛缓。

(3)医源性因素(医源性前胃弛缓) 长期或大剂量内服磺胺类药物或抗生素类药物，破坏了瘤胃内正常微生物菌群，引起消化功能紊乱。成年奶牛一般不能口服四环素类(尤其是土霉素)药物。

【临床症状】

按病情发展过程可分为急性和慢性两种类型。

(1)急性前胃弛缓，多为原发病因所致

①食欲异常。食欲减退、偏食或废绝，一旦采食精料，多发生臌气或拉稀。如由精料过多所致，则多喜欢采食青干草而厌食精料，而如由难消化粗纤维饲料所致，则喜欢采食青绿饲料或优质青干草。

②反刍障碍。反刍减少、缓慢无力、无连续性，甚至反刍停止。

③瘤胃检查

视诊：腹围多缩小，左肋部下陷。常伴发间歇性臌气，尤其若是变质饲料所致，多伴轻度或中等度瘤胃臌气。

触诊：瘤胃内容物充满，黏硬，呈生面团状，拳压留痕十余秒以上不恢复；或瘤胃内容物呈粥状。如由变质饲料引起，则伴有轻度或中度臌气，内容物多稀软；而如由应激因素引起的，则瘤胃内容物黏硬，不伴发臌气。

④排粪及粪便变化。周期性便秘和腹泻交替发生，但由变质饲料引起的下痢明显。

⑤口腔多酸臭，舌光滑无芒刺；口津多黏稠而滑腻(腻苔)，而胃寒者则口津多稀薄。

(2)慢性前胃弛缓，多为继发因素所致。

①发病前期多表现原发病症状。

②具有急性前胃弛缓的症状。a. 大多数病例表现为食欲不定，时好时坏(有时减退、有时正常)，有吃后又发的特点。喜吃粗料，厌食精料，常有异嗜(如舔食粪尿污染的垫草，舔墙壁和木栏，甚至啃泥土等)。b. 粪便干稀交替和间歇性瘤胃臌气的特点尤为显著(便秘粪表面多覆盖黏液，下痢粪呈糊状、腥臭)。

【诊断】

(1)诊断 依据饲养管理情况和病史调查；临床特征症状及瘤胃内容物的检验(瘤胃液的pH、纤毛虫的数量和活性、纤维素消化试验、胃液沉淀物活性试验)，可做出诊断。

(2)鉴别诊断 感冒、奶牛酮病、瘤胃积食、创伤性网胃炎、真胃左方变位、感染与中毒、生产瘫痪等亦常常伴发前胃弛缓，注意鉴别。

【治疗】

治疗原则：健胃消导，防腐止酵，强心补液，防自体中毒。

(1)急性原发性前胃弛缓

①除去病因,改善饲养管理,可视其瘤胃内容物的多少而禁食1～2 d。

②提高前胃神经的兴奋性,增强前胃运动机能。

③缓泻止酵,清理胃肠。

④针对前胃弛缓的致病因素,积极对症治疗。

⑤对原发性慢性前胃弛缓,除上述治疗方法外,配合中药治疗疗效更佳。

(2)继发性前胃弛缓

①应积极治疗原发病。

②按原发性前胃弛缓方法治疗。

(三)瘤胃积食

【病因】

(1)原发性因素

①一时或长期采食大量劣质坚硬不易消化的饲料,尤其是含粗纤维多的半干的藤蔓类植物(如红薯藤、花生秧、豆秆等),由于它们缠绕成团积滞于瘤胃,发生积食。

②贪吃、偷吃过量适口性较好的饲料,如由适口性较差的饲料突然改变为适口性较好的饲料(块根、青绿饲料)而无节制地给予;饥饿后饲喂过多及偷吃过多的精料(酸中毒初期)等均可导致本病的发生。

③精料(尤其是糠麸)过细。

④采食大量的饲料后又饮多量的冷水,饲料含多量泥沙,促发本病。

(2)继发性因素

①前胃弛缓的动物食欲突然增强,容易发生瘤胃积食。

②各种应激。中毒与感染、怀孕后期运动不足又过于肥胖、产后失调、疲劳、运输、环境不良等继发。

【症状】

(1)腹痛　通常在饱食后数小时(5～6 h)发病,表现轻度腹痛(神情不安、拱背、磨牙、呻吟、回顾腹部、后肢踢腹、间或时起时卧)。

(2)消化障碍　食欲废绝,反刍停止,虚嚼(逆水)流涎,嗳气增多,有时作呕。

(3)腹部检查

①视诊。腹围增大,特别是左侧后腹中下部膨大明显,有下坠感。

②触诊。瘤胃内容物充满,黏硬,拳压留痕;或瘤胃内容物坚硬如石;触诊敏感。后期瘤胃内容物呈粥状、恶臭,表明继发中毒性瘤胃炎。

③听诊。瘤胃蠕动次数少,蠕动音弱,持续时间短。

④叩诊。瘤胃中上部呈半浊音甚至浊音。

(4)排粪及便　排粪迟滞,粪便干少色暗,呈叠便,可见未消化的饲料粒,其中含有指头大小的干球。严重时排粪停止,应用大剂量泻剂后排混有干粪球的粪水。

(5)全身症状明显　鼻镜干燥,口腔有酸臭味或腐败味,舌苔黏滑,心跳、呼吸加快,甚至呼吸困难,产奶量下降。严重者由于脱水、酸中毒、自体中毒而陷于虚脱状态(皮温不整、耳鼻四肢发凉,全身颤抖;眼球下陷,黏膜发绀;运动失调,卧地不起)。

【诊断】

(1)诊断依据　根据过食病史，腹部检查及粪便变化，全身症状明显(尤其是皮温不整、耳鼻四肢发凉，全身颤抖、眼球下陷，黏膜发绀等虚脱状态)而建立诊断。

(2)鉴别诊断

①瘤胃臌气。病因不同，发生发展快，高度呼吸困难，有窒息危象。

②瓣胃阻塞。粪便干，常呈干饼层状(非球形)；瓣胃穿刺检查。

③真胃阻塞。右侧真胃区坚实，瘤胃积液明显。

④黑斑病甘薯中毒。有采食黑斑病甘薯病史；严重呼吸困难(喘病、大气病)；皮下气肿。

【治疗】

治疗原则是消食化积，即促进瘤胃内容物排除，恢复前胃运动机能，防止脱水和自体中毒。采用中西医结合疗法疗效确实。

(1)加强护理　如食入大量易膨胀的豆谷或饼类，或瘤胃中已形成大量气体，应限制其饮水，一般的瘤胃积食饮水也应以少量多次为宜。

(2)泻下(促进瘤胃内容物排除)

①中药疗法。a. 椿皮散加承气汤；b. 加味大承气汤。

②西药泻下。硫酸镁(或硫酸钠)500～800 g、菜籽油 1 000 mL、鱼石脂 15～20 g、75%酒精 80～100 mL，常水 8～10 L，混合内服，1 次/d。但必须配合补液。如果吃了大量易膨胀的豆类或谷物引起的积食，可用油类泻剂石蜡油或植物油 500～1 000 mL(禁用蓖麻油)加常水 5～10 L，一次投服。

(3)恢复前胃运动机能(用泻剂后)

①皮下注射新斯的明 10 mg，2 次/d。

②应用促反刍液(参见前胃弛缓)。

(4)强心补液保肝防自体中毒　5%葡萄糖生理盐水 1 500～2 000 mL、20%安钠咖注射液 10～20 mL、25%维生素 C 注射液 20 mL，静脉注射，2 次/d。尤其注意久病者，应静脉注射 5%碳酸氢钠注射液 300～500 mL，解除酸中毒。

(5)手术治疗　药物治疗无效，或过食半干的甘薯藤等藤蔓类植物引起瘤胃积食且体况尚好者，需进行早期手术治疗(手术中取出物不应超过 2/3)。

(四)瘤胃酸中毒

【病因】

造成该病的主要原因是突然超量采食富含糖分的饲料。

(1)造成瘤胃酸中毒的物质

①谷物饲料。如玉米、小麦、大麦、青玉米、燕麦、黑麦、高粱、稻谷及其糟粕、生面团等。

②块根块茎类饲料。如甜菜、马铃薯、甘薯、甘蓝、胡萝卜等。

③水果类。如葡萄、苹果、梨、桃。

④糖类及酸类化合物。如淀粉、乳糖、果糖、葡萄糖、乳酸、挥发性脂防酸。

(2)造成谷物精料饲喂过多，饲养不当的原因(发病时机)

①偷食大量谷类饲料(管理不当)。

②为催乳突然急剧增加谷类饲料，粗饲料缺乏或品质不良；突然由粗饲料变为谷物精料；

突然变更精料的种类或性状，如由高粱改为玉米，或由玉米改为玉米面均可致病。

(3)影响谷类饲料致发本病的因素

①谷物种类：谷物"毒性"的大小顺序为玉米＞小麦＞大麦＞稻谷＞燕麦＞高粱。

②谷物性状："毒性"大小顺序为原粮＜压片、碎粒＜粉料(细粉)。用一定量的大麦(玉米)饲喂试验牛，其压片(玉米面)能造成瘤胃酸中毒，而其原粮则不能。

【临床症状】

(1)最急性型　多见于偷食大量谷物精料或突然大量饲喂谷物等富糖饲料时，尤其是粉末状谷物(玉米面等)，病畜常于采食后3～5 h内突然发病死亡。

病畜精神高度沉郁，身体极度虚弱，可侧卧而不能站立，双目失明，瞳孔散大。

病畜体温低下(36.5～38℃)，重度脱水(体重的8%～12%)，呼吸急促(60～90次/min)，心跳增快(100次/min以上)。

腹部显著膨胀，瘤胃停滞，内容物黏硬或稀软或水样。

常于发病后短时间内(3～5 h)突然死亡，死亡的直接原因为内毒素性休克。

(2)急性型　精神沉郁，反应迟钝，结膜潮红，步态摇晃，肌肉震颤。

消化道典型症状：食欲废绝，磨牙虚嚼不反刍，瘤胃胀满，内容物先黏硬后稀软，随病情的发展，出现瘤胃积液，冲击式触诊可见震荡音，瘤胃蠕动音微弱或消失。粪便稀软或水样，含多量未消化谷粒，带明显的酸臭味。

脱水体征明显：中度脱水(占体重的8%～10%)，眼球凹陷，皮肤干燥，弹性降低，血液黏稠，尿少色浓或无尿。

病畜后期呈现神经症状：步态蹒跚，或卧地不起，头颈侧屈(似生产瘫痪)或后仰(角弓反张)，昏睡乃至昏迷。此时若不及时治疗，多在24 h左右死亡。

(3)亚急性、慢性型　症状轻微，主要呈现消化不良体征，表现前胃弛缓症状。食欲减退，反刍减弱，瘤胃运动减弱，触诊瘤胃内容物呈捏粉样硬度(生面团状)，数日间腹泻，粪便呈灰黄色稀软或水样，混一定黏液，带有酸臭味。结膜潮红，呼吸加快，脉搏增数(80次/分钟以上)。常继发或伴发蹄叶炎和瘤胃炎而使病情恶化。

【诊断】

(1)在病史上　见于突然超量摄取谷物等富含可溶性碳水化合物的食物后不久突然发病。

(2)在体征上　瘤胃充满，内容物黏硬或稀软，前胃弛缓。脱水体征明显而腹泻轻微或不明显，全身症状重剧而体温并不升高。

(3)在检验上　血液pH下降、二氧化碳结合力(CO_2-CP)降低，红细胞压积容量(PCV)升高，血中乳酸增高。瘤胃内容物稀软或水样，pH下降，乳酸含量升高，革兰氏阳性菌为优势菌(乳酸杆菌、巨型球菌等)。尿少色深，pH下降。

【治疗】

治疗原则：彻底清除有害的瘤胃内容物；及时纠正酸中毒和脱水，补碱补液；逐步恢复胃肠机能。

(1)补碱补液——缓解机体全身性酸中毒和循环衰竭：生理盐水1 000 mL、20%安纳咖10～20 mL，地塞米松30 mg，林格氏液2 000～3 000 mL，5%碳酸氢钠($NaHCO_3$)注射液750～1 500 mL。先超速输注30 min，以后平速输注，对严重病例具有抢救性治疗功效。

(2)尽快排除瘤胃内的酸性物质，防止继续产酸

①瘤胃冲洗。国内外推荐作为首要的急救措施,尤其适用急性病例,疗效显著,早期应用,立竿见影。

②灌服制酸药和缓冲剂。氢氧化镁或氧化镁或碳酸钠 300～500 g 或碳盐缓冲合剂(干燥碳酸钠 150 g,碳酸氢钠 250 g,氯化钠 100 g,氯化钾 40 g,常水 5～10 L),一次灌服。对轻症及亚急性病例有效。

③胃切开术。洗胃困难者,可行瘤胃切开术,但危重病例疗效不佳。

(3)恢复胃肠功能及对症处置

①投服健康牛瘤胃液 5～8 L。

②防继发感染。用广谱抗菌药,庆大霉素 200 万 IU、四环素 250 万 IU。

③强心。用 20%安钠咖注射液 10～20 mL,静脉注射。

④增强植物性神经机能,促进糖代谢。用 10%维生素 B_1 20 mL,肌内注射。

⑤增强机体解毒机能。25%维生素 C 20 mL,静脉注射。

⑥脱水症状缓解仍不能站立走动,应补钙。用 10%葡萄糖酸钙 400～500 mL 或 5%氯化钙 200～300 mL,静脉注射。

⑦为防止伴发瘤胃炎、蹄叶炎,消除过敏反应,用抗组胺药物,扑敏宁 400～500 mg,静脉注射,或肌内注射盐酸异丙嗪或苯海拉明。

⑧防休克,地塞米松 60～100 mg,静脉或肌内注射。

(4)中药

①椿皮散加承气汤。

②四君子汤加减。

③平胃散加减。

【预防】

原则:加强饲养管理,合理供应精料。

①日粮构成要相对稳定,添加精料时,应避免单一尤其是玉米面等谷物精料,添加时,按 2∶1 的比例加入豆类可减少酸中毒的发生。

②精料饲喂量应根据不同生理阶段调整。奶牛日基础精料 3～4 kg,每产 1.5～2 kg 奶加喂 0.5 kg 精料,并密切注意粪便变化。

③精料饲喂量高的动物,日粮中加入 2%碳酸氢钠或 0.8%氧化镁等缓冲物质,使瘤胃内容物 pH 大于 5.5。

④加喂谷物饲料前,应先移植高精料饲喂使其适应奶牛的瘤胃内容物 pH。

(五)瓣胃阻塞

【病因】

(1)原发性瓣胃阻塞,致病因素主要有:

①长期饲喂米糠、麸皮、粉渣、酒糟等细碎或含有泥沙的饲料(如甘薯蔓、花生秧、豆秧、胡萝卜、甘薯)或饲料放在地上饲喂。此外,长期饲喂切碎的甘薯、胡萝卜并拌米糠或麦秧,也可致病。

②饲养粗放,长期采食干草,特别是粗纤维坚韧的藤蔓类植物。

③突然变换饲料,尤其是放牧转为舍饲、青草转为干草时,发病增多。

(2)继发性瓣胃阻塞,常继发于前胃弛缓、皱胃阻塞、皱胃变位、腹腔脏器黏连、生产瘫痪、创伤性网胃腹膜炎、黑斑病甘薯中毒、急性热性病等。

【临床症状】

(1)初期多表现为前胃弛缓症状　瘤胃积液明显。当瓣胃发生阻塞或黏膜发炎之后,呈亚急性腹痛,因而不愿意移动或躺卧,食欲、反刍停止,有时空嚼或磨牙。按前胃弛缓治疗不显效。

(2)鼻镜干燥结痂,甚至皲裂。

(3)顽固性便秘,粪便干而少,呈层状,层间带黏液,以后粪球干小,算盘珠样,表面附有黏液,后期甚至排粪停止。用大剂量的泻剂无效,有时仅排出少量夹杂干片状粪的粪水。直肠检查,肛门和直肠紧缩、空虚,肠壁干燥,或附着干涸的粪便。

(4)瓣胃检查　触诊敏感,局部膨大。

(5)瓣胃穿刺检查　穿刺针摆动不明显或不见摆动、阻力增大;瓣胃注射水后回抽有干粉状穿刺物漂浮于水面。

(6)全身症状逐渐明显　精神沉郁,体温升高0.5～1.0℃,心搏亢进,呼吸加快;奶牛产奶量急剧下降。久病者脱水显著,血液浓缩,尿少色黄,皮温不整,结膜发绀,自体中毒而死亡。尸体剖检可见瓣胃小叶间夹有大量干粉样物。

【诊断】

(1)论证诊断　根据饲养史、瓣胃深部触诊疼痛和叩诊瓣胃浊音区增大及顽固性便秘等临床特征,可以做出初步诊断。瓣胃穿刺检查具有确诊的实际意义。其他病征对诊断无特殊价值,如脱水及瘤胃臌胀积液,也见于肠便秘或真胃阻塞,而鼻镜干燥和皲裂更常见于各种发热痛。当诊断时,若仅抓住个别较为明显的病征而忘记对材料的全面分析,最易导致误诊。

(2)鉴别诊断　本病最易与急性前胃弛缓和严重肠便秘混淆。急性前胃弛缓无亚急性腹痛,严重肠便秘腹痛更明显。

【治疗】

治疗原则。增强前胃运动机能,促进瓣胃内容物排除(消导辅以健胃止酵)。

(1)早期一般按前胃弛缓治疗。

(2)泻下　必须配合补液,有中药泻下和西药泻下之分。西药泻下如:

①口服泻剂。硫酸钠400～600 g、常水5 L,一次内服;或液体石蜡(或植物油)1 000～2 000 mL,一次内服。对初期病例有一定效果,但有瘤胃积液的可能。

②瓣胃注射。10%硫酸钠2 000～3 000 mL、液体石蜡(或甘油)300～500 mL,一次瓣胃注射。

③增强前胃神经兴奋性。若无腹痛症状,可在用泻剂后用新斯的明(10～15 mg)等拟胆碱药物或硝酸士的宁皮下注射,同时应用促反刍液增强前胃运动机能。

(六)皱胃阻塞

【病因】

(1)原发性皱胃阻塞是由于饲养管理不当而引起的

①在冬春缺乏青绿饲料,用切碎谷草、麦秸、玉米秆、高粱秆喂奶牛,常引起发病。

②机械性皱胃阻塞:由于消化机能和代谢机能紊乱,发生异嗜,舔食沙石、水泥、毛球、麻

线、被布、木屑、刨花、塑料薄膜甚至食入胎盘而引起机械性皱胃阻塞。

③犊牛因大量乳凝块滞留而发生皱胃阻塞(富含酪蛋白的乳汁)。

原发性皱胃阻塞时,真胃内积滞的是黏硬的食物或坚硬的异物,常伴发瓣胃乃至瘤胃不同程度的积食。

(2)继发性皱胃阻塞,常继发于真胃弛缓

①肌源性真胃弛缓。皱胃溃疡、皱胃炎。

②神经源性真胃弛缓。前胃弛缓、创伤性网胃腹膜炎、真胃变位。

③后段阻塞性继发性皱胃阻塞。小肠秘结(十二指肠阻塞、幽门狭窄)。

继发性皱胃阻塞时,真胃内积滞的是稀软的食糜、发酵的气体、渗漏的液体;多不伴发瓣胃积食。

【症状】

(1)顽固性前胃弛缓　病初食欲减退,反刍稀少、短促或停止,有的病畜则喜饮水;瘤胃蠕动音减弱,瓣胃音低沉,腹围无明显异常;随着病情发展,病畜精神沉郁,背毛逆立,鼻镜干燥或干裂,但体温通常正常;食欲废绝,反刍停止。

(2)排粪障碍　初排粪迟滞,粪便干燥。随后常常呈现排粪姿势,但粪量明显减少,有时排出少量糊状、棕褐色的恶臭粪便,混杂少量血液或紫黑色血丝和血凝块;尿量少而浓稠,呈黄色或深黄色,具有强烈的臭味。

(3)腹部检查

①腹围显著增大,右下腹(肋弓后下方)膨大下坠。

②冲击式触诊。在肋骨弓的后下方皱胃区作冲击式触诊,则病牛有躲闪、反抗等敏感表现,同时感触到皱胃体积显著扩张而坚硬。

③瘤胃内容物充满或积有大量液体,蠕动音消失,肠音微弱;当瘤胃大量积液时,冲击式触诊呈现拍水音。在左部听诊,同时以手指轻轻叩击左侧倒数第1～5肋骨,可听到类似叩击钢管的铿锵音(钢管音)。

继发性阻塞在右侧倒数第1、2肋骨,听、叩诊结合,亦可听到类似叩击钢管的铿锵音(钢管音)。

(4)严重脱水和自体中毒　病的末期,病牛精神极度沉郁,虚弱,皮肤弹性减退,鼻镜干燥,眼窝凹陷;结膜发绀,舌面皱缩,血液浓稠,心率100次/min以上,呼吸加快,呈现严重的脱水和自体中毒症状。

瓣胃体积增大,内容物黏硬,瓣叶坏死,黏膜大面积脱落(由肠秘结继发的病例,则表现瓣胃空虚)。瘤胃通常膨大,且被干燥内容物或液体充满。

【诊断】

根据右腹部皱胃区局限性膨隆,在左肋部结合叩诊肋骨弓进行听诊,若呈现钢管音,且皱胃穿刺测定其内容物的pH为1～4时即可确诊。但须与前胃疾病、皱胃变位、肠变位等疾病进行鉴别。

【治疗】

治疗原则:消积化滞,防腐止酵。缓解幽门痉挛,促进皱胃内容物排除,防止脱水和自体中毒。

(1)消积化滞,防腐止酵　初期使用硫酸钠300～400 g,液体石蜡(或植物油)500～

1 000 mL、鱼石脂 20 g、酒精 50 mL、常水 6～8 L 内服。

(2)强心、补液、健胃　5％葡萄糖生理盐水 2 000～4 000 mL，20％安纳咖溶液 10 mL，40％乌洛托品注射液 30～40 mL，10％氯化钠溶液 300～400 mL，10％氯化钾溶液 50 mL、10％氯化钙 100 mL，静脉注射。25％维生素 C 注射液 20 mL，肌内注射。此外可以适当使用抗生素或磺胺类药物，防止继发感染。

当发生自体中毒时，可用撒乌安注射液 100～200 mL 或樟脑酒精注射液 200～300 mL，静脉注射。

(3)瘤胃切开术或真胃切开手术　在确诊之后，要及时施行瘤胃切开术，取出瘤胃内容物，然后用胃管插入网瓣孔，通过胃管灌注温生理盐水，冲洗皱胃，减轻胃壁压力，改善胃壁血液循环，恢复运动与分泌机能，达到疏通的目的。

(4)中医疗法　以宽中理气、消坚破满、通便下泄为主。早期可使用加味大承气汤。

(5)恢复真胃功能　小剂量多次注射拟副交感神经药物和维生素 B_1。

二、常见呼吸系统疾病

(一)感冒

【病因】

(1)寒冷刺激是本病主要发病原因　中医上称为风寒邪侵体。奶牛突然受到寒冷的袭击，如畜舍条件较差，有贼风侵袭；早春或秋末受到暴雨浇淋和风吹；牛舍潮湿，有过堂风。在一般情况下，奶牛均有一定的御风抗寒能力，但由于气温变化过快，奶牛不能立即适应这种变化，不能对机体的代谢状况做出相应的调整，而出现机能紊乱。

(2)促发因素　长途运输、营养不良及患有慢性疾病的奶牛，机体抵抗力弱，因而最易发病。

【症状】

①受寒冷作用后突然发病，全身症状明显。病牛精神沉郁，不时呈低头半闭眼状，喜卧，体温升高。眼结膜充血并有轻度肿胀，伴羞明流泪。但四肢末稍、耳尖、鼻端发凉，表现为皮温不整。

②呼吸、脉搏均增数，肺泡呼吸音增强。

③咳嗽，多为单发性咳嗽，打喷嚏，鼻黏膜充血肿胀。

④病初流清涕，病程长者则鼻汁浓稠，白色或灰白色。

⑤食欲减少或废绝，常有便秘，产奶量下降。病情严重时畏寒，表现为拱腰、战栗，甚至躺卧不起。磨牙，鼻镜干燥，前胃弛缓，反刍停止，口舌干燥。

【诊断】

本病根据受寒冷作用后突然发病，体温升高、咳嗽、流鼻液、皮温不整、羞明流泪等上呼吸道炎症状，不具传染性，解热镇痛剂迅速治愈即可做出诊断。

【治疗】

治疗原则：以解热镇痛、祛风散寒为主，同时防止继发感染。

(1)防寒保暖　除去病因，改善饲养管理，做好防寒保暖工作，防止贼风侵袭。

(2)解热镇痛，祛风散寒，缓解临床症状

①复方氨基比林注射液 20～40 mL,柴胡注射液 20～40 mL,分别肌内注射,每日 2 次,连用 3 日。

②30%安乃近注射液 20～40 mL,12%复方磺胺甲基异噁唑注射液 40～80 mL,分别肌内注射。每日 2 次,连用 3 日。

③中药疗法。依据中兽医辨证施治原则,本病是由于外感风寒所致,治疗应以祛风散寒为主。对畏寒怕冷、耳鼻俱凉、肌肉震颤的奶牛可用荆防败毒散。

(3)防止继发感染,同时应用抗生素、磺胺类等防止继发感染。

(4)对症治疗　对伴有便秘的应用缓泻剂。对病程较长,有前胃弛缓症的,可用拟胆碱药以提高前胃神经的兴奋性,增强前胃运动机能,但妊娠奶牛禁用。

(二)支气管炎

【病因】

(1)受寒感冒是引起支气管炎的主要原因　受寒感冒使机体抵抗力下降,支气管黏膜防御机能减弱。一方面,病毒、细菌直接感染;另一方面,呼吸道寄生菌(如肺炎球菌、巴氏杆菌、链球菌、葡萄球菌、化脓杆菌、霉菌孢子、副伤寒杆菌)感染等。

(2)物理、化学因素的刺激

①吸入过冷的空气、粉尘、刺激性气体。

②投药或吞咽障碍时,由于异物进入气管,可引起吸入性支气管炎。

③过敏反应。常见于吸入花粉(如油菜花)、有机粉尘、真菌孢子等引起气管和支气管的过敏性炎症。特征为按压气管容易引起短促的、干而粗粝的咳嗽,支气管分泌物中有大量的酸性细胞,无细菌。

(3)诱因　饲养管理粗放,如畜舍卫生条件差、通风不良、闷热潮湿以及饲料营养不平衡等,导致机体抵抗力下降,均可成为支气管炎发生的诱因。

(4)原发性慢性支气管炎

①通常由急性支气管炎转变而来,常见于致病因素未能及时消除,长期反复作用,或未能及时治疗,饲养管理及使役不当,均可使急性转变为慢性。老龄动物由于呼吸道防御功能下降,喉头反射减弱,单核—吞噬细胞系统功能减弱,慢性支气管炎发病率较高。

②维生素 C、维生素 A 缺乏,影响支气管黏膜上皮的修复,降低了溶菌酶的活力,也容易发生本病。

【症状】

(1)急性支气管炎

①咳嗽是主要的症状。疾病初期,表现干、短和疼痛咳嗽,以后随着炎性渗出物的增多,变为湿而长的咳嗽。有时咳出较多的浆液或黏液脓性的痰液(咳嗽后有吞咽动作),呈灰白色或黄色。尤其是冷空气刺激或通过气管人工诱咳时,可出现声音高朗的持续性咳嗽。

②鼻液。鼻孔流出浆液性、黏液性或黏液脓性的鼻液。

③胸部听诊。肺泡呼吸音增强,并可出现干啰音和湿啰音。

④全身症状。体温正常或轻度升高(0.5～1.0℃)。随着疾病的发展,炎症侵害细支气管,则全身症状加剧,体温升高 1.0～2.0℃;呼吸加快,严重者出现吸气性呼吸困难,可视黏膜为蓝紫色。

⑤胸部叩诊无变化。

⑥X线检查仅见肺纹理增粗，无明显异常。

⑦光导纤维内窥镜可见气管、支气管黏膜充血、肿胀。

(2)慢性支气管炎

①经常慢性、持续性咳嗽是本病的特征。咳嗽可拖延数月甚至数年。咳嗽严重程度视病情而定，一般在运动、采食、夜间或早晚气温较低时，常常出现剧烈痉挛性咳嗽(干咳)。稍作运动即出现咳嗽、气喘。人工诱咳阳性。

②鼻液黏稠。

③肺部听诊。长期存在干啰音(吹哨声、丝丝声、哮鸣音)是其特点。初期因有大量稀薄的渗出物，可听到湿啰音，后期由于支气管渗出物黏稠，则出现干啰音；早期肺泡呼吸音增强，后期因肺气肿而使肺泡呼吸音减弱或消失。

④肺部叩诊。早期多正常，当继发肺泡气肿时，为鼓音。

⑤全身症状。体温无变化，奶牛逐渐消瘦(长期食欲不良和疾病消耗)，因支气管狭窄和肺泡气肿而出现呼吸困难，特别是运动时气喘和哮鸣。

⑥X线检查。早期无明显异常，后期由于支气管壁增厚，细支气管或肺泡间质炎症细胞浸润和纤维化，可见肺纹理增粗、紊乱，呈网状、条索状或斑点状阴影。

⑦病程较长，可持续数周、数月甚至数年。

(3)腐败性支气管炎。

①由于吸入异物后引起的支气管炎，后期可发展为腐败性炎症。

②呼吸困难，呼出气体有腐败性恶臭。

③两侧鼻孔流出污秽不洁和有腐败臭味的脓性鼻液。

④听诊肺部可能出现空瓮性呼吸音。

⑤病畜全身反应明显。血液检查，白细胞数增加，嗜中性粒细胞比例升高。

⑥鼻液中弹力纤维检查可区别坏疽性肺炎。

【诊断】

根据病史，结合咳嗽、流鼻液和肺部出现干、湿啰音等呼吸道症状即可初步诊断。X线检查可为诊断提供依据。本病应与流行性感冒、急性上呼吸道感染等疾病相鉴别。

(1)流行性感冒　发病迅速，体温升高，全身症状明显，并有传染性。

(2)急性上呼吸道感染　鼻咽部症状明显，一般无咳嗽，肺部听诊无异常。

【治疗】

治疗原则：消除病因，抑菌消炎，祛痰镇咳(必要时抗过敏)等。

(1)消除病因　畜舍应通风良好且温暖，供给充足的清洁饮水和优质的草料。

(2)抑菌消炎　可选用抗生素或磺胺类或氟喹诺酮类药物。以气管注射疗效最佳。

①青霉素80万IU(5～8支)，链霉素50万IU(2～4支)，0.25%～0.5%普鲁卡因15～20 mL，气管注射，1次/d。

②病情严重者可用四环素，剂量为5～10 mg/kg体重，溶于5%葡萄糖溶液或生理盐水中，静脉注射，每日2次。10%磺胺嘧啶钠300～400 mL，静脉注射。

③大环内酯类(红霉素等)、氟喹诺酮类(氧氟沙星、环丙沙星等)及头孢菌素类(第一代头孢菌素、第二代头孢菌素等)。

(3)祛痰　对咳嗽频繁、支气管分泌物黏稠的,可用溶解性祛痰剂。

①1次口服氯化胺(0.3 g/片)20 g,2次/d。

②1次口服吐酒石3 g,2次/d。

③痰易净(乙酰半胱氨酸)10%~20%溶液(现配)3~5 mL,气管注入。

(4)镇咳　分泌物不多,但咳嗽频繁且疼痛,可选用镇痛止咳剂。

①复方樟脑酊30~50 mL,内服,1~2次/d;

②复方甘草合剂100~150 mL,内服,1~2次/d;

③磷酸可待因1.5~2 g,1次内服,2次/d。

(5)排除炎性渗出物　为了促进炎性渗出物的排除,可用克辽林、来苏尔、松节油、松馏油、薄荷脑、麝香草酚等蒸汽反复吸入,也可用碳酸氢钠等无刺激性的药物进行雾化吸入。生理盐水气雾湿化吸入或加溴己新、异丙托溴铵,可稀释气管中的分泌物,有利于排除。对严重呼吸困难的奶牛,可用5%盐酸麻黄碱0.2~0.3 g,皮下注射,2~3次/d;氨茶碱1~2 g,肌内注射或静脉注射,2次/d。

(6)中药疗法

①外感风寒引起者,宜疏风散寒,宣肺止咳。应选用荆防败毒散和止咳剂加减。

②外感风热引起者,宜疏风清热,宣肺止咳。可选用款冬花散。

③慢性支气管炎中药疗法:益气敛肺、化痰止咳。用参胶益肺散。

(三)支气管肺炎(小叶性肺炎)

【病因】

(1)由感冒及支气管炎进一步发展而成　凡能引起感冒和支气管炎的致病因素均可促使本病的发生,如受寒、吸入刺激性气体(NH_3、Cl_2、SO_2等)或药物误投入气管等。

(2)继发于某些传染病(流行性感冒、牛恶性卡他热、结核等)、寄生虫病(如肺丝虫病、蛔虫病等)和其他一些疾病(如胃肠炎、子宫炎等)。

【症状】

(1)病初呈现支气管炎的症状

①咳嗽是其固有症状。初为干咳,以后呈短咳、痛咳、湿咳。人工诱咳阳性。

②流浆液性或黏液性鼻液,初期及末期鼻液量较多。

③呼吸加快并有不同程度的呼吸困难,黏膜潮红或发绀。

(2)胸部听诊　病灶部肺泡呼吸音常减弱或消失,有时可听到局灶性捻发音、各种啰音。健康部位代偿性增强,肺泡呼吸音亢进。

(3)胸部叩诊　出现灶状浊音区或过清音区(健康部位)。

【诊断】

论证诊断依据。

①有呼吸系统疾病的共同症状(支气管炎的症状),但全身症状逐渐明显。

②弛张热或间歇热型,叩诊灶状浊音,听诊灶性肺泡呼吸音减弱或消失,出现各种啰音、捻发音。

【治疗】

治疗原则：抗菌消炎，制止渗出，促进吸收，对症治疗（镇咳祛痰）。

（1）抗菌消炎　大剂量应用抗生素和磺胺类药物。抗生素（青链霉素、卡那霉素、庆大霉素、红霉素、林可霉素）和广谱抗生素（四环素、土霉素、金霉素等），同时应用碱胺类药物；氟喹诺酮类疗效显著（参见支气管炎的治疗）。抗生素胸腔注射或气管注射，疗效最佳。

（2）制止渗出　10%葡萄糖 1 000 mL、1%氯化钙 100～150 mL 或 10%葡萄糖酸钙液 50 mL，2%维生素 C 20 mL，静脉注射，每日 2 次。

（3）促进渗出物的吸收和排除

①口服祛痰剂氯化铵 15～20 g、复方甘草合剂 15 mL 等。

②利尿。

（4）中药疗法　麻杏石甘汤。

三、常见营养代谢疾病

（一）佝偻病

本病是生长快的幼畜维生素 D 缺乏及钙、磷代谢障碍所致的骨营养不良。病理特征是成骨细胞钙化作用不足、持久性软骨肥大及骨骺增大的暂时钙化作用不全。临床特征为消化紊乱、生长发育迟缓、异嗜癖、跛行及骨骼变形。常见于犊牛、羔羊。

【病因】

主要由于饲料中钙、磷不足或比例不当以及由维生素 D 缺乏或不足造成，其中常见原因是维生素 D 缺乏。另外，肝、肾病变，消化机能紊乱以及阳光照射不足也是发病原因。

犊牛主要病因是原发性钙、磷缺乏及舍饲光照不足。

在哺乳幼畜和青年动物的骨骼发育阶段中，上述致病因素作用可使机体钙、磷不平衡，加上维生素 D 不足，导致成骨细胞钙化延迟，同时甲状旁腺促进小肠中钙的吸收作用也降低，骨样的骨基质不能完全钙化，乃呈现骨样组织增多为特征的佝偻病。

【症状】

病畜精神沉郁，喜卧，站立时，四肢频频交替负重，运步强拘，或行走摇摆，有时跛行，发育停滞，消瘦，异嗜，齿形不整，易磨损齿面。

本病明显的症状是骨骼变形，颜面骨肿胀突起，鼻腔狭窄，呼吸发鼻塞音，有的硬腭突出，关节肿大，肋骨与肋软骨交接处隆起如念珠状；四肢骨骼变形，如熊脚、弧形、X 形等；脊柱突出或凹入，胸廓狭小，呈鸡胸状。体温、脉搏、呼吸一般无变化，有时伴发咳嗽，腹泻，呼吸困难等。

仔畜生后就表现软弱，不能站立，有的出现乳汁从鼻孔反流，多为先天性佝偻病。犊牛可因缺钙引起痉挛症。

本病多取慢性经过。轻症的适当治疗多可痊愈。重症的陷于恶病质，多预后不良。

【病理变化】

眼观。面部、躯干和四肢骨骼变形，面骨肿胀，拱背、罗圈腿或八字腿。下颌骨增厚，齿形不规则、凹凸不平。肢关节增大，胸骨弯曲。肋骨与肋软骨间及肋骨头与胸椎间有球形肿大，排列成串球状。骨与软骨的分界线极不整齐，呈锯齿状。软骨骨钙化障碍时骨骼软骨过度增生，该部体积增大，可形成“佝偻珠”。

临床病理学变化　血清碱性磷酸酶活性常升高，血钙水平一般无变化，血磷水平常低于3 mmol/L。

X射线检查　骨质密度降低，长骨末端呈“羊毛状”或“蛾蚀状”外观。尾椎或肋骨软骨联合部取样，含钙极少，有大量骨样组织。

【诊断】

根据动物年龄、饲养管理条件、慢性经过、生长迟缓、异嗜癖、运动困难及牙齿和骨骼变形等特征，可作初诊；血清钙、磷及碱性磷酸酶活性变化，有参考意义；骨X射线检查及骨的组织学检查有助于确诊。

【防治】

加强护理，调整日粮组成，补充维生素D和钙、磷，适当运动，多晒太阳。

(1)有效的药物制剂，如鱼肝油，内服，牛20～60 mL，羊10～15 mL。

(2)维生素D胶性钙注射液，皮下或肌内注射，牛2.5万～10万IU，羊0.2万～2万IU。

(3)维生素AD注射液(维生素A 5万IU/mL，维生素D 0.5万IU/mL)，肌内注射，牛5～10 mL，犊、羊，2～4 mL，羔羊0.5～1 mL。

(4)维生素D_3注射液，肌内注射，1 500～3 000 IU/kg体重，注射前后，需补充钙剂。

(5)应用钙剂　常用蛋壳粉或牡蛎粉或骨粉15～30 g，拌料喂给。碳酸钙内服，牛30～120 g，羊3～10 g。

(6)乳酸钙内服，牛5～15 g，羊0.3～1 g。10%葡萄糖酸钙溶液，静脉注射，犊10～20 mL。

(7)10%氯化钙注射液，静脉注射，犊5～10 mL。静脉注射钙剂，初期1次/日，以后1～2次/周。

(8)鱼粉混于饲料中或加入饲料中，犊20～100 g/d，羔羊10～30 g/d。

(二)羊白肝病

羊白肝病是以肝脂肪变性和肝功能障碍为病理学基础的一种急性或慢性代谢疾病。其临床特征是，突发性食欲废绝或减退，体重减轻，有时伴有黄疸和光敏反应。

本病发生于春季和夏初，以3～6月龄羔羊居多。有的地区发病率可达20%～100%，病死率为8%～15%。

【病因】

病因尚不清楚，一般认为原发性因素是钴和维生素B_{12}缺乏。有研究表明，牧区土草中缺钴易引起本病。植物毒素和霉菌毒素也可能与本病的发生有关，但还有待于进一步证实。

【症状】

羔羊多半在断乳期或断奶之后发病。根据临床症状、病理学和生化改变，本病可分为急、慢性阶段。

(1)急性阶段　突然出现食欲废绝和精神沉郁。有时全群羊均表现食欲减退。由于瘤胃空虚，体重迅速下降。病羊常出现光敏反应，眼、耳和唇肿胀、温热，眼流泪，耳垂及下唇附有浆液性分泌物。有时背部皮肤呈斑块状血清渗出，而后形成结痂。约有5%的病羊出现黄疸。贫血并非急性病例的固定症状。

后期个别羊失明。急性阶段一般持续7～10 d。

(2)慢性阶段　病羊消瘦,体质大量耗损,体重往往不足同龄正常羊的一半。约有 48%的病羊发生贫血。耳和背部皮肤的结痂可持续数月,分泌物由浆液性转为浆液脓性。继发溃疡性角化病的并不多见。

(3)慢性阶段通常持续 4～6 周,多数转归死亡。

【病理变化】

急性病例,肝肿大,为正常的 2～3 倍,色灰白质脆,可浮于水面。脂肪蓄积良好,但偶有脂肪坏死灶。瘤胃空虚,含水样内容物。慢性病例,肝脂肪变性常不明显,肝脏呈暗灰褐色或眼观无改变。消瘦,贫血,骨骼呈粉红色。

血液常规检查　急性病例,平均血红蛋白量为 107 g/L,慢性病例为 97 g/L,为正细胞正色素性贫血。

肝脏功能检查　病羊谷草转氨酶升高,谷丙转氨酶升高,胆红素降低。

微量元素分析　病羊肝脏钴含量持续减少,平均为 0.4 μmol/kg。急、慢性病例的血液铜含量增加,分别为 140(120～170)、25(100～160)μg/dL,健康绵羊血清铜的含量为 75(50～110) μg/dL。

【诊断】

本病的诊断依据包括临床症状、特异性的肝脏病理学改变及肝脏钴含量降低。

【治疗】

保证钴含量为 0.07～0.11 mg/kg。低于此标准时可将钴添加到食盐或添加剂中 0.3～1 mg/d 或将含钴混合物制成舔砖,自由舔舐。

牛 20～30 mg/d,羊 2～6 mg/d,口服,也可肌注维生素 B_{12}。缺钴地区可向草地增施钴肥,10 000 m^2 草地喷施硫酸钴 400～600 g,或每 3～4 年 10 000 m^2 喷施 1.2～1.5 kg。

(三)奶牛酮病

牛酮病又称牛醋酮血病,世界各国都有发生,已成为危害奶牛业的主要疾病之一。多发生于舍饲期间缺乏运动,营养良好的 4～9 岁高产奶牛,通常要 3～6 胎产后 20 日以内发病,最迟不超过 6 周。发病乳牛饲养很差而产乳量较高的,特称为消耗性酮病。随牛产乳量增高,牛酮病发生率增高,尤其是亚临床酮病。

临床酮病的发病率,在各个牛群之间并不一样,低的为 1%～2%,高的为 2%～20%。发病率高的牛群主要发生消耗性酮病。

亚临床酮病的发病率比临床酮病高,约占产后母牛的 10%～30%。其虽无明显的临床症状,但由于母牛泌乳量下降、乳质量降低、母牛体重降低、生殖系统疾病和其他疾病发病率增高,造成严重的经济损失。

【病因】

(1)高产乳牛　排乳消耗大量乳糖,而乳糖合成量不足。

(2)日粮中营养不平衡和供给不足　饲料蛋白质多、脂肪多,而碳水化合物缺乏,即生糖物质缺乏。

(3)产前过度肥胖　食欲回复慢,采食减少,生糖物质摄入减少。

(4)饲料中缺乏钴、碘、磷等矿物质。

(5)寒冷、饥饿、过度挤奶的应激因素促进本病发生。

【临床症状】

(1)消耗型　食欲降低和精料采食减少，甚至拒绝采食青贮饲料，一般可采食少量干草。体重迅速下降，很快消瘦，腹围缩小。产奶量下降，乳汁易形成泡沫，一般不停乳。皮肤弹性降低。粪便干燥，量少，有时表面附有一层油膜或黏液。瘤胃蠕动音减弱或消失。呼出气体、尿液和乳汁中有酮味，加热时更明显。

(2)神经型　突然发病，初期兴奋，精神高度紧张，不安，大量流涎，磨牙空嚼，顽固性舔吮饲槽或其他物品。视力下降，走路不辨别方向，横冲直撞。全身肌肉紧张，步态踉跄，站立不稳，四肢叉开或互相交叉。有的震颤，吼叫，感觉过敏。以上症状间歇性多次发生，每次持续时间 1 h，间隔 6～8 h 重又出现。

神经兴奋持续 1～2 d 转入抑制期。表情漠然，反应迟钝，不愿走动和采食，精神高度沉郁。严重者不能起立，头屈向颈侧，处于昏睡状态。

(3)生产瘫痪型(麻痹型)　很多症状与生产瘫痪相似，并有食欲不振，泌乳量、体重急剧减少，肌肉无力。眼怒视，肌肉持续性痉挛，对刺激过敏，不能起立。按生产瘫痪治疗多无效。4 岁以下的乳牛多不发生。

【诊断】

低血糖症、高酮血症、高酮尿症、高酮乳症，血浆游离脂肪酸浓度升高、肝糖原水平下降。

血糖浓度由 2.8 mmol/L 降到 1.12～2.24 mmol/L。

酮体浓度升高到 1.5～2.5 mmol/L。

尿酮浓度达 13.76～22.36 mmol/L。

乳中酮体升高到 6.88 mmol/L。

血钙水平稍降低。

白细胞分类计数时，嗜酸性粒细胞增多，淋巴细胞增多、中性粒细胞减少。

血清转氨酶活性增高。

【治疗】

(1)替代治疗

①静脉注射 50%的葡萄糖溶液 500 mL，对大多数患牛有明显效果。但必须重复注射，否则易复发。或者腹腔注射 20%葡萄糖。

②果糖静脉注射：0.5g/kg 体重，配成 50%溶液，静脉注射。

③丙二醇或甘油：每日两次，每次 500 g，连用两天，随后 250 g/d，灌服或饲喂，连用 10 d。

④饲料中添加丙酸钠、乳酸钙、乳酸钠都有疗效。

注意：口服葡萄糖或其他糖类无效。

(2)激素疗法

体质较好的牛可用促肾上腺皮质激素(ACTH)200～600 IU，肌内注射，疗效确切。

糖皮质激素(相当于 1 g 可的松)肌内注射或静脉注射。

类固醇类治疗初期产奶量降低，但 3 d 后可恢复。优点是恢复快。

(3)其他疗法

①水合氯醛：牛首次剂量 30 g，加水口服，然后再给予 7 g，2 次/d，连用几天。

②氯酸钾：30 mg 溶于水中，2 次/d，口服。

③钴：100 mg/d，补充硫酸钴。

④使用碳酸氢钠防治酸中毒。500～1 000 mL，静脉注射，辅助治疗。

预防

采取综合的措施才能预防。

严防牛体过肥，控制牛的营养摄入，催乳补料时要补充能量。精料中粗蛋白含量16%～18%为宜。碳水化合物以磨碎的玉米为好。供应优质的干草或青饲料。高发阶段饲喂丙酸钠（120 g，2次/d，连用10 d）。

四、常见中毒性疾病

（一）有机磷农药中毒

动物接触、吸入有机磷制剂或采食某种被有机磷制剂污染的草料后，毒物抑制动物体内的胆碱酯酶的活性，导致神经紊乱的一种中毒病。临床上以瞳孔缩小，流涎，口吐白沫，呼吸困难，肌肉震颤以及呼出气有大蒜臭味为特征。

有机磷农药是最常用的高效杀虫剂，现已有100多种，目前我国生产的已有数十种，按其毒性的大小将其分为以下3类。

剧毒类　包括对硫磷（1605）、甲拌磷（3911）、内吸磷（1059）、甲基对硫磷（甲基1605）、硫特普（苏化203）等。

强毒类　包括敌敌畏（DDV）、甲基内吸磷（甲基1059）等。

低毒类　包括敌百虫、乐果、马拉硫磷（4049），马拉松等。

【病因】

有机磷农药可经消化道、呼吸道或皮肤进入机体而引起中毒。

常发生于下列情况：误食撒布过有机磷农药的杂草、庄稼、蔬菜；误饮撒药地区附近的地面水；当配制或撒药时，粉末或雾滴沾染附近或下风头的饲草、饮水或畜牧场；误用配制农药的容器来饮喂家畜；驱除体内外寄生虫时，用量过大或浓度过高或完全阻塞性便秘时用敌百虫作为泻剂，导泻未成，反而吸收中毒；投毒。

【症状】

由于有机磷农药的毒性、摄入量、进入途径以及机体的状态不同，中毒的临床症状和发展经过亦多种多样，但除少数呈闪电型最急性经过，部分呈隐性型慢性经过外，大多取急性经过，于吸入、吃进或皮肤沾染后数小时突然起病，表现如下基本症状。

（1）神经系统症状　病初精神兴奋，狂暴不安，前冲后撞，或无目的奔跑，以后即高度沉郁，甚至倒地昏睡。瞳孔缩小，严重的几乎呈线状。

（2）消化系统症状　口腔湿润或流涎，食欲大减或废绝，腹痛不安，肠音高朗连绵，不断排稀便，甚而排粪失禁，有时粪中混有黏液或血液。重症后期，肠音减弱乃至消失，并伴发臌气。

（3）全身症状　首先在前胸、会阴部及阴囊周围出汗，以后全身汗液淋漓。呼吸困难，体温多升高。严重病例心跳急速，脉搏细弱，不感于手，往往伴发肺水肿，有的窒息而死。

（4）血液中胆碱酯酶活力，一般均降到50%以下，中毒严重的，则多降到30%以下。经过数小时至数日不等。轻症病例，只表现流涎，肠音增强，局部出汗以及肌肉震颤，经数小时即自愈；重症病例，多继发肺水肿或呼吸衰竭，而于起病当天死亡；经过24 h以上的，多有痊愈希望，完全康复常需数日之久。

【诊断】

主要根据接触有机磷农药的病史，临床有明显的胆碱能神经兴奋症状，如流涎、出汗、肌肉痉挛、瞳孔缩小、肠音强盛、呼吸困难等。若再结合全血胆碱酯酶活力测定则更有助于早期诊断。必要时可采可疑饲料或胃内容物，进行有机磷农药等毒物的检验。

紧急时可作阿托品治疗性诊断，方法是皮下或肌内注射常用剂量的阿托品，如是有机磷农药中毒，则在注射后 30 min 内心率不加快，原心率快者反而减慢，毒蕈碱样症状也有所减轻。否则很快出现口干，瞳孔散大，心率加快等现象。

【治疗】

治疗原则是立即实行特效解毒，然后尽快除去尚未吸收的毒物。

可实施特效解毒，应用胆碱酯酶复活剂和乙酰胆碱对抗剂，双管齐下疗效确实。胆碱酯酶复活剂可使钝化的胆碱酯酶复活，但不能解除毒蕈碱样症状，难以救急；阿托品等乙酰胆碱对抗剂可以解除毒蕈碱样症状，但不会使钝化的胆碱酯酶复活，不能治本。因此，两者合用为好，可互补不足，增强疗效。首先应用乙酰胆碱对抗剂——阿托品，以缓解症状，而后应用特效解毒剂——解磷定、氯磷定或双复磷。

另外，要采取强心、补液等对症疗法。

(二)呋喃丹中毒

呋喃丹又叫杀螨威、卡巴呋喃，属氨基甲酸酯类农药，其作用机理与有机磷农药十分相似，如抑制胆碱酯酶活性，临床上表现为瞳孔缩小，口、鼻分泌物增多，皮肤有汗，腹痛、腹泻，肌肉震颤等特征。动物常因采食施用过呋喃丹农药的牧草或因食入用呋喃丹拌过的毒谷而引起。

【病因】

呋喃丹在植物、土壤里的半衰期较长。有资料记载，该药在土壤中半衰期为 30～60 d，植物中为 30～40 d，耕牛采食半月前曾施用过呋喃丹农药的牧草可引起中毒死亡。

【症状】

呋喃丹中毒的基本特点是：

(1)鼻孔缩小，呈线条状，视力模糊，走路蹒跚。

(2)流涎、流涕、口吐白沫，鼻涕呈线状。

(3)腹痛腹泻，胃肠蠕动增强，大便稀薄。

(4)肌肉震颤，尤其是四肢肌肉震颤明显。

(5)呋喃丹中毒不能用肟类化合物(如解磷定、氯磷定)解毒，因肟类化合物可增加呋喃丹的毒性作用。

(6)重度中毒可发生脑水肿、肺水肿样症状和中毒性心肌炎及肾机能障碍等现象，以及惊厥、昏迷、心跳节律不齐，呼吸困难等。

【治疗】

呋喃丹中毒的首选药为阿托品，牛轻度中毒时，首次为 50 mg，随后一天内口服或肌内注射 15～20 mg，并尽快使用 2% 的碳酸氢钠洗胃。对中度或严重中毒的牛，阿托品可加大至 50～100 mg 或按 0.25～1 mg/kg 体重，其中 1/3 剂量用作静脉注射，其余肌内注射，随后每半小时一次，待病情稳定后，改为 2～3 h 一次，肌内注射 10～20 mg，并逐渐减量，2～3 d 后停药。

因呋喃丹在土壤、作物中残留时间长，田间施药后，两个月内不能放牧，亦不能收获作为动物饲料。

项目三　常见产科疾病

一、胎衣不下

胎衣应在正常分娩后 8 h 内排出，若 8～12 h 不下，则被认为不正常。

【病因】

①后期感染性流产或散发性流产——子宫内感染。

②子宫弛缓——积水、子宫扭转、胎儿过大、难产、双胎。

③热应激、围产期低血钙。

④外源性皮质激素——近 100%发病。

⑤关在舍内时间过长、运动不足、环境脏差。

⑥干奶期营养过高（肥胖）、胡萝卜素和维生素 E、Se 缺乏，维生素 A 不足。

【症状】

①发生过胎衣不下的牛，易患代谢病、乳腺炎、子宫炎、流产。

②胎衣不下引起围产期牛中性血细胞功能障碍和数量减少。

③在外阴部悬挂有胎衣或在子宫颈、阴道内滞留胎衣。

④大多数牛在产后 3～12 d 排出滞留的胎衣，有些牛则延迟到第一次发情后。

⑤时间长者，发生胎衣分解、腐败，引起子宫内膜炎。

【治疗】

①没有临床症状的健康牛，可以不治疗，等待自排。

②应用抗生素预防感染，每天 1 次，直至排出胎衣。

③子宫内使用抗菌素及温 10%盐水，同时应用激素疗法（催产素、雌激素、前列腺素）。

④手工取出（剥离）（目前较少使用）：产后 72 h 后使用。操作要小心、细微、轻柔。操作时，若子宫颈口开放，手可伸入尽量剥离，难剥离的部分就保留，严禁强行剥离，引起损伤。若轻剥离也有鲜血流出，应放弃剥离。剥离后子宫内放置抗菌素。

⑤若并发子宫内膜炎，按内膜炎治疗。

二、子宫积脓

子宫内蓄积脓汁并伴有持久黄体和不发情。

【病因】

①子宫内膜性黄体溶解因子或内源性前列腺素不能促使黄体溶解。

②导致内膜炎的因素也可引起子宫积脓。

③怀孕感染引起胎儿死亡之后，常见化脓性放线菌。配种前后进行直检，可早期发现，区别怀孕与积脓。

【症状】

发情、持久黄体、子宫积液、间歇性或频繁排出黏液性分泌物，直检壁变厚或薄、弛缓。超声诊断为液体。

【治疗】

①雌激素和催产素联合应用。②PGF2 α(35 mg)或前列烯醇(500 μg),14 d 第二次应用。

【预后】

子宫积脓超过 2 个月或有大量积脓的牛,以后繁殖的可能性减小。

有的牛发生复发、卵巢囊肿、粘连。

三、子宫积水

【病因】

①尿囊积水——母体胎盘形成异常,胎盘块和外膜胎盘的数量减少。

②羊膜囊积水——胎儿不正常、胎儿不能吞咽羊水或不能经肠运输。

③多发生于怀孕的最后 3 个月。母体心、肾疾病,维生素 A 不足。

【症状】

进行性腹胀、食欲减退、运动困难、起立困难。

羊膜囊积水:直检可摸到胎盘块,分娩时为黏稠液体。

尿囊积水:直检摸不到胎盘块,子宫角填满腹腔,分娩时胎水稀薄,可继发骨骼、肌肉的损伤。

【治疗】

①肌注 PGF2α 30～40 mg 引产,24～48 h 内生产。

②剖宫产——缓慢放水,防休克(可提前 24 h 手术托管放水)。

③酮症、低血钙的防治,抗生素防感染。

④轻症——运动、利尿、轻泻。

禁止穿刺,漏入腹腔。

四、子宫脱出

【病因】

①腹内压升高,难产、里急后重;

②子宫弛缓、低血钙,常在 24 h 内脱出;

③胎盘粘连;

④产出过快。

【症状】

个别情况下发生出血,休克死亡。

【治疗】

①湿度,保持湿润——1%碘液;

②后躯高台保定——站立斜坡,后肢后伸俯卧;

③硬膜外麻醉——荐尾硬膜外;

④清除污物,上提至坐骨水平防水肿;

⑤从阴门最近处的子宫颈末端开始送入子宫,动作轻柔,手、胳膊伸入整复或用瓶子整复。

⑥催产素或麦角新碱,抗菌素,钙剂,雌激素;

⑦外阴固定——纽扣/烟包；

⑧消肿——涂油（明矾、人工盐、$MgSO_4$ 等）。

剖宫产手术及预防难产的要点：保定，麻醉，切口，显露子宫，拉出胎儿，缝子宫，缝腹黄筋膜。

五、阴道炎

【病因】

①分娩创伤；

②子宫炎、子宫颈炎；

③会阴撕裂和尿潴留——诱因；

④卵巢囊肿、阴门松弛；

⑤传染病——支原体、尿素原体、昏睡嗜血杆菌、鼻气管病毒等。

【治疗】

①防腐液冲洗（PP 水、生理盐水、抗菌素）；

②治疗原发病；

③手术整形；

外阴裂：外阴裂背侧位闭合术。背侧皮肤黏膜交界处切除 3～5 mm 皮肤，闭合切口，但须确保腹侧仍可张开 3～5 cm。

阴道积尿：

①影响受孕，授精时进行直肠内按压膀胱排尿，挤压阴道腹侧和后段排出积尿，输精采取双层鞘术，以免污染致子宫感染，输精后 24 h 再做一次排尿，一般需要做 2～3 重复输精，输精时子宫内灌注少许抗生素（青、链霉素）；

②手术矫正。

六、阴道脱出

【病因】

①过肥的干奶牛，分娩损伤，或骨盆、会阴过度松弛；

②妊娠后期雌激素水平升高，生殖道后段松弛；

③阴唇松弛或畸形；

④非怀孕期时，可能与雌激素过高有关。例如：卵巢囊肿、高雌激素饲料、霉败饲料的霉菌毒素、玉米赤霉烯酮。

【症状】

见有圆形、粉红色或红色黏膜从阴门突出，常为腹侧阴道壁，严重的，侧壁和宫颈也可见到。多数情况下，仅在躺卧时才见到，站立后自行缩回。时间长者，发生水肿、炎症、表层坏死、里急后重，阴道炎、子宫颈和阴道大部分脱出者，可引起宫颈炎和流产。

未孕母牛应考虑卵巢囊肿；若有多头牛发病，应考虑玉米赤霉烯酮中毒。分娩后发生的病例，常为生殖道后段、会阴、膀胱的神经功能部分丧失。

【治疗】

①临近分娩干奶牛，症状轻者，可以不治疗，改善产房、垫料；

②还有几周、几个月产犊的母牛，轻度的，也可采取上述措施，可以在阴裂背侧作皮肤切除术，缝合后使外阴裂缩小，阴道壁周围(两侧)注射70%酒精、高渗盐水。

③严重脱出者：

A. 距外阴5～7 cm，背侧有毛区和外阴中间作脐型褥式缝合——在离分娩几周前做，时间长者，可引起压迫性坏死。

B. 外阴两侧的每一侧，有毛皮肤区，按垂直方向做几个脐型缝合袢。然后通过缝合袢做鞋带式穿线，放纱布绷带、收紧、打结。临产时解开纱布绷带。

C. 其他方法：放置别针、吻合扣、卷褶。

D. 荷包缝合：埋藏缝合法收缩前庭。在低于下阴唇联合处，高于上阴唇联合处，接近肛门但不在肛门括约肌内做切口。用顶端有孔的长30 cm针在阴门两侧作重复穿线(结节)，然后收紧打结(活结)，以能伸入3～4指为适，产前拆线。产后的牛，可以再紧一点，保留至前庭后部的一段出现纤维化，以减少复发。

E. 臀部阴道壁固定术，易形成脓肿或损伤坐骨神经，少用。

F. 大面积阴道黏膜切除术，内缩缝合难度大。早期处理，是预防继续发展的关键。

诊断时，要与前庭大腺囊肿区别：前庭大腺在前列庭侧壁各一个，囊肿柔软、光滑，并充满液体，脱出时呈红色或粉红色囊状。发病与腺口阻塞有关，治疗时切开即可。

七、乳房炎

乳房炎是奶牛最常见的一种疾病，尤其在干奶期发生乳房炎，可导致奶牛产后初乳期发生乳房炎，由此造成产后2～3个月内的泌乳高峰期的奶牛泌乳性能得不到充分表现，严重时则使泌乳母牛丧失泌乳能力而被淘汰。

【病因】

1. 奶牛妊娠生理的影响

泌乳母牛妊娠后期乳腺机能发生变化，泌乳量降低，在分娩前乳腺细胞要进行正常的更新修复。停奶过程中，从停奶的第一天开始到产前这一期间，奶牛的生理机能，特别是乳房的生理机能发生一系列相应的变化。由于正常的生理机能的改变而导致免疫机能下降，容易造成奶牛乳房炎的发生。

2. 人为因素的影响

妊娠母牛通常在产前60～75 d开始停奶，停奶时由于人为地减少挤奶次数，限饲限饮，人工抑制奶牛泌乳，使奶牛特别是高产奶牛乳房内压力增加，抑制泌乳，乳房内留有剩余乳汁，病原体一旦侵入后如拥有充足的营养，能迅速增殖而致病。

3. 奶牛乳房生理机能发生应激反应

停奶后干奶初期奶牛乳房出现轻微肿胀，温度升高，分娩前和分娩后乳房发生不同程度的水肿等。

4. 停奶初期和分娩后乳成分的变化

干奶期的奶牛，特别是停奶初期和分娩后，奶牛分泌的乳汁数量少而浓稠难以挤尽。分娩前10 d左右奶牛乳头开始变粗，松弛，防御能力下降，容易感染疾病。

5. 环境卫生的影响

在正常的生理状态下，乳房具有抵御病原微生物的能力。干奶期由于奶牛生理机能发生一系列的变化，牛体卫生及环境卫生条件不良则直接导致感染率增加。

6.饲养管理不当

奶牛营养供应不足或不平衡，会引起奶牛正常的生理机能发生紊乱，机体抵抗力下降，抗病力减弱。

【预防】

1.加强饲养管理，改善牛舍清洁卫生，合理饲养，使牛只有较强的抵抗力；加强牛身的卫生，粪尿及时处理。对牛床进行干燥、清洁并定期的消毒。

2.加强挤奶的卫生。挤奶前清除乳房和乳头上的粪尿。挤奶前、后用碘伏浸浴乳头，对挤奶器及用具严格清洁消毒。患乳房炎的牛只应该集中人工挤奶（人工挤奶一定要选用技术熟练，有责任心的挤奶员，切不可使用新手或者没有责任心的挤奶员）。

3.严格执行操作规程。手工挤奶应采用压榨法（握掌法），机器挤奶，真空压力一定要保持在规定的压力数范围内，每分钟保持在60～70次节拍。挤奶完毕应及时取下乳杯。对患乳房炎病牛、乳房水肿、乳房出血的病牛禁止使用挤奶器，应该手工挤奶。

4.加强干奶期乳房炎的治疗，包括干奶前的临床乳房炎和隐形乳房炎的治疗。在干奶期如果发现乳房炎牛只，应该及时治疗处理，在干奶后10～15 d，分娩前10～15 d进行乳头药浴，每天检查观察。

【治疗】

干奶后的15 d，由于乳腺组织尚未停止活动，极易发生乳房炎。因此，每天要检查奶牛乳房的变化。如果发现乳房肿胀，并有发红、发热、疼痛等炎症，应立即将牛奶挤净，进行治疗。方法：一是用10％酒精鱼石脂或鱼石脂软膏涂抹患部；二是用青霉素200万～250万IU，每天肌内注射两次，或用四环素200万IU静脉注射，每天1次。

项目四　常见传染病

一、口蹄疫

口蹄疫是由口蹄疫病毒引起的一种急性、热性、高度接触传染性的动物传染病。患病动物以口、蹄部发生水泡为特征。该病因发病率高、传播快、流行地域广、易感动物种类多、病原变异性强而备受关注。口蹄疫的天然感染对象主要是70多种偶蹄动物。其中牛、猪的发病率可高达100％。大象、猫、家兔、家鼠和刺猬也偶有散发。口蹄疫的传染源是潜伏期感染的动物和病畜。染毒动物主要通过呼吸道、破裂水泡、唾液、乳汁、粪尿和精液等途径排放病毒。

患病动物康复后，甚至人工接种疫苗后，部分动物可长期携带口蹄疫病毒。一般情况下，羊可带毒几个月，牛可带毒几年，而且所带病毒可在个体间传播，致使群体带毒时间可达20年以上。

口蹄疫病毒主要通过接触和气溶胶两种方式传播。健康易感动物可通过与患病动物接触，形成直接接触传染，也可通过与染毒场地、动物产品、饲料、工具及人员等接触，形成间接接触传染。病畜呼出的气体以及排泄物、分泌物形成的含毒气溶胶，使病毒在局部范围内长时间悬浮徘徊，遇到适当天气条件（温度、湿度、风力），可远距离向下风方向传播。

口蹄疫病毒对环境的抵抗力很强。在自然情况下，组织及污染的饲料、饮水、饲草、皮毛及土壤等所含的病毒在数日乃至数周的时间内仍具有感染性。该病毒在低温和有蛋白质保护的条件下(如冷冻肉内)可以长期存活,甚至在吃剩的含该病毒的猪肉、牛肉饭菜中也能存活且具有致病性。

本病毒对酸、碱、高温和阳光中的紫外线敏感。下列浓度的消毒药物可以在短时间内杀死口蹄疫病毒:1%～2%的氢氧化钠水溶液、30%的草木灰、1%～2%的甲醛、0.2%～0.5%的过氧乙酸、4%的碳酸钠、1%的络合碘制剂等。但食盐、酚、酒精、氯仿等对本病毒无效。肉品在屠宰后成熟产酸(pH 5.3～5.7)能杀死该病毒,故人们在生活中常常选用经过成熟的肉品(10～12℃经 24 h,4～6℃经 24～48 h),但骨髓及淋巴结内的病毒因产酸不良而能存活多年。

【症状】

本病潜伏期一般为 2～7 d,最短为 14 d,最长为 24 d。病畜舌面形成大水泡,水泡破裂时流出泡沫样口涎,拉成线条状。此时体温高达 40～41℃,滞留 8～48 h。病畜精神不振,食欲减退,反刍停止,饮欲增强,发生卡他性口膜炎和鼻炎。病牛面、唇内、齿龈和黏膜有明显的水疱或烂斑;鼻镜干燥龟裂,有时可见有水泡或烂斑;乳头、乳房的皮肤上可见有水泡性烂斑病变。纯种乳牛更为严重,病牛的蹄叉、蹄冠及蹄踵部出现水泡,继之破溃,排出水泡液,有时形成烂斑,破损较深,修复较慢,发生跛行。孕牛往往发生流产或早产,发病严重的可致死。犊牛水泡症状不明显,主要表现出血性胃肠炎和心肌麻痹,病死率较高。牛患本病,一般良性经过,病死率很低,通常不超过 1%～3%。一旦病情转为恶性口蹄疫,则可发生心脏麻痹而死亡,病死率可达 20%～50%。

【诊断要点】

1. 在短时间内牛羊等偶蹄动物相继发病,传播很快,全年均可流行,但主要是冬春季节流行。

2. 病畜体温升高,在口腔黏膜、乳房及蹄部皮肤上发生水泡及烂斑。如有蹄部病变,可引起跛行。在舌面、上下唇、齿龈、蹄部、乳房等处出现水泡,破裂后留下边缘较整齐的烂斑。病牛流涎(有时如细泡沫状),采食困难。

3. 幼畜常发生无水泡型口蹄疫,引起胃肠炎,出现拉稀症状。有的引起急性心肌炎而突然死亡。死后剖检心肌切面有灰红色或灰白色斑纹,故有“虎斑心”之称,瘤胃可见溃烂瘢痕,真胃充血或出血,有的引起肺炎。

4. 恶性口蹄疫,死亡率高达 50%～70%,开始症状同上,以后呈心肌炎症状,如心跳显著加快,节律不齐,表现虚弱,肌肉颤抖,食欲消失,反刍停止,步态不稳,最后因心肌麻痹而死亡。

【防治】

1. 及时报告疫情。当发生口蹄疫或怀疑为口蹄疫时,应迅速上报有关单位,及时将病料送有关单位鉴定与定型(病料应采集新鲜水泡皮 10g,放在 50%的甘油盐水中保存,装入冷藏瓶内送检),并通知友邻单位,组织联防。

2. 要及时成立口蹄疫防治领导机构,统一指挥,动员各行各业全力以赴防治。本着“早、快、严、小”的原则,采取“封锁、隔离、检疫、消毒和预防”等综合性防治措施,明确划定疫点、疫区、受威胁区及安全区的界限,及早做到封死疫点,封锁疫区,加强受威胁区和安全区的防范,严防疫情扩散。疫点内的疫情,应组织力量,短期予以扑灭。

3. 根据定型结果,用同型的口蹄疫疫苗高密度、高质量地开展紧急预防注射,使非疫区尽快形成牢固的免疫带。发生口蹄疫后的地区,每年进行春秋两次预防注射,连续注射 3 年。

4.在交通要道设立兽医检疫消毒站，负责过往车辆、人畜、物资的检疫消毒工作，严禁疫区牲畜和畜产品外运。疫区和威胁区设立流动哨，严禁人畜往来。最后一头病畜死亡或痊愈后21天，经彻底消毒后(用1%～2%氢氧化钠或1%福尔马林消毒污染的地区，粪便堆积发酵处理)经有关部门批准才可解除封锁。

5.水泡和溃烂部可用3%盐水、0.1%高锰酸钾液冲洗；溃烂部可涂以蜂蜜、碘甘油或撒布青黛散或大黄粉。民间多用豆面粉或香豆(胡芦巴)草研末撒布口腔。蹄部溃烂可涂以稀碘酊。

6.对心跳特快，节律不齐的病畜用10%水杨酸钠100 mL，40%乌洛托品60 mL，5%氯化钙80 mL，10%葡萄糖7 mL，静脉注射。对幼畜无水泡型口蹄疫而有拉稀症状时，可用黄连10 g，黄芩10 g，黄柏10 g，栀子10 g，石榴皮10 g，贯仲6 g煎汁服，或肌注1%硫酸黄连素10 mL。用10%磺胺嘧啶钠30 mL，5%葡萄糖500 mL，40%乌洛托品15 mL，混合静脉注射(牛犊)。

二、结核病

结核病是由分支杆菌科分支杆菌属的某些成员引起的人和动物共患的慢性传染病，病理特征是多种组织器官中形成肉芽肿、干酪样坏死和钙化结节等病变。牛的结核结节常发生干酪样坏死和钙化。

【病因】

由于本菌含有多量的类脂和蜡质，所以对外界的抵抗力较强。本菌对4%氢氧化钠和4%硫酸有相对的耐受性。对热的抵抗力不强，在60℃ 30 min即失去活力，100℃立即死亡。5%来苏尔48 h，5%甲醛溶液12 h方可杀死本菌。对紫外线敏感。在70%的酒精、10%漂白粉中很快死亡。碘化物消毒效果最佳，但对无机酸、有机酸、碱类和季铵盐具有抵抗力。对一般抗生素和磺胺类药物均不敏感，但对链霉素、异烟肼、对氨基水杨酸和环丝氨酸等药物敏感。

结核病患畜是本病的传染源，尤其是开放性病畜，可通过其粪、尿、口鼻分泌物、乳汁等大量向外排菌，是最危险的传染源。本病主要通过呼吸道和消化道感染，交配也可以感染。病畜喷出的飞沫和被污染的尘埃是引起呼吸道感染的主要感染物，被病畜污染的饲料和水是消化道感染的主要感染物。小牛多为消化道感染。

在家畜中以牛最易感，特别是奶牛，其次是黄牛、水牛、牦牛等。

【症状】

潜伏期长短不一，短者十几天，长者数月甚至数年。牛结核病主要由牛分支杆菌引起，结核分支杆菌、禽分支杆菌等也可引起，但一般不引起肉眼可见的病变，即变态反应检疫阳性而剖检时却无明显的肉眼可见的病变。

牛多发生的是肺结核，其次是淋巴结核、肠结核、乳房结核等，其他脏器结核较少见。病初临床症状不明显，偶尔有轻度的体温升高、机体不适，易疲劳或轻度咳嗽。典型症状是消瘦和生产性能下降。患牛咳嗽，特别是在起立运动或驱赶至户外吸入冷空气时易发生咳嗽，胸部听诊可出现呼吸音粗粝，有时有啰音、摩擦音，甚至有拍水音。胸部叩诊可出现浊音、空洞音。发生胸膜结核的牛有时出现水平浊音界，胸壁触诊敏感。如出现乳房结核时，则表现为乳房淋巴结肿大，无热无疼，泌乳量减少，严重时乳汁稀薄如水样。肠结核则表现为腹泻、消瘦。生殖器官结核可表现出性机能紊乱，公畜精液品质下降，母畜不易受孕。中枢神经系统结核常表现为脑炎和脑膜炎症状。全身性结核则表现为全身性淋巴结肿大，特别可见到体表淋巴结，如肩前淋巴结、乳房淋巴结、膝上淋巴结和腹股沟淋巴结等肿大，全身呈现消瘦无力状。

在目前的饲养条件下，奶牛和肉牛很少有呈现典型症状的，也就是说，在未出现典型症状之前，早已被检出或被淘汰了，只有农村的耕牛有可能见到典型症状。

【诊断】

结核病的诊断方法较多，有临床诊断、剖检诊断、病原分离、变态反应诊断以及血清学诊断。但到目前为止，国际兽疫局推荐的诊断方法仍只有皮内变态反应。

皮内变态反应采用结核菌素(PPD)0.1 mL，(相当于 5 000～10 000 IU)于牛的左侧颈中部的上 1/3 处皮内注射，72 h 后以卡尺测皮肤的肿胀厚度，减去未注射前的皮肤厚度。以皮厚差等于或大于 2 mm 判为阳性，否则判为阴性。

【防治】

该病的综合性防疫措施通常包括以下措施：加强引进动物的检疫，防止引进带菌动物；净化污染群，培育健康动物群；加强饲养管理和环境消毒，增强动物的抗病能力，消灭环境中存在的病原体等。

1. 引进动物时，应进行严格的隔离检疫，经结核菌素变态反应确认为阴性时方可解除隔离，混群饲养。

2. 每年对牛群进行反复多次的普检，淘汰变态反应阳性病牛，尤其是奶牛。牛群通常每隔 3 个月进行 1 次检疫，连续 3 次检疫均为阴性反应者为健康牛群。检出的阳性牛应及时淘汰处理，其所在的牛群应定期和经常地进行检疫和临床检查，必要时进行细菌学检查，以发现可能被感染的病牛。

3. 每年定期对环境进行 2～4 次的彻底消毒。发现阳性病牛时要及时进行 1 次临时的大消毒。常用的消毒药为 20%石灰水或 20%漂白粉悬液。

4. 患结核病的动物应及时淘汰处理，不提倡治疗。特别优良的病牛可参照人结核病的治疗，采用链霉素、异烟肼、对氨基水杨酸、利福平等药物。有的国家用卡介苗预防结核病，方法是 1 月龄犊牛胸垂皮下注射卡介苗 50～100 mL，以后每年接种一次。但由于注射卡介苗以后可导致终生变态反应阳性，影响检疫和牲畜的交易，一般不主张用此方法进行预防。

三、布氏杆菌病

【病因】

布氏杆菌病是由布氏杆菌引起的人畜共患病。患病动物长期带菌，临床特征是生殖系统受到严重侵害，雌性动物表现为流产和不孕，雄性动物则出现睾丸炎，人也可感染，表现为长期发热、多汗、关节痛、神经痛及肝脾肿大等症状。

本菌为细胞内兼性寄生菌，在自然条件下抵抗力较强。一般在直射阳光作用下 0.5～4 h、室温干燥 5 d、50～55℃ 60 min、60℃ 30 min 或 70℃ 10 min 死亡；在粪便中可存活 8～25 d；土壤中可存活 2～25 d；在奶中可存活 3～15 d；在胎儿体内可存活 6 个月；在腐败的尸体中很快死亡；冰冻状态下能存活数月。对消毒药比较敏感，用 2%～3%克辽林、3%有效氯的漂白粉溶液、1%来苏尔、2%福尔马林或 5%生石灰乳等进行消毒有效。本菌对四环素最敏感，其次是链霉素和土霉素，但对杆菌肽、多黏菌素 B 和多黏菌素 M 及林可霉素有很强的抵抗力。

传染源是病畜和带菌者(包括人和野生动物)。病畜可从乳汁、粪便和尿液中排出病原菌，污染草场、畜舍、饮水、饲料及排水沟等。公畜睾丸炎精囊中带菌,可随交配或人工授精感染母畜。病母畜流产时,病菌随流产胎儿、胎水和胎衣及阴道分泌物等排出,成为最危险的传染源。

本病主要传播途径是消化道,即通过污染的饲料和水源等而感染。本菌也可经阴道、皮肤、结膜、自然配种和呼吸道等而侵入机体感染。吸血昆虫也可传播本病。

本病呈地方性流行,无明显季节性。绵羊和山羊通常在秋季配种,于翌年1～2月病羊发生流产。但如果畜牧场不严格定期配种,生产时间就不一致,其发病时期也不一致。本病存在较久的地区,一般较少发生大批流行或流产。但新组成的羊群或牛群一旦发生本病,可呈暴发式的流行。检疫制度不健全、集市贸易家畜的频繁移动、被污染的毛、皮收购和销售等因素可促进本病传播。暴风雨或洪水自然灾害因素可迫使牲畜的流动,增加传播的机会,造成本病暴发流行。近年来,羊布氏杆菌病有增加趋势。

【症状】

潜伏期14～120 d。母牛最显著的症状是流产,胎盘有时停滞。人工感染有弛张热,但在自然感染时临诊上常被忽视。流产常发生在妊娠第6～8个月,已经流产过的母牛如果一再流产,一般比第一次流产时间要迟。流产时一般在数日前表现有流产预兆象征,如阴唇和乳房肿大,荐部和胁部下陷,乳汁呈初乳性质。生殖道可能发炎,阴道黏膜发生粟粒大红色结节,由阴道流出灰白色或灰色黏性分泌液。流产时,胎水多清朗,有时混浊,含有脓样絮状片。胎衣滞留常见,晚期流产的胎衣滞留更多。流产后常排出污灰色或棕红色恶臭分泌物。分泌物至1～2周后消失。早期流产胎儿,一般在产前死亡。早产胎儿都较衰弱,不久死亡。公牛有时可见阴茎潮红肿胀,并有睾丸炎和附睾炎。睾丸肿大疼痛,触之坚硬。有的母牛还可见到关节炎、关节肿胀疼痛、滑液囊炎和轻度乳房炎。有的牛乏力衰弱,食欲不振,多数流产,经2个月后可以再次受孕,但仍有可能再次流产。如胎衣未能及时排出,则可能发生慢性子宫炎,会引起长期不育。

【防治】

本病治疗效果不佳,因此对病畜一般不做治疗,直接屠宰淘汰。预防和消灭本病的有效措施是检疫、隔离、控制传染源、切断传播途径,培养健康畜群及免疫接种。

1. 自繁自养,严格检疫,培养健康畜群。未感染畜群必须引进种畜或补充畜群时,引进牲畜应隔离饲养2个月,同时进行布氏杆菌病的检测,全群两次检测阴性者,方可与原有牲畜接触。清净的畜群,应每年定期检疫1～2次,一旦发现布氏杆菌病,立即淘汰。对感染牛群,也可将查出的阳性畜隔离饲养,继续利用,阴性者作为假定健康畜继续观察检疫。经1年以上,无阳性者出现(初期1个月检查1次,2～3次后,可6个月检查1次),且已正常分娩,即可认为是无病牛群。

培养健康牛群可由犊牛着手,并可与培养无结核病牛群结合进行。先将初生犊牛立刻隔离,用母牛初乳人工饲喂5～10 d,然后用健康牛乳或巴氏灭菌牛乳饲喂,第5和第9个月各进行1次抗体检测,全部阴性时即可认为犊牛健康。培养健康羊群则在羔羊断乳后隔离饲养,1个月内做2次抗体检测,如有阳性除淘汰外再继续检疫1个月,至全群阴性,则可认为羊群健康。

2.加强生物安全控制,提高兽医卫生　包括产房卫生消毒,流产胎儿、胎衣深埋,奶消毒,畜粪发酵和病畜皮毛消毒等。一旦出现流产,应尽快做出诊断,并采取相应措施,包括隔离流产畜和消毒环境、处理流产胎儿和胎衣等。

3. 免疫接种　免疫接种是有效防止本病的措施之一。目前,国际上使用的疫苗主要有羊型 RevI 活疫苗、布氏杆菌 19 号活疫苗、牛型 45/20 灭活疫苗和羊型 53H38 灭活疫苗 4 种。目前,我国主要研制并广泛应用的疫苗有羊型 5 号(M5)活疫苗和猪型 2 号(S2)活疫苗。

布氏杆菌 19 号活疫苗对牛免疫效力很好,犊牛 6 月龄和 18 月龄接种 2 次,免疫效果可达数年之久。但本疫苗对猪无效,对山羊效力不好。羊型 5 号(M5)活疫苗毒力低、安全、稳定,对牛、山羊、绵羊、鹿都有良好的免疫力。猪型 2 号(S2)活疫苗毒力稳定,使用安全,对山羊、绵羊、猪和牛都有较好的免疫效力,在生产上使用已经收到良好效果。M5 和 S2 两种活疫苗除常用于皮下接种外,对大畜群免疫时,多采用气雾、饮水和喂服等方法。它们通常均应适用于布氏杆菌抗体阴性动物,但在牧区如果没有隔离条件的畜群,可不检疫,一律注射疫苗,每年一次,连续 4～5 年。如果 2～3 年内畜群无本病发生,再进行全群检疫。若仅有少量阳性,可实行淘汰处理;经 3～6 个月后再检疫一次,如果两次全为阴性,可认为被控制。

四、破伤风

破伤风又名"强直症""锁口风",是由破伤风梭菌经伤口感染后产生外毒素,侵害神经组织所引起的一种急性、中毒性人畜共患传染病。该病的主要特征为全身骨骼肌持续性或阵发性痉挛以及对外界刺激反射兴奋性增高。

【病因】

本菌繁殖体对一般理化因素抵抗力不强,但芽孢体抵抗力极强,在土壤中可存活几十年,耐煮沸 1～3 h,高压蒸汽 120℃ 10 min 死亡,10%碘酊、10%漂白粉及 30%双氧水约 10 min 能将其杀死,对青霉素和磺胺类药物敏感。

【症状及病理变化】

潜伏期一般 7～14 d,最短 1 d,最长可达数周。患病动物主要表现为两耳竖立、鼻孔开大、瞬膜外露、头颈伸直、牙关紧闭、流涎、腹部紧缩、尾根翘起、四肢强直、状如木马等典型的肌肉痉挛、强直症状。牛常发生瘤胃臌气或子宫积液和积气。牛患病后应激性增高不明显。体温一般正常,仅在临死前体温上升达 42℃以上。病程长短不一,通常 14～28 d。该病的病理变化不明显,仅在黏膜、浆膜及脊髓等处可见有小出血点,肺脏充血、水肿,骨骼肌变性或具有坏死灶以及肌间结缔组织水肿等非特异性变化。

【诊断】

根据本病的特殊临诊症状,如神志清楚,反射兴奋性增高,骨骼肌强直性痉挛,体温正常,并有创伤史,即可确诊。对于轻症病例或病初症状不明显病例,要注意与马钱子中毒、癫痫、脑膜炎、狂犬病及肌肉风湿等相鉴别。

【防治】

1. 预防注射　在本病常发地区,应对易感家畜定期接种破伤风类毒素。牛马等大动物可在阉割等手术前 1 月进行免疫接种,可起到预防本病作用。对较大较深的创伤,除作外科处理外,应肌内注射破伤风抗血清 1 万～3 万 IU。

2. 防止外伤感染　平时要注意饲养管理和环境卫生,防止家畜受伤,一旦发生外伤,要注意及时处理,防止感染。阉割手术时要注意器械的消毒和无菌操作。

3. 治疗

(1)创伤处理　尽快查明感染的创伤和进行外科处理。消除创内的脓汁、异物、坏死组织及痂皮，对创深、创口小的要扩创，以5%～10%碘酊和3%双氧水或1%高锰酸钾消毒，再撒以碘仿硼酸合剂，然后用青、链霉素作创周注射，同时用青、链霉素做全身治疗。

(2)药物治疗　早期使用破伤风抗毒素疗效较好，剂量20万～80万IU，分3次注射，也可1次全剂量注入。临床实践上，也常同时应用40%乌洛托品，大动物50 mL，犊牛、幼驹及中小动物酌减。

(3)对症治疗　当病畜兴奋不安和强直痉挛时，可使用镇静解痉剂。一般多用氯丙嗪肌内注射或静脉注射，每天早晚各1次。也可应用水合氯醛(25～40 g与淀粉浆500～1 000 mL混合灌肠)或与氯丙嗪交替使用。可用25%硫酸镁肌内注射或静脉注射，以解痉挛。对咬肌痉挛、牙关紧闭者，可用1%普鲁卡因溶解于开关、锁口穴位注射，每天1次，直至开口为止。人的预防也以主动或被动免疫接种为主要措施，此外，要注意用新法接产。

五、副结核病

副结核病是由禽分支杆菌副结核亚种引起的反刍动物的一种慢性消化道传染病。其特征是周期性或持续性腹泻和进行性消瘦；肠黏膜增厚并形成脑回样皱襞。

【病因】

本菌对热和化学药品的抵抗力与结核杆菌大致相同。本菌在蒸馏水中保持活力270 d，尿中7 d，粪便中246 d。在厩肥和泥土中11个月仍有活力。在牛乳和甘油盐水中可保持10个月。在干燥状况下生存47 d，－14℃冻结保存1年以上。对消毒药品的抵抗力较强，10%～20%漂白粉液、5%甲醛、5%来苏尔、3%～5%石炭酸等10 min致死；对4%的盐酸和4%氢氧化钠有一定的抵抗力。

【症状】

潜伏期长短不一，可数月至数年。

初期没有明显症状，一般由软便到下痢，从间歇性下痢发展到持续性下痢，继之变为水样的喷射状下痢。有的患畜突然呈现严重下痢，粪便恶臭，带泡沫。体温始终不高，这是本病特征之一。随着病程的进展，全身状况恶化，贫血，营养不良，极度消瘦，高产奶牛的生产性能急减或停止泌乳，并伴发水肿(下颌、胸垂、腹部)，最后患畜全身衰弱而死亡。有时对初期下痢患畜采用对症治疗，可得到缓解，以致往往误诊为一般性消化不良。尚有部分患畜虽未经治疗亦可自然恢复，暂停下痢，食欲和体重增加，但经几个月或数年后又复发下痢，最后转归死亡。

【病理变化】

以肠系膜淋巴结肿大、肠黏膜肥厚为特征。邻近肠管损害部的淋巴结比正常淋巴结肿大2～3倍以上，切面可见乳白色水样液体，但未见充血现象。有时可见干酪样结节，牛淋巴结未见结节、脓肿、干酪化病灶或钙化病灶等，这是与牛结核不同之处。消化道病变常见于空肠、回肠和结肠的前段，尤以回肠和回盲瓣部位的病变较明显。有的严重病例由第四胃(真胃)到肛门，均可出现病变，但实质脏器未见异常病变，这也是本病的特征。肠黏膜高度肥厚，比正常增厚3～20倍，形成较硬而弯曲的纵横皱褶，类似脑回样变化。肠管内空虚或见少量混有黏液的饲料物质；在肠黏膜面覆有大量的灰黄色或黄白色不易洗去的黏稠似面糊状的黏液；有时发现大面积出血区，皱褶顶点有充血、溢血现象。

【治疗】

本病无特效疗法。做好预防工作，严格把好检疫关，加强饲养管理，规范放牧，对被污染的牛舍、饲槽、用具及场地可用生石灰、火碱、漂白粉等消毒药物消毒，粪便和垃圾可堆积发酵，特别是可将牛尿一起堆积发酵，尿对该菌有很强的抑制作用。

六、无浆体病

无浆体病是由无浆体引起反刍动物的一种急性或慢性蜱媒性传染病，临床发病以高热、贫血、消瘦、衰弱和黄疸为特征。

【病原】

边虫病，现已明确改称为无浆体和无浆体病。

患病动物和带菌动物是本病的传染源，传播媒介主要是蜱(俗称草爬子)。无浆体对理化因素抵抗力较弱，56℃ 10 min或在普通消毒液中很快死亡。但耐低温和干燥，在干燥昆虫粪便中或在4℃以下可长期存活。对氯霉素、金霉素、四环素等敏感，但对青霉素和磺胺类药物不敏感，磺胺类药物甚至可以促使其繁殖。

【症状】

潜伏期牛为17～45 d，羊为20～30 d。

牛：边缘无浆体中央亚种致病性弱，患牛临床疾病轻微，有时出现贫血、黄疸和渐进性衰弱，一般不发生死亡。在牛泰勒氏虫感染区，本病往往成为牛只牛泰勒氏虫感染的诱发因素。边缘无浆体边缘亚种病原性强，可引发较为严重的病理过程。急性病例体温突然升高达40～42℃。病牛鼻镜干燥，食欲减退，反刍减少，衰弱，贫血并出现黄疸，皮肤、黏膜苍白黄染。病牛呼吸加快，心跳增速。虽有腹泻，但便秘更为常见，粪便暗黑，常带有血液或黏液。病牛发生顽固性的前胃迟缓。患病后10～12 d，体重减轻7%。同时可出现肌肉震颤、流产、发情抑制等。血液检查可发现感染无浆体的红细胞。慢性病例呈渐进性消瘦、黄疸、贫血、衰弱，红细胞数和血红素均显著减少。

羊：绵羊发病主要由绵羊无浆体感染所致。病羊体温升高，衰弱乏力，贫血，黄疸，委顿，厌食，失重很明显。血液检查，可见红细胞总数、血红蛋白及红细胞压积均减少。感染后20～60 d，在染色的血片中即可观察到许多红细胞中存在无浆体。

山羊主要表现为贫血、黄疸和渐进性消瘦。

本病发病率可达10%～20%，病死率可达5%。死亡多半是由于无浆体和泰勒氏虫、梨形虫等寄生虫和其他病原微生物混合感染以及营养缺乏和微量元素缺乏所致。

【治疗】

发现病牛、病羊应及时隔离治疗，并加强护理。供给足够的饮水和草料，增强动物体质。试用砷制剂、锑制剂或各种抗疟疾药物等进行治疗，可获一定效果。现提倡应用四环素族抗生素，包括四环素、金霉素或土霉素等药物。一般认为青霉素、链霉素或磺胺类药物治疗无效。

防疫措施

1.加强检疫，严禁从有本病的国家和地区引进易感动物。为防止本病传入，进口动物应选在媒介昆虫不活动的季节。凡引进动物均应做药物灭蜱处理。

2.消灭或清除媒介蜱等传播本病的吸血昆虫，是防止本病的有效方法。为此，应保持圈舍及周围环境的清洁卫生，防止易感动物遭受媒介蜱的侵袭，发病季节常用杀虫药杀灭牛羊体表寄生的蜱以及环境中的吸血昆虫，防止饲草和用具将蜱带入圈舍。

3.疾病流行地区，可用无浆体病灭活苗或无浆体病弱毒苗进行免疫接种，可获得良好的预防效果。据报道，一些国家为了防止牛群进入疫区大批发病，用含纯边缘无浆体中央亚种的新鲜脱纤血给牛皮下注射 5 mL，于 3～6 周内出现轻微反应，同时牛体产生抵抗力。对幼龄牛和犊牛，在冬季接种带边缘无浆体的新鲜牛血 1～2 mL，一般在接种后 17～48 d 发生反应，可产生有效的带菌免疫。

七、羊的梭菌病

(一)羊快疫

主要发生于绵羊的一种急性传染病。发病快、病程短。临床特征：皱胃出血性炎症。

【病因】

病原为腐败梭菌。腐败梭菌是革兰氏阳性的厌气大杆菌，分类上属于梭菌属。本菌在体内外均能产生芽孢，不形成荚膜，可产生多种外毒素。病羊血液或脏器涂片可见单个或 2～5 个菌体相连的粗大杆菌。

【流行病学】

绵羊发病多见，年龄多在 6～18 个月龄。梭菌存在于低洼草地、熟耕地、沼泽地及人畜粪便中，经消化道感染。

【症状】

1.羊突然发病，来不及表现临床症状即突然死亡。常见在放牧时死于牧场或早晨发现死于圈舍内。

2.病羊死前有腹痛症状，瘤胃臌气，结膜显著发红，虚弱，不愿行走，运动失调，磨牙，抽搐，最后痉挛、衰弱昏迷而死。有的病羊排出黑色稀便或黑色软便。

3.病羊体温不高，死前呼吸困难，体温高到 40℃ 以上，口流带血泡沫，多于数分钟或几小时内死亡。

【病理变化】

病死羊尸体迅速腐败臌胀。剖检见可视黏膜充血呈暗紫色。体腔多有积液。特征性表现为真胃出血性炎症，胃底部及幽门部黏膜可见大小不等的出血斑点及坏死区，黏膜下发生水肿。肠道内充满气体，常有充血、出血、坏死或溃疡。体腔积液。心内、外膜可见点状出血。胆囊多肿胀。

【诊断】

生前诊断较为困难。6～18 月龄体质肥壮的羊，突然死亡。剖检在皱胃黏膜出现出血性坏死灶，疑似本病，确诊需微生物学诊断。

病死羊肝脏被膜触片，用瑞特氏或美蓝染色液染片镜检，除见到两端钝圆、单个或短链状的粗大菌体外，还可观察到无关节的长丝状菌体链。其他脏器组织也可发现病原。

【防治】

主要是加强平时的防疫措施。

1.发病时，隔离病羊，对病程较长的施行对症治疗。羊群转移放牧地。

2.发病地区，每年注射羊快疫、猝疽、肠毒血症三联苗或羊快疫、猝疽、肠毒血症、羔羊痢疾、黑疫五联苗。三联苗免疫期为一年，五联苗免疫期为半年。

(二)羊肠毒血症

为绵羊的一种急性毒血症,由魏氏梭菌(D 型产气荚膜梭菌)在羊肠道中大量繁殖,产生毒素所致。由于肾组织极易软化,此病又称为软肾病,也称类快疫。

【病因】

病原为厌氧性粗大杆菌,革兰氏染色阳性,无鞭毛,不能运动,在动物体内形成荚膜,芽孢位于菌体中央。

一般消毒剂均能杀死其繁殖体,但芽孢的抵抗力较强,能产生毒性强烈的外毒素,具有酶的活性,不耐热,有抗原性,用化学药品处理变成类毒素。

【流行病学】

D 型产气荚膜梭菌为土壤中常在菌,也存在于污水中。通过饲料或饮水,经消化道进入机体。进入肠道引发肠毒血症。

有明显的季节性和条件性。呈散发态势,绵羊多发。2～12 月龄的羊多发,并且为膘情较好的羊发病。

【症状】

突然发病,往往见到症状就已经死亡。临床表现为两种类型。

1. 搐搦型:倒毙前,四肢出现强烈的划动,肌肉抽搐,眼球颤动,磨牙,流涎,随后头颈显著抽搐,1～2 h 内死亡。

2. 昏迷型:以昏迷和静静地死去为其特征,病程不太急,其早期症状为步态不稳,以后卧倒,并有感觉过敏,流涎,上下颌"咯咯"作响,继以昏迷,角膜反射消失,有的病羊发生腹泻,通常在 3～4 h 内静静地死去。

搐搦型和昏迷型在症状上的差别决定于吸收的毒素多少。

【诊断】

死亡迅速,肠道检出 D 型产气荚膜梭菌。肾和其他实质器官发现 D 型产气荚膜梭菌。尿内发现葡萄糖。

剖检见小肠黏膜潮红,出血,呈黑红色。肾脏软化如泥。

【防治】

1. 羊群出现本病时,立即转移牧场,到高燥的地区放牧。

2. 常发地区注射三联苗或五联苗。

3. 选择牧场放牧。春季在青草发育缓慢的地区采食,秋季尽量到草黄较迟的地方放牧。

4. 农区少喂菜根、菜叶的饲料。

5. 加强管理,加强运动。

(三)羊猝疽

由 C 型产气荚膜梭菌引起的一种毒血症。以急性死亡、腹膜炎或溃疡性肠炎为特征。

【病因】

病原为 C 型产气荚膜梭菌。

【流行病学】

常发生于成年羊，以 1～2 岁的羊发病较多。常流行于低洼潮湿地区和冬春季节。本病主要经消化道感染，呈地方性流行。

【症状】

病程短促，常未见到症状即忽然死亡。有时发现病羊掉群，卧地，表现不安，衰弱或痉挛，于数小时内死亡。

【病理变化】

剖检见十二指肠和空肠黏膜严重充血糜烂，有区段性溃疡。胸腔、腹腔、心包腔积液。浆膜上有出血点。

病羊死后 8 h，骨骼肌肉间积聚血样液体，肌肉出血，有气性裂孔。

【诊断】

病羊突然死亡，剖检有糜烂性和溃疡性肠炎、腹膜炎，体腔和心包腔积液，可初步诊断。

实验室检查：分离细菌，检查小肠内有无 β 毒素。

【防治】

参照羊快疫、羊肠毒血症方法治疗。

（四）羊黑疫

又称羊传染性坏死性肝炎，是绵羊和山羊的一种急性高度致死性毒血症。特征是肝脏实质坏死。

【病因】

病原为诺魏氏梭菌，属于梭状芽孢杆菌。革兰氏染色阳性的大杆菌，严格厌氧，形成芽孢，不产生荚膜，有鞭毛，能运动。

【流行病学】

分为 A、B、C 三型，广泛存在于土壤中，使一岁以上的绵羊感染，2～4 岁多发，以肥胖的营养良好的羊多见。

春夏发生较多，发生于肝片吸虫流行的低湿洼地，常与肝片吸虫的感染有密切关系。

【症状】

症状与羊快疫和羊肠毒血症相似。多数未见有病却急性死亡。病程稍长则可拖延 1～2 d，不超过 3 d。病畜表现为掉群、不食、呼吸困难，体温 41.5℃左右，呈俯卧昏睡状态，并保持这种状态毫无痛苦表现地死亡。

【病理变化】

尸体皮下静脉显著扩张，皮肤呈黑色外观。胸部皮肤皮下组织水肿，浆膜腔有液体渗出，暴露于空气易于凝固，液体呈黄色，腹腔液体略带红色。

肝肿胀充血，表面可看到或摸到一个或多个凝固性坏死灶，坏死灶界限清晰，灰黄色，呈不规则形，周围常被一鲜红色的充血带围绕，坏死直径可达 2～3 cm（具有诊断意义）。与肝片吸虫所致肝坏死病变不同，后者为黄绿色、弯曲似虫样的带状病痕。

【诊断】

肝片吸虫流行地区，发现急性死亡或昏睡状态下死亡的病羊，剖检有特征性肝脏坏死灶，可初步诊断。确诊需作实验室检查。

【防治】

首先控制肝片吸虫的感染。发病时将羊群移至高燥地区放牧。预防用三联苗或五联苗。治疗可用抗诺魏氏梭菌血清治疗。

(五)羔羊痢疾

初生羔羊的一种急性毒血症，以剧烈腹泻和小肠发生溃疡为特征。死亡率很高。

【病因】

病原为B型产气荚膜梭菌。通过羔羊吮乳、饲养员的手、羊的粪便进入消化道，经脐带或创伤感染。在外界不良诱因的影响下，羔羊抵抗力减弱，细菌在小肠(回肠)里大量繁殖，产生毒素(β毒素)，引起发病。母羊怀孕期营养不良，羔羊体质瘦弱。哺乳不当，羔羊饥饱不均。或气候寒冷，大风雪后，羔羊受冻后易患此病。

主要危害7日龄以内的羔羊，尤以2～3日龄发病多，7日龄以上发病很少。

【症状】

1. 腹泻型：羔羊病初精神沉郁，低头弓背，不吃奶，不久即腹泻，粪便恶臭，有的稠如面糊，有的稀薄如水，后期含有血液，直至成为血便。羔羊逐渐消瘦虚弱，卧地不起，治疗不及时1～2 d内死亡。少数可自愈。

2. 神经型：腹胀不腹泻，或仅排出少量稀粪(可能带血)，主要为神经症状，四肢瘫软，卧地不起，呼吸急促，口流白沫，头向后仰，最后昏迷。体温降至常温以下。病情严重，病程短，不及时治疗，常在数小时至十几个小时内死亡。

【病理变化】

1. 脱水：严重脱水。

2. 消化道变化：皱胃内存在未消化的凝乳块。肠(回肠)黏膜充血发红，可见有溃疡灶，溃疡周围有红色充血带环绕。有的肠内容物呈红色，肠系膜淋巴结肿胀充血或有出血。

3. 心肺病变：心包积液，心内膜有出血点。肺有出血区或瘀斑。

【诊断】

根据流行病学、临床症状和病理变化可做出初步诊断。确诊需要实验室检查鉴定病原及毒素。

【防治】

综合防治：保温、合理哺乳、消毒隔离、预防接种、药物预防等综合措施。

1. 秋季注射三联苗或五联苗。

2. 羔羊出生后12 h内，灌服土霉素0.15～0.2 g，每日一次，连用3 d。

其他方法：土霉素0.2～0.3 g，胃蛋白酶0.2 g，加水灌服，每日两次；磺胺脒0.5 g，鞣酸蛋白0.2 g，次硝酸铋0.2 g，碳酸氢钠0.2 g，加水灌服，每日3次。

项目五　常见寄生虫病

一、肝片吸虫病

肝片吸虫病又名肝蛭病，是由肝片吸虫或大片吸虫寄生于动物肝脏和胆管而引起的寄生虫病。病畜以慢性或急性肝炎和胆管炎为特征，同时伴发全身性中毒现象和全身性营养障碍；慢性患畜还可表现为消瘦、发育障碍、泌乳量减少、毛的产量及质量下降等症状，给养殖业带来巨大的损失。

【流行特点】

该病分布极广，外界环境和季节对本病的流行有很大影响，但多呈地方性流行，多发生在低洼和沼泽地带的放牧区。特别是在多雨、潮湿、温暖的季节，由于淡水螺类剧增，本病流行严重。我国南方以 9～11 月，北方 8～9 月多发，一般羊群感染率为 30%～50%，个别严重的羊群可高达 100%，尤以幼畜和绵羊易感。环境温度、水和椎实螺的存在是该病流行的重要因素。

【临床症状】

轻度感染不表现任何临床症状。严重感染表现明显的症状，可分为急性和慢性两种。

(1)急性型(童虫寄生阶段)　比较少见，多因短期感染大量囊蚴所致。病羊初期发热，不食，精神委顿，衰弱易疲劳、离群，肝区压痛明显，排黏液性血便，全身颤抖。红细胞及血红素显著降低，严重者在几天内死亡。

(2)慢性型(成虫寄生阶段)　主要表现消瘦，贫血，黏膜苍白黄染，食欲不振，异嗜，被毛粗乱无光，步行缓慢。在眼睑、颌下、胸腹下出现水肿，便秘与下痢常交替发生，最后可因极度衰竭死亡。怀孕母畜往往发生瘫痪，甚至流产。

【病理变化】

剖检时，病理变化主要呈现在肝脏，其变化程度与感染虫体的数量及病程长短有关。在大量感染、急性死亡的病例中，可见到急性肝炎和大出血性的贫血现象，肝脏肿大，包膜有纤维沉积，有 2～5 mm 长的暗红色虫道，虫道内有凝固的血液和少量幼虫。腹腔中有血红色的液体，有腹膜炎病变。

慢性病例主要呈现慢性增生性肝炎；在肝组织被破坏的部位出现淡白色索状瘢痕，肝实质萎缩，褪色，变硬，边缘钝圆，小叶间结缔组织增生。胆管肥厚、扩张，呈绳索样突出于肝表面；胆管内有磷酸钙、磷酸镁等盐类的沉积，使内膜粗糙，刀切时有“沙沙”声，胆管内有虫体和污浊黏稠的液体。病尸出现消瘦、贫血和水肿现象；胸膜腔及心包内蓄积有透明的液体。

【诊断】

(1)现场诊断　应根据临床症状、流行特点和病理变化做出现场诊断。

(2)实验室诊断　有效检查方法是水洗沉淀法，即由直肠取粪便 5～10 g，加 10～20 倍清水混合均匀，用纱布或通过 0.42～0.25 mm(40～60 目)筛子过滤；滤液经静置或离心沉淀，倒去上层混浊液并加入清水混匀沉淀，反复进行 2～3 次，直至上层液体清亮为止，最后倒去上层液体，吸取沉淀物，用显微镜观察有无虫卵。对急性病例，因虫体未发育成熟，粪便检查无虫卵时，必须结合病理剖检，在肝脏和胆管中查找是否有大量幼虫存在。用免疫诊断法，如沉淀反应、补体结合反应、酶联免疫吸附实验、对流电泳和间接血凝等，也可取得较好的诊断效果。

【防治】　必须采取综合性防治措施，才能取得较好的效果。

(1)预防

①定期驱虫　在本病流行区每年应结合当地具体情况进行 1～2 次驱虫，一般可选择在秋末冬初进行。如进行两次驱虫，另一次可安排在翌年的春季。

②粪便处理　对畜粪及时清理堆积发酵，杀死虫卵。

③饮水及饲草卫生　尽可能避开在有椎实螺滋生的地方放牧，以防感染囊蚴。饮用水最好使用自来水、井水或流动的河水。

④消灭中间宿主　可结合水土改造破坏椎实螺的生活条件。

沼泽地区可施用硫酸铜溶液(1∶50 000)或以 2.5 μL/L 的血防 67 灭螺。此外，还可辅以生物灭螺，如养鸭和其他水禽等。

(2)治疗

①丙硫苯咪唑　剂量 15～25 mg/kg，一次口服。

②蛭得净(溴酚磷)　剂量 16 mg/kg，一次口服，对成虫和幼虫均有很好疗效。

③硝氯酚(拜耳 9015)　剂量 4～5 mg/kg，一次口服，驱成虫有高效。剂量 0.5～1 mg/kg，深部肌内注射，对驱除成虫效果良好，但对童虫效果不太理想。

④肝蛭净(三氯苯唑)　剂量 10 mg/kg，一次口服，对发育各阶段的肝片吸虫均有效。

⑤碘醚柳胺　剂量 7.5 mg/kg，一次口服，对成虫和 6～12 周未成熟的肝片吸虫均有效。

⑥硫氯酚(别丁)　剂量 80～100 mg/kg，灌服，对驱成虫有效。

二、前后盘吸虫病

前后盘吸虫病又名同端吸盘虫病、胃吸虫病或瘤胃吸虫病，是指由前后盘科的吸虫寄生于瘤胃引起的疾病，因而称为瘤胃吸虫病。成虫寄生在瘤胃和网胃壁上，为害不大；幼虫则因在发育过程中移行于真胃、小肠、胆管和胆囊，可造成较严重的疾病，甚至导致死亡。该病遍及全国各地，南方较北方更为多见。这是一种急性寄生虫病，早期以十二指肠炎与腹泻为特征。

【流行特点】

本病多发于夏秋两季，特别是在多雨或洪涝年份。在此季节中长期在湖滩地放牧，采食水淹过的青草的羊最易感染，其中吃草猛、食量大的青壮龄羊发病严重，甚至死亡。因在沟塘、小溪、湖沼、水田中均有大量扁卷螺，在低洼潮湿地区也有大量小椎实螺滋生，与本病的发生流行有直接关系。

【临床症状】

成虫寄生于瘤胃，为害轻微。但童虫移行于小肠、胆管、胆囊、真胃中时，为害严重。患羊表现顽固性腹泻，粪便常有腥臭味，体温有时升高，消瘦，贫血，颌下水肿，黏膜苍白，后期因极度消瘦衰竭死亡。

【病理变化】

童虫引起的病例呈现高度消耗性恶病质状态。可见死畜尸体消瘦，黏膜苍白，唇和鼻镜上有潜在的溃疡，腹腔内有红色液体，有时在液体内还可发现幼小虫体。肩前、膝壁淋巴结肿大，大网膜、肠系膜增厚，充满胶样浸润物。真胃幽门部、小肠黏膜有卡他性炎症，黏膜下可发现幼小虫体，肠内充满腥臭的稀粪。胆管、胆囊膨胀，内有童虫。成虫寄生部位损害轻微，常可在瘤胃壁的胃绒毛之间吸附有大量成虫。

【诊断】

根据症状表现及发病特点，对可疑病羊进行病原检查。病畜生前诊断，常用粪便水洗沉淀法或直接涂片法镜检虫卵。病畜死后诊断，可依据剖检的病变情况及发现相应的成虫或幼虫情况进行。

【防治】

(1)预防 参照肝片吸虫病。

(2)治疗

氯硝柳胺(又称灭绦灵):对驱除幼虫效果良好,剂量 75～80 mg/kg,口服。

硫氯酚:驱成虫疗效显著,驱幼虫亦有较好的效果。剂量 80～100 mg/kg,口服。

溴羟替苯胺:驱成虫、幼虫均有较好的疗效。剂量 65 mg/kg,制成悬浮液,灌服。

三、双腔吸虫病

双腔吸虫病又称复腔吸虫病,是由矛形双腔吸虫和中华双腔吸虫寄生于胆管和胆囊内引起。由于虫体比肝片吸虫小得多,故有些地方称之为小型肝蛭。临床主要以黏膜黄染、消化紊乱、水肿等为特征。本病在我国分布很广,特别是在西北、东北及内蒙古各牧区流行比较广泛,感染率和感染强度远较片形吸虫为高,人也可被感染。

【流行特点】

本病呈明显地方性流行特点。从分布的地区特点来看,矛形双腔吸虫多分布于较干燥的高山牧场的灌木丛及高原的阳坡地带。而中华双腔吸虫则多分布于草原地区的沼泽、苔草地段以及丘陵区的山间谷地和平原地带的河谷漫滩。上述地带均具备终年温暖潮湿的气候及松软的土壤、茂密的植被等特点,很适宜中间宿主陆地蜥螺和蚂蚁的滋生。病的发生具有明显的季节性,一般在夏、秋感染而多在冬、春发病。

【临床症状】

因感染强度不同,其症状也有所差异。轻度感染常不显临床症状。严重感染时则表现精神沉郁,食欲不振,黏膜苍白黄染,颌下水肿,消化反常,腹泻与便秘交替,行动迟缓,渐进性消瘦,终因极度衰竭死亡。有些病羊常继发肝源性感光过敏症。其表现为:多在阳光明媚的上午(10～11 时)放牧时,突然发生耳和头面部急性肿胀(水肿),影响采食视物,全身症状恶化,常常引起死亡,不死者肿胀很难消退,往往形成大面积破溃、渗出、结痂或继发细菌感染等。

【病理变化】

病理特征是慢性卡他性胆管炎及胆囊炎。可见肝肿大变硬,胆管扩张,管壁增厚,周围结缔组织增生,挤压切开的肝脏断面,常见从大、小胆管内流出多量黄白色脓性物质,内含有大量不同发育阶段的虫体和虫卵。胆囊肿大,同样在胆汁内也混有大量不同发育阶段的虫体和虫卵。

【诊断】

病畜生前主要采用水洗沉淀进行粪便检查的方法发现虫卵;死后剖检,则可将肝脏在水中撕碎,利用连续洗涤法查找虫体,然后结合临床症状与流行病学即可得出结果。

【防治】

(1)预防 应以定期驱虫为主,同时加强畜群的饲养管理,以提高抵抗力。注意消灭中间宿主,阻断病原传播途径及感染来源。粪便也应进行堆肥发酵处理,以杀灭虫卵。

(2)治疗

①海托林 剂量 30～80 mg/kg,一次灌服,对双腔吸虫病有特效。

②丙硫苯咪唑 剂量 30～40 mg/kg,一次灌服。

③六氯对二甲苯(血防 846) 剂量 200～300 mg/kg,一次灌服。

④吡喹酮　剂量 60～80 mg/kg，一次灌服。

⑤噻苯唑　剂量 150～200 mg/kg，一次灌服。

⑥盐酸吐根素 用药剂量 0.003 g/kg，配成 1%～2%的溶液，皮下或静脉注射。

四、阔盘吸虫病

阔盘吸虫病又称胰吸虫病，是由阔盘属的数种吸虫寄生于宿主的胰管中所引起的疾病。此外，病原偶可寄生于胆管和十二指肠。其特征是营养障碍和贫血。本病除发生于牛、羊等反刍动物外，还可感染猪、兔、猴和人等。我国东北、西北及南方各省区均有本病流行。羊患此病后，可表现下痢、贫血、消瘦和水肿等症状，严重时可引起死亡。

【流行特点】

主要流行季节为春、秋两季，尤以秋季为主。

【临床症状】

阔盘吸虫大量寄生时，由于虫体刺激和毒素作用，使胰管发生慢性增生性炎症，胰管管腔窄小甚至闭塞，胰消化酶的产生和分泌及糖代谢机能失调，引起消化及营养障碍。患羊表现消化不良，消瘦，贫血，颌下及胸前水肿，衰弱，经常下痢，粪中常有黏液，严重时可引起死亡。

【病理变化】

尸体消瘦，胰腺肿大，胰管因高度扩张呈黑色蚯蚓状突出于胰脏表面。胰管发炎肥厚，管腔黏膜不平，呈乳头状小结节突起，并有点状出血，内含大量虫体。慢性感染则因结缔组织增生而导致整个胰脏硬化、萎缩，胰管内仍有数量不等的虫体寄生。

【诊断】

结合流行情况和临床症状，怀疑为本病时，可进行粪便查卵，采用直接涂片法或水洗沉淀法。通常以改进的水洗沉淀法效果较好。方法是直接取粪便 3～5 g，置于 300 mL 烧杯内，加少量水捣碎搅拌混合，依次通过孔径为 0.149 mm(100 目)、0.074 mm(200 目)和 0.062 mm(250 目)3 种纱网的过滤，每次滤完都要以少量净水冲洗纱网。3 次滤完后的粪液再反复水洗沉淀 4～5 次，每次 10～15 min，直到上清液清亮为止。最后吸取沉渣，制片镜检虫卵。

【防治】

(1)预防　本病流行地区，应在每年初冬和早春各进行一次预防性驱虫；有条件的地区可实行划区放牧，以避免感染；注意消灭其第一中间宿主蜗牛(其第二中间宿主草螽斯在牧场广泛存在，扑灭甚为困难)；同时加强饲养管理，以增加畜体的抗病能力。

(2)治疗

①六氯对二甲苯　剂量 400 mg/kg，口服，3 次，每次间隔 2 d。

②吡喹酮　口服，剂量 65～80 mg/kg；肌内注射或腹腔注射，剂量 50 mg/kg，并以液状石蜡或植物油(灭菌)制成 20%油剂。腹腔注射时应防止注入肝脏或肾脂肪囊内。

五、脑多头蚴病

脑多头蚴病是由寄生于犬、狼等肉食动物小肠里多头绦虫的幼虫(脑多头蚴)寄生于病畜的脑部所引起的一种绦虫蚴病，俗称脑包虫病。因能引起患畜明显的转圈症状，又称为转圈病或旋回病。该病散布于全国各地，并多见于犬活动频繁的地方。

【流行特点】

脑多头蚴的分布很广，全国各地均有报道。在西北、东北及内蒙古等牧区多呈地方性流行。2岁前的羔羊、犊牛多发。牧羊犬是本病的主要传染源。虫卵对外界的抵抗力很强，在自然界中可长时间保持生命力，但在烈日暴晒的高温下很快死亡。全价饲料饲养的羔羊和犊牛，对脑多头蚴的抵抗力增强。

【临床症状】

该病呈急性型或慢性型，症状表现取决于寄生部位和病原体的大小。

(1)急性型　以羔羊表现最为明显。羊感染后1～3周，即六钩蚴在脑内移行时，呈现类似脑炎或脑膜炎病状，严重感染的动物常在此时期死亡，不死者则转为慢性型。

(2)慢性型　患畜耐过急性期后，症状表现逐渐消失，经2～6个月的缓和期以后，开始出现典型症状，呈现异常运动或异常姿势。其症状取决于虫体的寄生部位和大小。虫体常寄生于某一侧脑半球的颞叶表面，患畜将头倾向患侧，除向患侧作圆圈运动外，还常造成对侧的视力障碍，甚至失明；虫体寄生在脑的前部(额叶)时，患畜头部低垂，抵于胸前，步行时高抬前肢或向前方猛冲，遇到障碍物时倒地或静立不动；虫体在小脑寄生时，病羊表现感觉过敏，容易惊恐，行走时出现急促步样或蹒跚步态，以后逐渐严重而衰竭卧地，视觉障碍、磨牙、流涎、痉挛；腰部脊髓有虫体寄生时，引起渐进性后躯麻痹，患畜不吃不喝，离群，最后高度消瘦；当虫体在脑表面时，颅骨萎缩甚至穿孔，触诊时容易发现压迫病羊颅部有疼痛感。

【病理变化】

急性死亡见有脑膜炎和脑炎病变，还可见到六钩蚴在脑膜中移行时留下的弯曲伤痕。慢性期的病例则可在脑或脊髓的不同部位发现1个或数个大小不等的囊状多头蚴；在病变或虫体相接的颅骨处，骨质松软、变薄，甚至穿孔，致使皮肤向表面隆起；病灶周围脑组织或较远部位发炎，有时可见萎缩变性或钙化的多头蚴。

【诊断】

主要根据病畜异常运动、视力障碍和局部变化进行诊断。患畜因表现出一系列特异神经症状，故容易确诊。但应注意与莫尼茨绦虫、羊鼻蝇蛆病以及其他脑部疾患所表现的神经症状相区别，即这些病一般不会有头骨变薄、变软和皮肤隆起的现象。

应用变态反应进行诊断也较好。即用多头蚴的囊壁及原头蚴制成乳剂变应原，注入上眼睑内。患畜于注射1 h后出现直径1.75～4.2 cm的皮肤肥厚肿大，并保持6 h。

【防治】

(1)预防　防止犬等肉食动物食入带多头蚴的脑、脊髓。对患畜的脑和脊髓应烧毁或作深埋处理。对护羊犬和家犬应用吡喹酮(5～10 mg/kg，一次内服)或氢溴酸槟榔碱(1.5～2 mg/kg，一次内服)定期驱虫。对野犬、豺、狼、狐狸等终末宿主应予以防范。

(2)治疗　对早期病例可试用吡喹酮治疗，剂量为50 mg/kg，内服，连用5 d为一个疗程。对晚期病例，可采取手术摘除。方法是：定位后，局部剃毛、消毒，将皮肤作"U"字形切口，打开术部颅骨，先用注射器吸出囊液，再摘除囊体，然后对伤口作一般外科处理。为防止细菌感染，可于手术后3 d内连续注射青霉素。也可不作切口，直接用注射针头从外面刺入囊内抽出囊液，再注入95%酒精1 mL。

六、棘球蚴病

棘球蚴病亦称包虫病，是由数种棘球绦虫的幼虫——棘球蚴寄生于绵羊、山羊、牛、马、猪、骆驼及人的肝脏、肺脏等脏器组织中所引起的一种严重的人畜共患寄生虫病。成虫以肉食动物为终末宿主，寄生于犬、狼、豺、狐和狮、虎、豹等动物的小肠内。该病在我国分布较广，严重威胁着人类的生命安全，同时给畜牧业发展造成严重的危害。

【流行特点】

细粒棘球蚴呈世界性分布，但以牧区为多。在我国有 20 多个省、区有报道，其中以新疆最为严重，绵羊的感染率在 50%以上，有的地区甚至高达 100%，其次是青海、宁夏、甘肃、内蒙古、陕西、西藏和四川等省区流行严重，其他地区仅有零散发生。

细粒棘球绦虫的中间宿主范围虽然较广泛，但在流行病学上具有重要意义的动物是绵羊(成年羊)，绵羊的感染率最高。其原因除绵羊本身是细粒棘球绦虫的最适宜的中间宿主外，还由于放牧的羊群经常与牧羊犬密切接触，在牧地上吃到六钩蚴的机会多；而牧羊犬又常可吃到绵羊的内脏，因而造成本虫在绵羊与犬之间循环感染。动物的死亡多发于冬季和春季。

【临床症状】

轻度感染和感染初期，通常无明显症状；严重感染的羊被毛逆立，时常脱毛，营养不良，消瘦。肺部感染时有明显的咳嗽，咳后往往卧地，不愿起立。

【病理变化】

剖检病变主要见于虫体经常寄生的肝脏和肺脏，器官表面凹凸不平，重量增大，有数量不等的棘球蚴囊泡突起，肝脏、肺脏存在有数量不等、大小不一的棘球蚴包囊，囊内含有大量液体，除不育囊外，囊液沉淀后，即可见大量的包囊沙。有时棘球蚴发生钙化和化脓。此外，在脾脏、肾脏、脑、脊椎管、肌肉及皮下，偶可见有棘球蚴寄生。

【诊断】

在疫区内怀疑为本病时，仅根据临床症状，一般不能确诊此病。可利用 X 光或超声波检查，也可用免疫学方法来诊断。

免疫学诊断，可采用皮内变态反应方法：在新鲜棘球蚴囊液内按 10 000∶1 的比例加入硫柳汞，置冰箱过夜，使头节和生发囊沉淀，而后通过无菌过滤，即制得不含原头蚴的囊液抗原。诊断时，取抗原 0.1～0.2 mL，在羊颈部剪毛消毒后的皮肤上做皮内注射，注射后 5～15 min 如注射局部出现直径 0.5～2.0 cm 的肿胀或水肿红斑，即为阳性。此法要求在对侧相应部位注射等量生理盐水做对照，以便鉴别。因变态反应可与其他绦虫蚴出现交叉反应，故仅有 70%的准确率。此外，还有应用间接血凝反应、酶联免疫吸附试验进行诊断的报道。

【防治】

(1)预防　加强兽医卫生检验，对有病的脏器一律深埋或烧毁，严禁用来喂犬和随便丢弃；饲草、饮水防止被犬粪污染。对牧羊犬和家犬至少每个季度进行一次驱虫，常用药物有吡喹酮，剂量 10～50 mg/kg，一次内服；或用氢溴酸槟榔碱，剂量 1～4 mg/kg，一次内服，服药后应拴留 1 昼夜，并将所排出的粪便烧毁或深埋处理，以防病原扩散。对野犬、狼、狐狸等终末宿主应予以防范。

(2)治疗　目前对本病尚无有效治疗方法，比较可靠的方法是手术摘除棘球蚴或切除被寄生的器官。但很少用于家畜的治疗。

七、绦虫病

绦虫病是由莫尼茨绦虫、曲子宫绦虫及无卵黄腺绦虫寄生于绵羊、山羊和牛的小肠所引起的寄生虫病。其中莫尼茨绦虫危害最为严重,特别是羔羊、犊牛感染时,不仅影响生长发育,甚至可引起死亡。多种绦虫既可单独感染,也可混合感染。该病在全国广泛分布,但在东北、西北和内蒙古牧区流行更为普遍。

【流行特点】

羔羊感染率最高,但随年龄增长而感染率逐步降低。流行呈现一定的季节性,感染高峰一般在夏秋季节。本病感染季节与地螨的季节数量变动有密切关系。当羊吃草时吞食了含有囊尾蚴的地螨后,即可感染本病。地螨多在温暖和多雨季节活动,夏秋两季较多,所以羊绦虫病发病也较多。

【临床症状】

患畜症状表现的轻重,通常与感染虫体的强度及其体质、年龄等因素密切相关。一般患畜可表现为消化紊乱、消瘦、体弱贫血、水肿、发育不良、掉毛。严重时病羊下痢,粪中混有虫体节片(呈大米粒样,新排出时常可见蠕动),有时还可见虫体的一段吊在肛门处。患畜被毛粗乱无光,喜躺卧,起立困难,体重迅速减轻。若虫体阻塞肠管时,则出现肠膨胀和腹痛,甚至因肠破裂而死亡。有时病羊亦可出现转圈、肌肉痉挛或头向后仰等神经症状。后期,患畜仰头倒地,经常作咀嚼运动,口周围有泡沫,反应迟钝,直至全身衰竭而死亡。

【病理变化】

死畜尸体消瘦、贫血,剖检可在其小肠中发现数量不等的虫体;其寄生处有卡他性炎症,有时可见肠壁扩张、肠套叠乃至肠破裂;肠系膜、肠黏膜、肾脏、脾脏甚至肝脏发生增生性变性过程;肠黏膜、心内膜和心包膜有明显的出血点;脑内可见出血性浸润和出血;腹腔和颅腔贮有渗出液。

【诊断】

查找可疑羊的粪便中是否排出有虫体的节片,必要时也可用饱和盐水漂浮法进行虫卵检查。方法是:取可疑粪便 5～10 g,加入 10～20 倍饱和盐水混匀,通过 0.25 mm 孔径(60 目)筛网过滤,滤过液静置 0.5～1 h,则虫卵已充分上浮,用一直径 5～10 mm 的铁丝圈与液面平行接触,以蘸取表面液膜,将液膜抖落在载玻片上,覆以盖玻片即可镜检。对因绦虫尚未成熟而无节片排出的患羊,可进行诊断性驱虫,如服药后发现其排出虫体或症状明显好转,即可做出诊断。同时结合症状和流行特点便可确立诊断。

【防治】

(1) 预防　根据本病的季节动态,在流行区对羊群成虫期前驱虫,经 10～15 d 再进行第二次驱虫,可防止牧场被污染。避免在雨后、清晨或傍晚放牧,以减少羊食入地螨的机会。有条件的地方,最好实行牛、羊与马属动物轮牧。

(2) 治疗　可选用如下药物。

灭绦灵(氯硝柳胺):剂量 75～100 mg/kg,早晨或空腹时一次灌服。

丙硫苯咪唑(阿苯哒唑):剂量 10～16 mg/kg,一次内服。

苯硫咪唑(芬苯达唑):剂量 5～10 mg/kg,一次内服。

吡喹酮:剂量 5～10 mg/kg,一次内服。

硫氯酚(别丁):剂量 50～70 mg/kg,一次灌服。

甲苯咪唑:剂量 20 mg/kg,一次内服。

八、消化道线虫病

消化道线虫病是由许多线虫寄生于羊胃肠道内而引起的一种疾病。由于许多线虫寄生于胃肠道内,吸取机体内的营养,损伤消化道黏膜,导致羊体瘦弱、抗病能力降低,严重者还会造成动物大批死亡。该病在全国各地均有不同程度的发生和流行,尤以西北、东北地区和内蒙古广大牧区更为普遍,常给养殖业带来严重损失。

【流行特点】

家畜感染是由于吞食了被虫卵所污染的饲草、饲料及饮水所致。线虫发病与气候有关,天气变化可影响线虫的感染性,特别是干旱过后的雨季更易感染此病。血矛线虫属是最主要的寄生虫,常可引起动物发病并对驱虫药产生抗药性。这些寄生虫大多侵害幼龄羔羊,偶尔也侵害成年羊。此外,过度拥挤、过度放牧及营养缺乏时也易感染本病。

【临床症状】

病羊感染各种消化道线虫的主要症状表现为消化紊乱,胃肠道发炎,腹泻,消瘦,眼结膜苍白,贫血。严重病例的病羊下颌间隙水肿,羊体发育受阻。少数病例体温升高,呼吸、脉搏频数及心音减弱,最终病羊可因身体极度衰竭而死亡。

【病理变化】

剖检,可见消化道各部有数量不等的相应线虫寄生。死羊尸体消瘦,贫血,内脏显著苍白,胸、腹腔内有淡黄色渗出液,大网膜、肠系膜胶样浸润,肝、脾出现不同程度的萎缩、变性,真胃黏膜水肿,有时可见虫咬的痕迹和针尖大至粟粒大小结节,小肠和盲肠黏膜有卡他性炎症,大肠可见到黄色小点状的结节或化脓性结节,或在肠壁上遗留下的一些瘢痕性斑点。当大肠上的虫卵结节向腹膜面破溃时,可引发腹膜炎和多发性粘连;向肠腔内破溃时,则可引起溃疡性和化脓性肠炎。

【诊断】

通常对症状可疑的羊应进行粪便虫卵检查。常用的方法为饱和盐水漂浮法(见绦虫病),也可用直接涂片法镜检虫卵。镜检时,各种线虫虫卵一般不易区分。因为各线虫病的防治方法基本相同,一般情况下也无必要对虫卵的种类加以鉴别。粪检时,羊每克粪便中含 1 000 个虫卵时即应驱虫,羔羊每克粪便中含 2 000～6 000 个虫卵则被认为是重感染。死后剖检诊断,可通过对虫体的鉴别,进一步确定病原种类。

【防治】

(1)预防　定期驱虫,一般春秋两季驱虫,严重时可 3 个月驱虫 1 次。粪便要经过堆积发酵处理;羊群应饮用自来水、井水或干净的流水;尽量避免在潮湿低洼地带和早、晚及雨后时放牧(即:禁放露水草),有条件的地方可以实施轮牧。

(2)治疗　可选择下列药物:

丙硫苯咪唑:剂量 5～20 mg/kg,一次内服。

芬苯达唑:剂量 5～10 mg/kg,一次内服。

甲苯咪唑:剂量 10～15 mg/kg,一次内服。

左旋咪唑:剂量 10～15 mg/kg,一次内服,也可皮下或肌内注射。

阿维菌素：剂量 0.2 mg/kg，一次皮下注射或内服。对体内的各种线虫和体表寄生虫均有杀灭作用。

精制敌百虫：剂量，绵羊按 80～100 mg/kg，山羊按 50～70 mg/kg 加水，一次内服。

硫化二苯胺：剂量，600 mg/kg，用面汤做成悬浮液，一次内服。服药后 24 h 内，应避免日光照射，防止对日光的过敏现象。

模块九

实训练习

实训一　牛羊品种识别

一、目标要求

通过实训,学生掌握主要牛羊品种特征,能识别主要牛羊品种。

二、试验材料

牛品种:荷斯坦奶牛、夏洛莱牛、西门塔尔牛。

羊品种:澳洲美利奴羊、新疆细毛羊、德国肉用美利奴羊、无角陶赛特羊、萨福克羊、小尾寒羊、乌珠穆沁羊、欧拉型藏羊、阿勒泰羊、波尔山羊。

三、方法步骤

观看录像或图片识别羊品种

四、作业

1. 通过观看牛羊品种录像,学生写出荷斯坦奶牛、夏洛来牛、西门塔尔牛、无角陶赛特羊、萨福克羊、小尾寒羊、波尔山羊这些牛羊品种的外貌特征及生产性能。

实训二　牛羊的综合饲养技术

一、目标要求

通过实训,学生掌握牛羊的饲养技术。

二、试验材料

牛羊的综合饲养技术 VCD 光碟。

三、方法步骤

观看录像掌握牛羊的综合饲养技术。

四、作业

写出种公牛羊和成年母牛羊的饲养技术要点。

实训三　细毛羊鉴定

一、实训目标

学生初步掌握细毛羊鉴定技术，为选择优良种羊，搞好养羊生产服务。

二、实训材料

羊群、细毛羊鉴定项目、鉴定台、刚直尺、台秤、卷尺、测仗、耳号钳、工作服、消毒液等。

三、实训方法及步骤

1. 鉴定项目

细毛羊按十二项顺序进行鉴定，采用汉语拼音文字、字母及符号代表鉴定的结果。

(1)头毛

T——头毛着生到眼线。

T^+——头毛过多，毛脸。

T^-——头毛少，甚至光脸。

(2)类型与皱褶

L——公羊颈部有1～2个完全或不完全的横皱褶，母羊颈部有一个横皱褶或发达的纵皱褶。

L^+——颈部皱褶过多，甚至体躯上有明显的皮肤皱褶。

L^-——颈部皮肤紧，没有皱褶。

(3)羊毛长度

a. 实测毛长：在羊体左侧横中线偏上，肩胛骨后缘一掌处，顺毛丛方向测量毛丛自然状态的长度，以厘米数表示，最小单位为0.5 cm，尾数三进二舍。

b. 在评定等级时，超过或不足12个月的毛长均应折算为12个月的毛长，可根据各地羊毛生长规律合理制定。

c. 种公羊的毛长除记录体侧毛长外，还可测定肩、背、股、腹部的毛长，作选种参考。记载方法如下：

背

肩　侧　股

腹

(4)羊毛密度

M——毛密度符合品种标准。

M^{+}——毛密度很大。

M^{-}——毛密度差。

$M^{=}$——毛密度很差。

(5)羊毛弯曲

按羊毛弯曲的明显度及弯曲大小形状评定。

W——属正常弯曲,弯曲明显,弧度呈半圆形,弧度的高等于底的 1/2。

W^{+}——具有明显的深弯,弧度高大于底的 1/2。

W^{-}——弯曲不明显,弧度的高小于底的 1/2。

如需记载弯曲的大小,可在同一符号的右下角用 D、Z、X 表示。

W_{D}——大弯

W_{Z}——中弯

W_{X}——小弯

(6)羊毛细度

在测定毛长的部位取少量毛纤维测定其细度,以支数表示之。在现场采用目估测法时应对照毛样细度标本。种畜场的育种群逐步采用客观测定法,以显微镜测定羊毛纤维的平均直径,以微米表示。

羊毛品质/支	细度范围/μm
80	14.5～18.0
70	18.1～20.5
64	20.6～23.0
60	23.1～25.0
58	25.1～27.0
56	27.1～29.0

(7)羊毛油汗

鉴定羊毛中油汗的含量及油汗的颜色。

H——油汗含量适中。

H^{+}——油汗过多。

H^{-}——油汗不足。

油汁颜色记录在同一符号的上方。

H——白色油汗。

$\check{H}$——乳白色油汗。

$\hat{H}$——淡黄色油汗。

$\hat{\hat{H}}$——深黄色油汗。

(8)被毛和毛丛纤维的均匀度

Y——被毛均匀。体侧和股部毛纤维细度的差别不超过一个细度等级。毛丛内,毛纤维均匀度良好。

Y^{-}——被毛不均匀。体侧和股部毛纤维细度差别在两个或两个等级以上。

在同一符号上方表示毛丛中毛纤维的均匀度。

$\hat{Y}$——体侧及后躯毛丛内纤维直径不够均匀,毛丛中存在少量的浮现粗绒毛。

$\hat{\hat{Y}}$——毛丛内毛纤维的直径均匀度很差,有较多的浮现粗绒毛。

(9)体格大小

以 5 分制表示,也可在分数后面附加"+""-"号,以示上述分数的中间型。

"5"——体格很大,体重超过品种标准。

"4"——体格大,体重符合品种标准。

"3"——体格中等,体重略小于品种标准。

"2"——体格小,体重显著小。

(10)外形

用下列符号在长方形上标记羊只外形突出的优缺点。

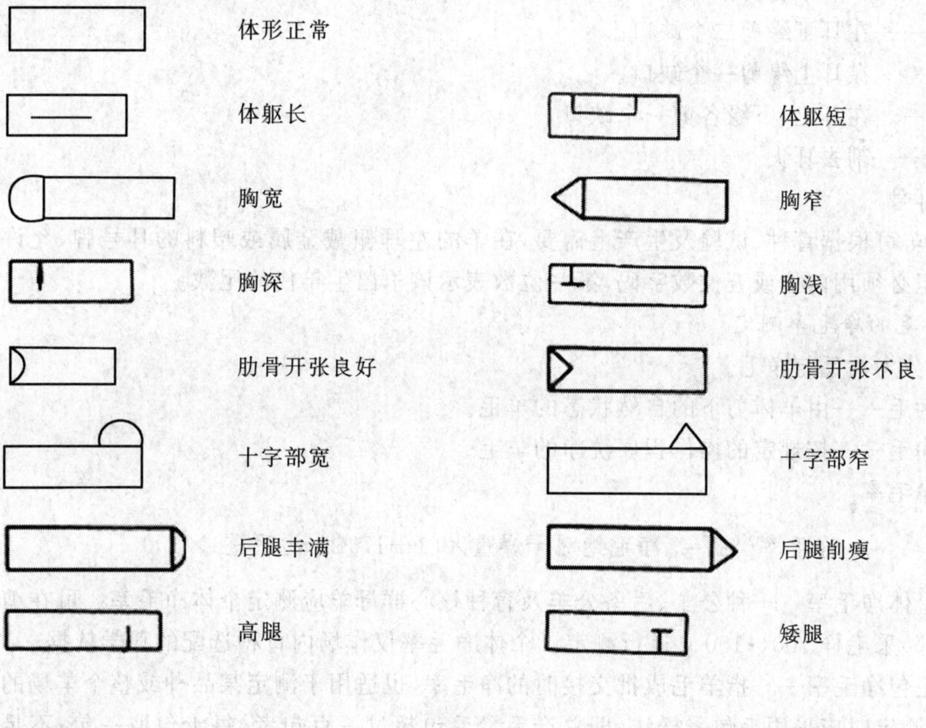

(11)腹毛

腹毛着生情况在总评中间的一个圈上作下列标记。

$\bigcirc$——腹毛符合品种标准要求。

$\underline{\bigcirc}$——腹毛着生良好。

$\hat{\bigcirc}$——腹毛着生不良。

$\hat{\hat{\bigcirc}}$——腹毛着生很差。

有环状弯曲时可在圈内做记号。

⦶——有少量环状弯曲。

⊖——有较大面积的环状弯曲。

⊗——环状弯曲严重。

(12)总评

○○○○○——综合品质很好的羊,可列入特等。

○○○○——全面符合品种标准的羊。

○○○——品质中等的羊。

○○——品质差的羊。

也可在圈后附加"+""-"号,以示中间型。

2. 等级标志及耳号

(1)等级标志

细毛羊鉴定结束后在右耳上做等级标记。

特级——在耳尖剪一个缺口。

一级——在耳下缘剪一个缺口。

二级——在耳下缘剪二个缺口。

三级——在耳上缘剪一个缺口。

四级——在耳上、下缘各剪一个缺口。

等外——割去耳尖。

(2)耳号

细毛羊可根据育种、试验及生产上需要,在羊的左耳佩戴金属或塑料的耳号牌,允许有各种代号,但必须用四位或五位数字码,第一位数表示该羊出生年代的尾数。

3. 羊毛的净毛率测定

羊毛分为污毛与净毛。

(1)污毛——由羊体剪下的自然状态的羊毛。

(2)净毛——按规定的操作程序洗净的羊毛。

(3)净毛率

$$净毛率(\%)=〔净毛绝对干燥重\times(1+17\%)/污毛重〕\times100$$

(4)个体净毛率——种公羊、后备公羊及育种核心群母羊应测定个体净毛率。可在剪下毛被(体侧部)采毛样 100~150 g 进行测定。个体净毛率仅作场内育种选配的科学依据。

(5)毛包净毛率——指羊毛成批交接时的净毛率,也适用于测定某品种或整个羊场的羊毛净毛率。测定时应采用毛包采样法,即总产毛量毛包超过一百包者,每十包取一包;不足一百包者每五包取一包,从毛包两端的四个角及其中央各取相似的一份,总重量为 1 kg,经充分混合后,取出基本毛样一份,对照毛样一份,后备毛样二份,每份均为 150 g,抖落的杂质不可散失,应按比例分至毛样中,然后再经洗毛测定其净毛率。

逐步采用毛包毛样采样器采样。

(6)净毛量——污毛产量乘以净毛率即为净毛产量。

4. 术语解释

(1)体重

羊只空腹剪毛后立即称重,以 kg 表示,最小单位为 0.5 kg。

(2)产羔率

指经产母羊(分娩过一胎后的母羊) 正常分娩的羔羊数与其母羊数的百分比。

产羔率(%)=(经产母羊正常分娩的羔羊数/正产的经产母羊数)×100%

初产母羊及流产母羊,空怀母羊可根据需要另行统计。

(3)羔羊成活率

羔羊成活率(%)=(断奶成活羔羊数/初生活羔羊数)×100%

需注明断奶月龄。

(4)屠宰率与内脏脂肪

屠宰率指胴体重(包括肾脏及肾脂)加内脏脂肪(包括大网膜及肠系膜脂肪)与屠宰前(空腹 24 h)活重之比,以百分率表示。胴体重指屠宰放血后去皮、头(由环椎处分割)、管骨及管骨以下部分和内脏的重量。

屠宰率(%)=(胴体重+内脏脂肪/停食 24 h后,屠宰前活重)×100%

此外,需另行记载内脏脂肪的重量。

四、作业

完成鉴定结果资料整理,填写记录表

细毛羊个体品质鉴定记录表

场别________ 群别________

体重____ kg 体高____ cm 体长____ cm 胸围____ cm

羊号	品种	性别	年龄	头毛	皱褶	毛密	毛长	细度	弯曲	匀度	油汗	体格大小	体型外貌	总评

鉴定员: 记录员: 鉴定日期:

实训四 如何养好奶山羊

一、实训目的

通过实训,学生掌握奶山羊的饲养方法。

二、实验材料

VCD 影碟

三、方法步骤

1. 观看录像（主要内容如下）

(一)奶山羊的选择

选择高产奶山羊要从体质外貌、乳房和父母生产性能几个方面综合评定。奶山羊体形要求无角，鼻孔大、四肢强壮、胸宽深、胸围要大，整个体躯呈楔形。公羊雄性明显，睾丸对称，大小适中，显得精力充沛、全身粗犷，无过肥现象。母羊应有温柔的性格，乳房发育良好，左右两侧对称，无纵沟，后视乳镜呈圆形，奶头大小适中，间距应大。羔羊要体质健康、四肢粗壮，头长额宽，眼大有神，耳长而薄，鼻直嘴方，尻长稍平，公羔睾丸发育良好，母羔乳头 1 对且位置匀称，初生重母羔 3 kg 以上，公羔 3.5 kg 以上。

(二)奶山羊的饲养

1. 羔羊的饲养

(1)羔羊生后 1 h 内吃上初乳，10 日龄开始训练吃嫩草，15 日龄开始训练吃料，1 月龄补喂混合精料 50 g，干草 100 g。45 日龄减少喂奶量。1～2 月龄每日精料 150 g，干草 300～400 g，青贮 100 g。3～4 月龄每日补精料 200 g，干草 600～800 g，青贮 100～200 g。

(2)5～7 日龄注射一次亚硒酸钠。

(3)羔羊生后 3 月龄左右断奶。

2. 青年羊饲养

半放牧半舍饲是培育青年羊最理想的饲养方式，每日在吃足优质饲草的基础上，补饲混合精料 0.2～0.5 kg。母羊 8～10 月龄体重达 32 kg 以上时配种，公羊 8 月龄体重达 40 kg 以上时采精或配种。

3. 种公羊饲养

非配种期：种公羊以放牧为主，适当补充混合精料 0.3～0.5 kg，分 3 次补给，枯草期补优质干草 1.5～2.0 kg，胡萝卜 1 kg，青贮及多汁饲料 1.5～2.0 kg，分早晚二次补饲。

配种期：每日放牧 6 h 左右，补饲干草 2 kg，胡萝卜 1 kg，配合料 0.7～1.1 kg，分 2～3 次补给，每日配种或采精 2 次，每周休息 1～2 d。

4. 成年母羊

泌乳期饲养：母羊产后 15 d 内，精料缓慢增加，15 d 后按饲料标准饲喂，粗蛋白质 12%～16%，粗纤维 16%～18%，钙含量 0.8%，磷含量 0.5%，从产后 20 d 开始逐渐增加精料、青贮、块根、块茎类饲料喂量，精料喂量 1 kg 左右，产后 5～6 月逐渐减少精料喂量，增加优质粗料喂量。

干奶期饲养：母羊经过 10 个月的泌乳营养消耗很大，应有 2 个月干奶期，在干奶期前 40 d，50 kg 体重的羊每日给 1.5 kg 优质豆科干草，2.5 kg 玉米青贮，0.5 kg 混合精料，产前 20 d 增加精料量，体重 60 kg 的母羊，每日精料 0.7 kg，适当减少粗料喂量，注意环境卫生，减少乳房感染。

三、奶山羊的管理

1. 挤奶

挤奶前剪掉乳房周围长毛，并用 45～50℃温水擦洗乳房，然后按摩。挤奶多采用压榨法，两只手分别握住两个乳头，一只手放松，一只手挤压，交替进行，每次挤奶一定要挤净，否则影响产奶量，并且容易引起乳房炎，一般每日挤奶 2 次，相隔一致。

2. 去角

防止山羊角斗致伤，便于管理。生后 5～10 d 内，可用苛性钾(钠)涂沫角基部至出血为止。

3. 刷拭

对羊体每天刷拭，可促进皮肤血液循环和新陈代谢，增强体质，提高产奶量。

4. 去势

不做种用的公羊可以去势，去势后羊温顺易肥、肉美。可用结扎法。一般生后 30～60 d 在阴囊基部扎上橡皮筋，15 d 后自行脱落。

5. 药浴与驱虫

药浴前 8 h 停止喂料，饮足水。药浴水温在 30℃左右，先浴健康羊，后浴有皮肤病的羊，病、伤、孕羊暂不药浴。每季度应对羊群各驱虫一次，丙硫咪唑为最理想的驱虫药物。用药时要求剂量准确，并且先做小群试验。

6. 消毒免疫

春秋两季大消毒。

平时做好圈舍卫生，对圈、墙壁、地面柱栏及舍内外羊只经常接触的物品和用具等进行消毒。免疫成年羊每年进行两次免疫接种，主要为新野痘、四联苗。做好布病、破伤风、口蹄疫的防检工作。

四、作业

1. 学生完成试验报告，主要写明奶山羊的饲养方法。

实训五　羊毛纤维组织学构造的观察

一、实习目的与要求

观察羊毛纤维组织学构造是研究羊毛品质的基本方法，因为羊毛纤维的组织学结构是其工艺性能的基础。

本试验在于通过观察羊毛纤维的鳞片层、皮质层和髓质层的细胞形状、大小及排列状态，了解不同类型羊毛纤维在组织结构上的特点。在此基础上，全面比较不同类型毛纤维在外部形态上的差别，以便准确识别不同类型的羊毛纤维。

二、实习用品

黑绒布板、尖头镊子、载玻片、盖玻片、培养皿、烧杯、外科直剪、玻璃棒、吸水纸、双面刀片、四氯化碳、浓硫酸、氢氧化钠、甘油、酒精、指甲油、蒸馏水、显微镜、实习用毛样、哈氏切片仪、肥皂。

三、实习方法及步骤

(一)分析用毛样的洗涤

将毛样用镊子夹住下端,放入盛有四氯化碳的烧杯中,轻轻摆动,切勿弄乱毛纤维。洗净后取出毛样,挤掉溶液,并用吸水纸或纱布吸去残留溶液,待干后备用。

(二)羊毛纤维鳞片的观察

羊毛纤维属动物性蛋白质,呈半透明状。在显微镜下观察无髓毛的鳞片时,不需任何特殊处理即可看清。但是,有髓毛往往由于髓层的影响,鳞片不易清晰看到,必须将鳞片印在一些快干胶内物质上,再进行观察。现将其方法分述如下。

1. 直接观察法

取无髓毛纤维数根,剪成2～4 mm长的短纤维,并将其置于载玻片上,滴一滴甘油,覆以盖玻片,在400～600倍的显微镜下观察。

2. 间接观察法

将少许指甲油均匀涂于载玻片上,待其呈半干状态时,再将洗净的毛纤维横置其上,稍加压力使纤维的一半嵌入指甲油中,即能印出较为理想的鳞片。待胶干后,轻轻取下毛纤维,则在指甲油上印出纤维鳞片的形状。把带有印膜的载物片置于显微镜下观察。

(三)羊毛纤维皮质层细胞的观察

取无髓毛数根,剪成短纤维,置于载玻片上(两块切片),分别滴上浓硫酸和17%NaOH,立即盖上盖玻片。2～3 min后,用镊子将盖玻片稍加力磨动,此时皮质层细胞即可分离出来(鳞片层被破坏)然后将此载玻片置显微镜下观察。

(四)羊毛纤维的髓质层观察

由于羊毛纤维的髓层中充满空气,所以在显微镜下观察时呈黑色。为了较清晰地看到髓层细胞的形状,观察前需将髓层细胞中的空气排除。其方法是:取有髓毛数根,以小剪刀剪到最短程度,置于载玻片中央,并在毛纤维上滴一滴蒸馏水,再覆以盖玻片。然后由盖玻片的一端不断滴无水酒精,并在另一端用吸水纸吸取蒸馏水,如此连续约5 min后,置显微镜下观察,髓层细胞即清晰可见。

(五)纤维横断面观察:(示范)

1. 先将洗净的毛样梳理整齐,紧紧夹入带有凹口的底板上的空隙中。
2. 沿两侧导槽将带有凸舌的底板与之嵌合。
3. 以锋利的刀片将突露在外面的毛纤维切掉。
4. 装上仪器的支架部分,然后根据所需厚度用锋利的刀片沿金属板切下羊毛横断面。
5. 每次将羊毛顶出后,涂上少许指甲油或久棉胶,待凝固时,用刀片切,置载物片上,滴加甘油用盖玻片封固后即可镜检。

四、实习结果整理

1. 绘图比较各种纤维类型的组织学结构。

2. 说出无髓毛、有髓毛、两型毛的形态结构和组织结构特点。

实训六　羊毛细度的测定

一、实习目的与要求

细度是羊毛物理性能中的一项重要指标，它直接关系到羊毛的用途及工艺价值，是绵羊育种工作中一项重要的鉴定内容。

细度的测定方法较多，主要分为经验测定法和实验室测定法两种。经验测定法多在现场应用，一般是根据已制定的羊毛细度标样与欲测毛样进行对照。实验室测定法，可分为显微投影仪法、显微镜法、气流仪法、超声波法等。

本次实习主要介绍显微镜测微尺测定法。

二、实习用品

显微镜、物镜测微尺、目镜测微尺、黑绒布板、载物片、盖玻片、烧杯(250 mL)、培养皿、探针、纱布、尖头镊子、双面刀片、剪刀、玻璃棒、四氯化碳、甘油。

三、实习方法及步骤

(一)毛样处理

从供测试的毛样中，选取重约 1～2 g 的羊毛。将毛样置烧杯中，用四氯化碳或乙醚充分洗涤，洗净后的毛样用纱布或吸水纸吸去多余溶剂，待溶剂挥发干后即可供分析用。

(二)制片

用双面刀片在羊毛的中部轻轻切下要观察的毛段，置于载物片上，滴适量甘油，搅拌均匀，加盖玻片封固。

(三)调整接目测微尺的绝对值

目镜测微尺为一圆形玻璃片，片上有 100 距离相等的刻度(小格)，它的绝对值依显微镜放大倍数而定。物镜测微尺是一个带有刻度的玻璃量具，每一小格为 10 μm。操作时先将目镜测微尺放在镜筒内，将物镜测微尺置显微镜载物台上，在一定倍数放大下，调整焦距，使刻度线清晰。一般先将一端重合，再寻找另一端两个测微尺刻度上的重合点，计算重合范围内接目测微尺与物镜测微尺各有几格。如接目测微尺上 4 格等于接物测微尺上 1 个格，则目测微尺每格的刻度值为：$1\times10/4=2.5\ \mu m$。

(四)测量羊毛细度

将物镜测微尺移去，换上短纤维标本片。测量时要按一定顺序，由上向下、由左向右逐根测量，随时调节焦距，在影像清楚时再读取刻度数，准确度要求 0.5 格。每样品的测定数量，一般规定同质毛不少于 400 根，异质毛不少于 600 根。在教学试验中每组同学测定 50 根。

(五)注意事项

1. 测定中如有纤维重叠、交叉和边际不清者，可不测定。
2. 发现纤维粗细不均或严重的饥饿痕则不应测定。
3. 统计材料要保留小数点后两位。
4. 实验室测量后的结果按微米查表得出支数。

四、实习结果整理

根据记录，按生物统计法算出刻样品细度的平均数、标准差、变异系数，绘出细度分布频率曲线图。

实训七　净毛率的测定

一、实习目的与要求

在养羊业生产和绵羊育种工作中，净毛率常用以更精确地表示羊只实际羊毛生产力。净毛率的高低与品种、个体、外界环境及育种工作等有着密切的关系。本试验要求掌握测定普通净毛率的基本方法。

二、实习用品

恒温烘箱 0～200℃，感量 0.001 g 的工业分析天平、感量 0.01 g 的药物天平、搪瓷盆、温度计、量杯、玻璃棒、尖头镊子、纱布、毛巾、中性肥皂、碳酸钠、电炉、洗衣粉、500 mL 烧杯、实习用毛样。

三、实习方法及步骤

(一)分析毛样的采集

1. 采样部位：肩部、体侧部、股部。
2. 采集数量：每只羊采集 300 g 左右。

(二)取毛样称重

教学试验，每个毛样称 3 g 左右(毛样中的土沙不能损失)。

(三)撕松抖土

仔细把羊毛撕松，并尽量抖去沙土、粪块和草屑，但注意不应使羊毛丢失。

(四)配制洗毛液

同质毛洗毛液配制表(每 250 mL 水中含量)

洗毛盆号	时间/min	碱/g	皂/g	温度/℃
1	3.0	/	/	25～30
2	3.0	0.75	0.75	40～45
3	3.0	1.00	1.00	50
4	3.0	0.75	1.00	50
5	3.5	0.75	0.75	45～50
6	1.5	/	/	40～45
7	1.5	/	/	40～45

(五)洗毛

将撕抖过的毛样根据要求顺序依次通过各盆(不要用手揉搓羊毛,以免擀毡,只许轻轻摆动)。每次由一盆放入另一盆时,需将水挤净。

(六)烘毛与称重

先将洗过的羊毛置 105℃的烘箱中烘 2～3 h,以后每隔 30 min 称重一次,直至恒重为止,准确度要求 0.001 g。

四、实习结果整理

记录测定结果,根据以下公式计算净毛率。

普通净毛率(%)=绝干净毛重 ×(1+标准回潮率)×100/原毛毛样重

参考文献

1. 贺生中.宠物内科病 北京:中国农业出版社,2007.
2. 陈玉库,周新民.犬猫内科病.北京 中国农业出版社,2006.
3. 侯加法.小动物疾病学.北京:中国农业出版社,2002.
4. 高德仪.犬、猫疾病学.北京:中国农业大学出版社,2001.
5. 张磊,石冬梅.宠物内科病.北京:化学工业出版社,2018.
6. 孙伟.宠物内科病.北京:中国农业出版社,2007.
7. 王春璈,马卫明.狗病临床手册.北京:金盾出版社,2006.
8. 叶俊华.犬病诊疗技术.北京:中国农业出版社,2004.
9. 林德贵.狗病防治手册.北京:金盾出版社,2005.
10. 何德肆.动物临床诊疗与内科病.重庆:重庆大学出版社,2007.